云计算 通俗讲义 第4版

王良明◎著

電子工業出版社
Publishing House of Electronics Industry
北京•BEIJING

内 容 简 介

本书力求简明扼要地阐述云计算的基本概念，让非 IT 专业人士也能轻松看懂这一人人都能接触（以后程度会更深）的事物——云计算。本书遵循一条由感性到理性、由浅入深的主线：首先以情景描述的方式，让外行也能对云计算产生感性认识；然后从计算机的基础知识讲起，逐步引出云计算的概念，使读者产生理性认识；接着介绍宏观模型和微观技术，让读者更深入地理解云计算；最后介绍 OpenStack 并精心设计 3 个云计算的实战案例，让读者了解组建云系统的过程。

本书此次的版本更新力求让本书的内容越来越“有深度”，剔除了次要技术的讲解，深入虚拟化技术的“内部”，精心设计了若干虚拟化实战案例，使读者对各种虚拟化技术的理解更深入。

本书适合作为大中专院校和培训机构的云计算教材，经过 4 版的打磨与更新，更适合各个技术阶段和不同需求的读者阅读。

图书在版编目（CIP）数据

云计算通俗讲义 / 王良明著. —4 版. —北京：电子工业出版社，2022.11

ISBN 978-7-121-44413-5

Ⅰ. ①云… Ⅱ. ①王… Ⅲ. ①云计算 Ⅳ. ①TP393.027

中国版本图书馆 CIP 数据核字（2022）第 188108 号

责任编辑：孙学瑛　　　　特约编辑：田学清
印　　刷：涿州市般润文化传播有限公司
装　　订：涿州市般润文化传播有限公司
出版发行：电子工业出版社
　　　　　北京市海淀区万寿路 173 信箱　　　邮编：100036
开　　本：720×1000　1/16　印张：19.5　字数：359.4 千字
版　　次：2015 年 9 月第 1 版
　　　　　2022 年 11 月第 4 版
印　　次：2024 年 8 月第 4 次印刷
定　　价：99.00 元

凡所购买电子工业出版社图书有缺损问题，请向购买书店调换。若书店售缺，请与本社发行部联系，联系及邮购电话：（010）88254888，88258888。

质量投诉请发邮件至 zlts@phei.com.cn，盗版侵权举报请发邮件至 dbqq@phei.com.cn。

本书咨询联系方式：（010）51260888-819，faq@phei.com.cn。

前言

我在2015年本着向大家简单明了地讲清楚云计算概念的初衷出版了《云计算通俗讲义》的第1版。由于这一版的写作是依托我多年扎根于云计算建设和教育的理论基础和工作经验而写成的，所以一出版就受到很多读者的追捧，被很多所院校采用作为教材，也引发很多大型企事业单位的团购，由此可见，大家对“云计算到底是什么？能给我带来什么好处？”这样的问题探索热情高涨。

2017年5月和2019年3月，我汇总了读者的反馈、教学新体会，以及云计算当时的技术发展，将此书分别更新到第2版和第3版。在第2版中，增加了云计算架构的介绍，让云计算安全的内容更充实；在第3版中，增加了当前主流云服务提供商的各自产品介绍和综合比较，以及云实验平台的搭建。每次版本更新，我都会遵循由感性认识到理性认识、由浅入深的写作原则，让本书在章节编排和内容铺陈方面，更贴近广大读者的“胃口”。

不同于第2版和第3版的更新，此次版本更新进行了大量的修改，并对章节进行了调整，力求让本书越来越“有深度”，剔除了次要技术的讲解，深入虚拟化技术的“内部”。虚拟化是云计算的核心技术，本书精心设计了若干虚拟化实战案例，使读者对各种虚拟化技术的理解更深入。这些都是我多年教学的实战总结。

由于OpenStack成为IaaS云事实上的标准，涉及的IT技术很多，包括网络、虚拟化、Linux操作系统、数据库、统一身份认证、RESTful、消息队列、Python语言、Web服务器等，所以我将自己20多年的IT从业经验和广泛的软/硬件理论知识和盘托出，尽量用通俗的语言对OpenStack进行剖析。

本书经过4版的打磨与更新，更适合各个技术阶段和不同需求的读者阅读。如果你是“技术盲”或日理万机的高管，只想感性地了解一下云计算，可以只阅读第1章；如果你是公务员,了解云计算是为了参与短期培训，可以只阅读前两章；如果你是IT管理人员，想自学云计算，可以只阅读前3章；如果你是IT运维人员或管理人员，可以只阅读前4章；如果你想选择大中专院校的云计算教材，那么本书非常适合。

最后，恳请各位读者一如既往地提出宝贵意见和建议。反馈渠道有：在微信公众号“农妇3拳”留言，或发送邮件至 wlm@veryopen.org。

作者　于岭南

读者服务

微信扫码回复：44413

加入“云计算”读者交流群，与更多同道中人互动。

获取【百场业界大咖直播合集】（持续更新），仅需1元。

目录

第 1 章　“云”畅想 1
第 2 章　“云”概念 14
2.1　软件的概念 15
2.2　计算机系统 20
2.3　计算机网络 21
2.4　IT 系统的组成 25
2.5　云计算的概念 28
2.6　3 种服务模式 33
2.6.1　IaaS 34
2.6.2　PaaS 37
2.6.3　SaaS 40
2.7　4 种部署模型 46
2.7.1　私有云 46
2.7.2　社区云 48
2.7.3　公共云 50
2.7.4　混合云 51
2.8　云计算的优劣分析 54
2.8.1　情景案例 54
2.8.2　云计算的优势 57
2.8.3　云计算的劣势 58
第 3 章　“云”模型 60
3.1　营运模型 60
3.2　技术架构 63

3.2.1 虚拟化平台 64
3.2.2 管理工具 65
3.2.3 交付部分 65
3.3 云端布点 66
3.4 租户隔离 69
3.4.1 租户行为隔离 69
3.4.2 租户数据隔离 69
3.5 统一身份认证 72
3.6 云安全 74
3.6.1 数据安全 75
3.6.2 计算可用性 77
3.6.3 互操作性与可移植性 79
3.6.4 用户自由度 83
第4章 "云"供应商 85
4.1 云产品介绍 85
4.2 5大供应商 88
4.2.1 亚马逊 88
4.2.2 微软 88
4.2.3 谷歌 88
4.2.4 阿里云 89
4.2.5 华为云 89
4.3 云服务提供商的产品 89
第5章 "云"技术 93
5.1 服务器 93
5.2 操作系统 95
5.3 存储 96
5.4 虚拟化 103
5.4.1 主机虚拟化 104

5.4.2 网络虚拟化 110
5.4.3 虚拟网元 113
5.5 数据库 115
5.5.1 MySQL/MariaDB 116
5.5.2 InfluxDB 117
5.5.3 Redis 118
5.5.4 MongoDB 118
5.5.5 Cassandra 119
5.6 云管理工具 121
第6章 OpenStack 123
6.1 OpenStack 简介 123
6.2 常用组件介绍 127
6.2.1 身份服务：Keystone 129
6.2.2 组网服务：Neutron 134
6.2.3 计算服务：Nova 138
6.2.4 资源服务：Placement 139
6.2.5 镜像服务：Glance 139
6.2.6 块存储服务：Cinder 140
第7章 "云"实战 141
7.1 Ceph 实战 141
7.1.1 Ceph 系统设计 141
7.1.2 部署实战 143
7.2 oVirt 实战 161
7.2.1 oVirt 系统设计 161
7.2.2 准备工作 163
7.2.3 开始部署 166
7.2.4 加入计算节点 171
7.2.5 创建数据域 173

7.2.6 上传 ISO 镜像文件 175
7.2.7 创建虚拟机 176
7.3 网络虚拟化实战 180
7.3.1 创建网元 tun0 和 tap001 180
7.3.2 使 netns0 和 netns1 互相连通 181
7.3.3 网络名字空间与外网连通 182
7.3.4 用网桥连接两个网络名字空间 182
7.3.5 构建一个 SSH 服务器空间 184
7.3.6 使用网桥连接 tap 设备 185
7.3.7 实现 VPN 186
7.4 Docker 实战 192
7.5 OpenStack 实战 197
7.5.1 系统设计 197
7.5.2 准备 3 台虚拟机 200
7.5.3 安装基础服务 204
7.5.4 身份认证服务：Keystone 211
7.5.5 镜像服务：Glance 219
7.5.6 资源追踪服务：Placement 224
7.5.7 计算服务：Nova 228
7.5.8 组网服务：Neutron 238
7.5.9 Provider 网络 247
7.5.10 Self-Service 网络 258
7.5.11 开放虚拟网络：OVN 272
7.5.12 管理页面：Horizon 287
7.5.13 OpenStack 管理 291
7.5.14 排错 299

第1章

“云”畅想

6:30，家庭云终端机器人语音提醒：“现在是早上 6:30。室内温度 20℃，室外温度 10℃，PM2.5 指数 20，湿度 40%，有雾，适合晨练。”我家的云终端机器人接入了人工智能公共云端，它为我们提供建议，协助我们做决定，成为我们生活中不可或缺的朋友。但是这个全球人工智能公共云端诞生还不到两年，它的知识非常匮乏，各个国家都在不断完善其算法，并充实其知识库。

我看了一眼老婆手腕上的胎音监护仪，胎音监护仪发出微弱的绿光。我起床把正在另一个房间睡觉的儿子叫醒：“该起床了，男子汉。”儿子很快就起了床，昨天我们夸他是个男子汉，男子汉就该果断、说到做到、从不拖拉。我们父子二人照例到了客厅，在云终端上很快做完了体检并拍下照片，体检显示我们的体重、心率、血压、体温、心电图、脑电波正常，儿子又长高了半毫米。到今日，儿子已经拍下了近 2000 张同角度的照片，而我自己每天一张同角度的照片也已经拍了快 8 年。每次按下连续播放按钮，看到快速长大的儿子，我都会哈哈大笑；但是看到自己慢慢老去的脸，心情就不一样了。儿子去了卫生间，我马上看到屏幕上出现了儿子的其他身体数据：体液微酸、尿液正常、大便偏干。我皱了皱眉头：“这小家伙肥肉又吃多了。”然后我查看了昨夜老婆的监护记录，一共有 7 条数据，看起来一切正常。儿子去穿袜子和运动鞋了，我进了卫生间，本来是不想上厕所的，但是国家监护中心要求每个人在每天起床后都要收集身体数据。我发现自己的体液也微酸，以前吃碱性食品多，体液一直呈弱碱性，最近生日聚会、节日聚会特别多，经常在餐馆大吃大喝。本月 12 日我升为公司的二级荣誉员工，经常被同事拉去请客吃饭。临出门，我根据云终端机器人给出的稀饭配方，淘好米并加入少量螺旋藻和高粱后放进锅里，这样我们回来时稀饭就煮好了。

我们跑出小区大门，然后右拐，继续朝前跑过两个街区，就到了小河边。河的两岸长着参天大树，左岸两米开外铺了一条约 3 米宽的水泥路，路的左侧同样是参天大树，在路上行走就像进了隧道。这条路是晨跑的最佳场所，我在这条路上已经跑了足足 6 个年头。我向前加速跑了 200 米左右后，又往回跑，遇到儿子后鼓励他一番，然后加速向前跑……

大概 7:40，我手腕上的终端响了，“张丽华”的名字在闪动，她是我老婆妊娠期的监护医生。我按下通话按钮，张阿姨如连珠炮似的声音立马响起：“小王，不错啊，又在锻炼呢！哦，还带着儿子呢，我家那位就知道睡觉……我刚刚收到国家监护中心的消息，说你老婆今天 15:00 要生。你们做好准备，医院 10:00 左右安排车和医护人员过去接，床位我已经安排好了。”张阿姨就是这么爽快，说话从不拖泥带水。

国家监护中心的预产期预测软件是我所在的申云公司开发的，预测算法是我设计的，是大数据算法的一种。这种算法具备自我完善功能，理论上只要基础数据足够，预测准确率可达 100%，目前准确率达到了 90%。国家监护中心是政府资助的非营利性机构，属于全国性的公共云计算中心，那里运行着成百上千个与国民健康有关的云软件，监护着国家十多亿人口的身体状况，肩负着各种疾病的预测和预防任务。

“张阿姨，我们要准备什么东西呢？你看，我和我老婆都没有经验，自从我儿子出生之后，国家政策发生了很大的变化。”

“就是心理准备。婴儿和产妇的用品，医院全部免费提供。”

5 年前，国家施行妇女免费分娩政策，医疗、教育也全民免费了。由于国家健康云的成功实施，民众的日常身体监护、卫生保健都是免费的，而且身体监护还是实时的。国家监护中心会根据每个人的身体状况发送饮食建议菜单和注意事项，还能预测人什么时候得病、会得什么病，给出相应的预防措施。

我展开手腕上的终端屏幕，查看老婆的监护信息，并没有发现什么异常。她已经起床了，看来她也知道今天要临产了，显得有点紧张。我和儿子拍了一张鬼脸合照发给老婆，同时留言：“我们现在就往回跑啦。”

我们在小区楼下的社区服务部取了早餐和老婆的营养餐，这个服务部是老婆开的，请了两个员工。服务部一方面负责小区的社会性工作（如接收妇幼保健院免费提供的孕妇营养餐，并分发给小区内的孕妇，小区内居民云终端的发放、回收和维修，幼儿鲜奶的发放等）；另一方面开展一些营利性业务（如 3D 打印服务、快递收发等）。我们的早餐是国家监护中心根据早上的体检数据给出建议配单并通过3D打印机打印出来的，3D 食品打印就是用营养胶把食品粉末粘贴成各种食品的形状。中国是目前唯一一个能把农产品研制成粉末并长时间保存和运输且百分之百保留营养成分的国家，目前中国政府已经把这项技术无偿提交给联合国，相信很快就会在全世界推广。

吃完早饭，儿子被幼儿园校车接去上学了。9:00，我参加了公司的虚拟会议，讨论了广西农业云项目的实施情况。根据国家的规划目标，再过 5 年，农业云要覆盖全国农村，功能包括水、土壤、空气的监控，农作物种植专家指导，农产品收割，粉末研制、加工、储藏、运输等。我工作的申云公司中标了广西壮族自治区农业云项目。

10:30，张阿姨等人把我老婆接到了医院，我也去了医院，但我帮不上什么忙，连待产室都不能进。我来到病人家属休息区，把手腕上的云终端连接到桌子上的固定云终端，然后接入公司的私有办公云，登录云中的私人计算机桌面。同时，我在屏幕的右上角开启一个小窗口，用于实时显示我老婆的身体状况。

今年年初，公司开始进入区域医疗云市场，不是终端医疗云应用软件，而是医疗云平台软件、中间件和远程医疗设备。我的工作是解决远程手术中的通信协议，其中网络延时问题困扰了我很长时间。远程手术对医生来说就像腹腔镜，看着一个屏幕操作两个把手，最大的区别就是腹腔镜的病人就躺在旁边的手术台上，而远程手术的病人却在另外一所医院、另外一个城市，甚至另外一个国家。如果网络延时过大，那么医生每移动一下把手，几秒钟后才能在屏幕上看到手术刀的移动，这是不能接受的，而且很危险。通过查阅网络上论文库中的文章，我逐渐掌握了这样一个事实：网络延时是网络的固有属性，与网络路径上的转发设备的数量和转发速度相关，只在网络路径的两端是无法改善网络延时的。

中午，3D 打印服务部给我送来了营养餐，这是公司的一项福利，公司会免费为员工提供周一至周五的午餐，菜谱由国家监护中心定制，分量也由它预测，保证每个人每顿饭都能吃到可口且适量的饭菜。我顺便查看了一下儿子上午的活动轨迹，目前保持不动，应该在睡午觉。活动轨迹显示，这小家伙整个上午几乎没停过。咦，怎么这两根线离开学校了？线的另一端是博物馆，他应该是去参观博物馆了。我又查看了他们班主任的教学日志，果然是去参观博物馆了。我透过产房的玻璃门看了看老婆，她正在张阿姨的陪同下吃饭，我向她挥手，她和我相视一笑。

突然，手腕上的云终端震了一下，我急忙展开屏幕，公司研发部李总的脸出现在屏幕上。

“小王啊，美国 AndG 公司来了一拨人马，他们对我们的产妇预产期预测软件很感兴趣，14:30 你给他们介绍一下，如何？”

“老大，没问题。几号会议室？”

“就安排在 5 号吧，那里有虚拟现实系统。”

现在是 14:00 整，我呼通秘书，请她准备 5 号会议室的会议系统，并开启虚拟现实设备。14:20，我找到一个没人的小房间，把手腕云终端的屏幕调为最大模式，并接入 5 号会议室，刚好看到李总带客人鱼贯而入。我开启了家里的电视节目录制程序，录制 15:00—17:00 直播的世界杯足球比赛，同时预定 17:30 开始煮饭。我整了整衣冠，然后开启终端上的微型全息摄像头，我“进入”了 5 号会议室，“站”在众人的面前，看到他们惊愕的眼神，我自豪地用不太标准的普通话开始介绍。

“各位远道而来的朋友，大家下午好。我是申云公司的王××，是产妇预产期预测软件项目的经理，现在由我来介绍这款软件。”过了一会儿，掌声响了起来。

10 年前的那次改革让中国人更加勤劳勇敢、开拓创新。此后的 10 年，中国在经济、军事、科技、教育、国防等领域发生了翻天覆地的变化，并且在很多领域已经超越了美国，每年超过一半的诺贝尔奖被中国人领走。因此，世界上掀起了一股学习中文的热潮，在中国留学、就业、定居的外国人一拨接一拨。但凡来中国的外国人，都会一些中文，因此我用中文介绍他们是听得懂的，但是要说得慢一些。

“这款软件预测我老婆今天 15:00 临产，所以我上午就到了医院。现在是 14:50，10 分钟后各位就能见证奇迹了。”

“这款软件属于大数据分析软件，而中国是大数据资源非常丰富的国家，横向上，有十多亿人口的数据；纵向上，记录了每个女人从出生到现在的全部数据，尤其是在女人怀孕期间，每隔 1 个小时采集一次数据。在这庞大的数据基础之上，利用我们的预测模型，准确率在 90%以上。”又是一阵掌声。

此后发生的事情是这样的：我老婆在 15:20 产下一名女婴，然后张阿姨把一个婴儿微型手腕云终端戴在我女儿的手上，同时向国家信息云中心申请开通了一个账户，输入了我女儿的虹膜、指纹和 DNA 等信息。国家信息云中心下发了身份证号码，并免费开通了具有 1TB 容量的存储空间。我把照片传到了会议室，并简单介绍了中国国家信息云中心。

“中国国家信息云中心是目前世界上最大的大数据中心，存储了世界上最庞大的数据，由中国政府建设和管理，公民可以免费使用。活着的每个人都有一个账号和 1TB 的存储空间，这 1TB 的空间采用分层授权模式，保存着个人生老病死的全部信息，如档案记录、健康数据、活动轨迹、学习状况、工作状况等。有了这个大数据平台，我们可以进行很多分析和预测的活动。”

“大家应该注意到了戴在我女儿手腕上的像手镯一样的东西，其实绝大多数中国人都戴了，但是偏远的地方还没有普及，那里正在铺设网络基础设施。这是一个高科技电子产品，功能主要有两个，一是通信终端，二是数据采集器。在每个人出生时配发，上小学时更换。它使用微波定向技术，对佩戴者没有丝毫的辐射影响，孕妇、老人和小孩都可以安全佩戴。它有一个柔性屏幕，完全展开时可达 5 英寸。它能采集脉搏、心率、体温、体液酸碱度、脑电波、周围环境、位置等信息，采集的信息被实时传递到国家信息云中心。”

……

17:00，我去东方幼儿园接儿子，然后一起回到医院。小家伙见到妈妈就吵着要见妹妹，于是我抱着他透过无菌室的玻璃门往里看，5 号床就是我的女儿，但由于离得太远看不清楚，儿子就说我骗他。

现在中国的妇幼保健系统非常完善，妻子生小孩，丈夫什么都不用操心。妻子产后 3 天吃住都在医院，之后医院会把母亲和孩子送回家，并配送妇幼用品，以后还会定期赠送产后营养餐、婴儿纸尿裤等用品。医院会安排专门的医护人员，家庭成员可以随时向其咨询。当然，医护人员也提供上门服务。

我和儿子在回家的路上去了一趟 3D 打印服务部，根据建议菜单，我购买了胡萝卜、菠菜和蘑菇，家里还有一些瘦肉，我打算晚上自己炒菜。

一到家，儿子就打开电视，要看 3D 版的《大头儿子小头爸爸》。我把电视调到眼睛保护模式，这样即使儿童长时间观看电视，眼睛晶体也不会形成惰性，对眼睛没有丝毫影响。

晚饭后，我呼通在老家的老妈，儿子也加入了。我发现老妈红光满面，身体状况良好。我顺便说了老婆生孩子的事情，老妈知道现在城市妇幼保健系统完善，根本不用操心，所以她也没有啰唆什么。

儿子去邻居家玩耍了，我开启了虚拟现实设备，重播下午录制的足球比赛节目。这场比赛是中国队与韩国队争夺冠亚军，中国足球从 8 年前开始突飞猛进，在上一次世界杯中成为一匹黑马——第三名。

“王先生，您的银行账户目前有 20.5 万元余额，建议您买进娄胜生物的股票 5 万股，持有时间为三年半，抛掉毛颖地产股，为您女儿购买宝贝人生保险。”云终端机器人提醒我。我粗略地翻看了一下投资理财云中的信息，同意了这个计划，因为这个投资理财云的算法是我们公司设计的。该算法利用大数据分析，准确率非常高。只不过要成为投资理财云的用户，年费也不低，但公司员工是免费的，这是一项福利。

我顺便点开了购物云，了解一下近期家里需要购买什么商品，反馈的主要信息如下：车子需要保养，推荐的保养项目和地点与上次不同，价格降低了；洗发水还能使用5天，推送购买的是海华波，适合大人使用；牙膏还有两盒，建议购买中华，经常更换牙膏品牌有利于保护牙齿；父母的老年钙片需要补充两瓶，推送的是最优惠的价格……我看了一下，总价为5890元，于是直接点击“同意”按钮，其他的事情由购物云搞定，我们等着收货即可。

我将手腕云终端接入桌子上的固定云终端，然后切换到家庭私有云端——云终端机器人，也就是家庭的云服务器和NAS服务器。在云端，我配置了一套家庭电子图书馆，目前已经收藏了10000多本家人感兴趣的图书；配置了一套视频系统，收藏了2000多部经典影视作品，并且可以录制节目，可以在电视和各种云终端上点播；配置了一套音乐系统，该系统同时具备卡拉OK的功能，还能根据人的情绪变化播放合适的音乐；配置了一套游戏系统，安装的都是一些开发智力的游戏；配置了一套家庭监控系统。同时，卧室、书房、阳台、客厅各摆放了一台固定云终端，终端屏幕采用薄如纸张的钢化玻璃，会自动感应周围的接入设备。当我靠近它时，固定云终端自动接管手腕云终端的屏幕，每台固定云终端都是通过手腕云终端进行接入认证的。

目前，我有3个云桌面：一个是国家免费提供的国家信息云中心的公共云桌面，一个是公司的私有办公云桌面，还有一个是家庭私有云桌面。不过，我另外购买了下面的云应用：文字材料处理、实时天气预报、开发测试云、学习云、出行云、购物云等，这些云应用已经集成到我的公共云桌面上了。我的文档资料统一存放在国家信息云中心，无论何时何地，我都能访问自己的资料，就算云终端丢了，个人信息也永远不会丢失。我还在家里组建了物联网，把冰箱、电视、空调、洗衣机、电饭煲、微波炉、护理机器人、监控设备等全部通过无线或射频接入家庭私有云终端，从而远程控制这些家电设备。

我接通了老婆的云终端，看到她睡得很好；我又接通女儿的云终端，发现护士正在给她换尿布。我们一家人的云终端都默认设置成了互信模式，只要本人没有按下“隐私”按钮，我们随时可以接通对方的云终端，并控制对方的微型摄像机，查看周围的环境。

我进入门楣上标着“太虚幻境”的房间，那是元宇宙的入口，我迅速穿戴整齐，来到了另一个世界……像往常一样，我首先驾驶飞机飞往极乐崖，极乐崖位于我购买的地块的西北角，是个万丈峭壁，一股清流倾泻而下，激起阵阵水雾。我把它改造为翼装飞行场所，美其名曰极乐崖，雇了几位营业工人。我再三检查翼装穿戴无误后，便伸展双臂向前纵身一跃，穿过团团雾霭，顺着白色水带，飞啊飞……我进入了精工茶舍，这里马上有一场关于终极对错的讨论，今晚有几位大牛莅临，我崇拜的福山、马斯克居然没有排列在邀请名单的前三。讨论非常精彩，最终的共识是人不可能做出终极意义上的是非判断，而相对好的标准有利于人类长久存在……今天我的虚拟财富收支基本持平，比特币汇率达到历史新高，一枚价值 190 多万元，我持有的 NFT 资产也在稳步增值。

第二天，送儿子上学后，我早早来到公司。虽然我是公司的二级荣誉员工，上下班不用考勤，没有固定的任务安排，但我喜欢公司的工作环境，我和同事们相处得非常融洽，和他们坐在一起办公，心情特别愉快。另外，公司的桌面固定云终端配备弧形屏幕和视距变换模块，长时间对着屏幕办公，对眼睛没有丝毫影响。这个云终端是我们公司开发的，销售到世界各地。去年年会上，公司总裁提到过，申云公司已经成为世界上最大的云计算公司，公司运营的云平台目前的节点块接近亿级，承载了云宇宙大概 40%的计算任务，是最大的区块链矿池。

我来到 19 楼的研发三部，门禁系统马上和我手腕上的云终端建立联系并验证了我的身份。在我走到离门 1 米的地方，门自动开了，我几乎没有停留地直接走到我的办公桌旁。手腕在固定云终端左侧一晃，马上就进入了我的私有办公云桌面。昨天未完成的方案文档仍然处于编辑状态，同时屏幕上跳出了一个窗口，是研发三部李总代表大家发来的贺电，上面还有我女儿的照片，末尾是“今晚大家去龙泉食府探讨一下移动虚拟现实技术”。看来我又得“破财”了。研发三部是公司的重要部门，我们的云桌面处于公司云中的二级安全环中，只有一级安全环和有授权的二级安全环中的部门才可以访问，而且采用了基于虚拟机的独立云桌面，隔离效果非常好。

突然，屏幕上弹出窗口，是公司研发部郁副总呼我，我点击“同意”按钮，郁副总的头像就出现了：“小王，那个远程手术网络延时问题有没有突破，我们的合作方等不及了。”

“郁副总，我可以肯定，延时只跟网络路径上转发节点的性能和数量有关。”我把自己的计算机桌面投射过去，并调出白板，“也就是说，跟广域网的架构相关。理论上，最小延时就是最短路径上的延时，在网络路径两端投入更多的精力只能增加带宽，而对缩短延时毫无作用。”

“有没有解决办法？”

“办法只有一个，那就是减少路径上转发节点的数量，控制在 4 个节点以下，回路延时就能控制在 100 毫秒以内，这对远程手术来说是可以接受的。”

“说说具体的办法。”

“一是建议国家把远程医疗纳入快速网络系统；二是改变病人或者医生的地理位置，比如省医院的医生只能远程做地市级医院的手术，地市级医院的医生只能远程做县级医院的手术。如果某个乡的患者要接受省医院医生的远程手术，那么他必须到市级医院去。不过，我们应该对整个江苏省的网络延时做一下实测和统计。”

“这个好办，我把小廖呼进来。”小廖是公司的售前工程师，最近几个月都在江苏出差。一会儿，小廖的头像就出现在屏幕上，同时展开的还有他手腕云终端上的小屏幕。

郁副总说：“小廖，你这周把江苏从省医院到各个地市级医院、县人民医院、乡医院的网络延时统计出来。另外，地市级医院到县人民医院、乡医院，县人民医院到乡医院的数据也要。”

……

后来，我又跟李总讨论了一个上午。中午，我和研发部的同事一起去公司的 6 号餐厅吃饭，那里配备了几十台 3D 食品打印机。大家依次用手腕云终端在打印机右侧一晃，然后找了一个大圆桌围着坐下，天南海北地聊着、吃着。

吃完，大家回到各自的休息室午睡去了。但我毫无睡意，看了一眼老婆、女儿和儿子，然后呼通龙泉食府订餐终端，预订了最大的孔乙己包房，并把订餐信息在 15:00 定时发送到研发三部全体同事的终端上。最后又想起了网络延时问题。

14:20，我走进了远程教学中心的 6 号格子间，14:30 我要给广西西林县 25 所三年级小学生上公民教育课。西林县是最早的教育云试点之一，也是由我们公司免费承建并开展远程教学任务的，现在已经对接到全省的云之中。我们为每个课桌配备了超轻超薄的云终端（都是用高强度钢化玻璃做成的，即使用锤子砸也是砸不坏的），同时使用巨大的弧形多点触摸屏代替传统的黑板，并且安装了虚拟现实系统。其中，公民教育、自然、科学三门课的教学任务一直由我们公司负责，其中研发三部负责公民教育课，客服部负责自然课，科学课没有对口部门，员工自愿报名，人事部门考核通过后就可以上课。

我开启了虚拟现实系统，唉，这些小家伙又是这样，简直要拆房子了，我“啪啪”地猛敲教鞭，同时把系统切换到远程教学状态。学生们看到“我”出现在讲台上，高举着教鞭，马上坐回到自己的座位上，但并没有马上安静下来。

“对于木沉村小学马云彪同学现在的做法，其他同学说说他做得对不对啊？”

“不对！”

“为什么不对呀？”

“上课了，他还在大喊大叫。”

“他影响别人听课。”

“……”

“同学们说得很对，如果上课了还大喊大叫，就会影响其他同学听课。”由于大家都在看马云彪同学，他红着脸很快就安静下来。

“不过，马云彪同学也有做得好的地方，他不怕老师，敢于发表自己的观点，大家为他鼓鼓掌吧。”

啪啪啪……课后，我把作业题发送到每个学生的云终端里：“找出父母的一个你认为错误的观点，并给出理由。”

离开了可爱的孩子们，我去了医院，顺路捎上儿子。女儿躺在老婆的怀中，老婆正在和岳母视频通话，我们都凑过去，让岳母看看我们一家四口的模样。

18:00，我带着儿子到了餐厅，同事们差不多到齐了。但是吴新华没来，这家伙自从生了个儿子后，下班就回家陪儿子去了。落座后，我把女儿的视频投放到墙上，让各位认识了一下。

“来，大家一起恭喜王工喜得千金。”李总首先发话了。

“恭喜！”

“你们说说，废除计划生育政策后，也没见大家生很多孩子啊，这是为什么？”

“我不知道原因，但我知道生两个就足够了。我喜欢和大家一起工作、一起聚会，闲时带上家人一起外出旅游。”我说。

“你说到根儿上了。现在社会福利好，工资又高，没有压力，人人都喜欢工作、旅游，享受生活。”

“对，以前是为了下一代的幸福而辛苦自己，但结果是代代辛苦；现在是享受生活幸福自己，结果是代代幸福。根本的原因是人们所处的环境变了，变得和谐、美丽、没有压力，人人心中充满喜乐。”

“现在的机器人基本上代替了人类繁重的体力劳动，人类的工作都是创造性的工作，以及信仰、哲学、艺术和人文社科方面的了。你们看到今天早上的新闻了吗？说那个人工智能云已经输入了全人类 75%的既有知识了，基于智能云的机器人终端具备相当的研究创造能力。未来我们几乎不用动脑、动手啦。”大家聊着天，慢慢转到了正题上。

“今天下午上课，有一个学生趴在桌子上，我调看了他的身体数据，显示发烧。我很想走过去抚摸他的头以示安慰，但我远在千里之外啊。”

“好，那我们接下来讨论讨论如何实现移动的虚拟现实技术，让老师可以在教室里走动，使同学们能感觉到老师在向他走来，抚摸他、关爱他。”李总开启了话题。

“我们现在的技术还处于初级阶段，只实现了视觉和听觉的部分功能，触觉、嗅觉、味觉几乎是空白。”

“所以我们离真正的能混淆现实和虚拟界限的虚拟现实系统还差很远，这种系统涉及的技术太多了，还有跨学科的内容。”

“云计算能提供无限的计算能力，网络带宽也不存在问题，现在的关键点是感官终端设备，要实现真正的全浸入式虚拟现实系统，离不开手套、头盔、衣服、鞋子这些终端设备。”

“我们公司作为世界上最大的云计算公司，理应在这些方面有所贡献。”李总说。

……

讨论的结果是李总向上级申请一个研发项目，项目取名为“触觉感知”。

……

不知不觉过了 3 个月，“触觉感知”项目早已批下来了，而且得到了政府的资助，不过我不是项目成员。

15:00，工程四部一群云计算工程师坐上了公司的商务机飞赴贵州仁怀市，那里的名酒工业园区联合云是我们公司几年前开发的云计算项目。这次应甲方的要求进行云端服务器扩容，云服务器已经先行送达。今日的行程安排中本来没有我，但我想从用户的角度去看看云计算通信协议的使用效果。我依然记得五年前参与投标的情景，标书还是我起草的，取了一个豪迈的题目——《以云计算实现酿酒产业链全控制 · 助力仁怀市向“国酒文化之都”迈进》，下面还有一个小标题“——针对遵义市仁怀名酒工业园区的云计算解决方案”。后来参与吉林通化医药高新技术产业开发区的联合云项目招标，我也把标书写得很豪迈——《以云计算提升园区软实力 · 助力园区向“国际化医药名城”迈进》，再加一个小标题“——针对通化医药高新技术产业开发区的云计算解决方案”，招标的结果可想而知。

飞机在蓝天白云中飞行，我透过地板观景窗鸟瞰祖国的大地。看啊，那是绿意盎然的太原，新能源汽车取代了煤炭，成为这里的支柱产业；那是黄河，像一条彩带，水不再那么浑浊；那是高原，黄色不再那么抢眼；进入了河南，一马平川，秋收在即，又是一个丰收年；那是长江，它一直保持着千年前的气势，奔腾呼啸……祖国，看到您如此秀丽的风景，如此广袤的土地，我下意识地握紧了拳头，为了这个国家，我必须竭尽全力地做事！

飞机开始滑翔，领队的手腕云终端就响了起来，他展开一看，咧嘴笑了："马总发来了迎接词呢。"

我们一行人照例先来到云端机房，那是一座三层楼高的造型很别致的灰色建筑，半米厚的钢筋混凝土墙壁的表面覆盖着从意大利进口的海底岩石板，这种石头具备超强的信号屏蔽效果，手机在里面根本没有信号。这座建筑只有一层，一进门首先是更衣室、防火墙，上方是一个凸台，凸台上设立着摄像监控设备和巡视岗位。往里就是阶梯式的机房了，阶梯上摆放着机柜，阶梯间采用具备防火效果的加厚高透明钢化玻璃分隔，层级越高，安全级别越高。我们依次穿过 5 级门禁，隔着玻璃看到最高层级的 3 台服务器闪着一排幽蓝色的小灯。在我看来，这就是云端的心脏，欢快闪动着的蓝色小灯告诉我们它的心脏是多么的强壮。在我们脚下半米厚的钢筋混凝土下面是供电系统，采用三级多路供电机制，确保云端供电 6 个"9"的高可用性。云端采用水冷机制，里面的温度恒定在 25℃，流出的水的温度达到 50℃，热水集中到一个保温水池里，然后通过热水管流入各家各户。如果把这座建筑看成一个黑盒子，那么流进去的是冷水和电力，流出来的是热水和强大的计算能力，能源的损耗非常小。

在这个云计算中心"漂浮"着这样几朵"云"：企业应用云（如 ERP、CRM、SCM 等）、电子商务云、电子政务云、教育培训云、移动办公云、数据存储云、物联网云、高性能计算云，覆盖了从田间到餐桌的酿酒全产业链，打通了上下游企业的信息通路，避免了恶性竞争，使"贵州白酒"品牌和"贵州茅台"品牌的价值不断攀升。到了晚上和假日，利用闲置的计算资源挖矿，挖矿所得基本上能支付机房的电费，开发部李总几次说要给我发工资，以奖励我想出的挖矿点子，但都被我拒绝了。我研究区块链和加密货币很多年，完全出于爱好，拥有再多的钱对我有什么用呢？技术分享是我的快乐，这不，我把自己写的《加密货币安全交易》丛书放在个人网站上了，大家可以随便下载。

第二天一大早，我驱车沿着赤水河北上，行驶在被两侧大树覆盖的青色马路上。我索性打开天窗，早上清新的夹杂着酒香的空气从头顶灌下，使我如痴如醉。昨晚小麦呼我，说孩子明天刚好 9 岁，他们都想见我。我瞄了一眼旁边的蛋糕、玩具枪和儿童玩伴机器人（都是昨晚打印出来的），9 年前的那个晚上，那惊心动魄的一幕马上浮现在我的脑海里。沿路所见使我惊叹于勤劳的中国农民的智慧，只要不阻止他们劳动和破坏他们的财富，他们就能创造出一个美好的家园。加上政府对农民的大力扶持，这才 5 年的时间，这里家家别墅、人人汽车、村村马路，教育、医疗、养老全免费了。

8:30，我看见了被绿树环绕的河腰坎村，几年不见，这里的变化很大。但那村头朝我挥手的小麦却依然风姿绰约、袅娜蹁跹，我老远就认出她来了。她牵着的男孩肯定就是麦小聪。

我在远程医疗室门口停车，小聪扛着玩具枪跑开了，这小家伙肯定是找其他伙伴们"突突"去了。

小麦两夫妻都是北京医科大学的研究生，郎才女貌，本来生活幸福美满，但小麦丈夫不幸因救人而光荣牺牲，之后小麦怀着身孕孤身回到老家。那年的 11 月，我到这里出差，主要任务是摸清光缆损毁情况，晚上就住老乡家。夜里，一个老婆婆撕心裂肺的呼叫惊动了整个村子：小麦难产，母婴危在旦夕！"英雄必须留后。"我一跃而起，顺手取走卫星可视电话，直接冲入人声鼎沸的房子。男人们在外面急得团团转，里面传来女人的哭声："咋办咧？咋办咧？"

"别慌，我要进来了！"等了十几秒后，我进入了房间，发现小麦还能说话，于是让她赶紧打电话给她的导师。小麦的导师是全国有名的妇产科专家，大家都知道小麦导师的名字。电话打通了，导师稳重自信的声音使我们很快安静下来，我开启视频。我双手举着卫星电话并进行讲解，由其他人来操作，一切都有条不紊地进行着。我生平第一次见证了生命的诞生。

最终母婴平安，全村释然，而我成了麦小聪的干爹。后来在她导师的协助下，我带领公司团队完成了贵州省首个远程医疗室的建设，小麦成了这里有名的医生。现在每个村子都建有医疗室，而且全部接入了全国医疗云平台。小麦的卫生保健云网站开展得有声有色，注册用户超过十万名，有近 5000 名用户购买了小麦的卫生保健咨询服务。小麦服务好、收费低，大部分保健品源自这里的青山绿水，纯天然、无污染。

我们走进医疗室，房间内一尘不染，这里的设备先进，有虚拟现实系统、远程手术刀、远程腹腔镜等，几个穿白大褂的阿姨都在忙于收拾各种器材。

"她们都是来自附近乡村的志愿者，还有几个大学生志愿者今天没来。"小麦一边和她们打招呼一边介绍。

接下来的两天，我整理了远程医疗室这几年的云计算通信日志，并且由小聪带路，跑遍了这里的山山水水，测试了每个角落的信号强度、带宽和延时。在云中的地图上标记了这里每处险要的地方，并写下注意事项，最后把地图发给小麦，并叮嘱她采药时给我开启位置信息。

……

第2章

“云”概念

在IT行业，存在一个15年周期现象，从1966年开始到可预知的未来若干年，可分为6个周期，每个周期的技术热点分别是：1966—1980年为大型机时代；1981—1995年为个人计算机时代；1996—2010年为互联网时代；2011—2025年为云计算时代；2026—2040年为人工智能时代；2041—2055年为机器人时代。每一个周期都以前一周期的产品为基础，诞生并迅猛发展出新的产业，但这并不意味着前一周期的产品会消亡。显然，当前正处于云计算稳定成熟的时代。

目前，云计算在中国呈现出冰火两重天的怪象：一方面，云服务提供商们个个摩拳擦掌、热情高涨，大家恨不得从“万亿云计算市场”蛋糕中分得一大块，却鲜有人脚踏实地做产品；另一方面，用户们迷茫，观望者甚多，大家纷纷捂紧各自的钱袋，弱弱地问：“云计算到底是什么东西？能给我带来什么好处？”此外，政府也不甘示弱，大手笔的云计算数据中心如雨后春笋般拔地而起，只见机房中机器轰鸣，壁挂大屏幕闪烁，却不见云应用，这如同天上电闪雷鸣，就是不见下雨。超算中心强大的计算能力没有得到充分利用，能源消耗严重。

云计算的概念是目前大家理解得较为混乱的概念之一，要么是学术味非常浓的定义，让人看了不知所云；要么是举例式的描述，没有抓住本质，而且将其比喻成“水”“电”“煤气”等，很容易误导读者。诚然，云计算是一个技术性很强的概念，要想给普通读者解释清楚确非易事。尽管如此，把云计算说清楚是很有必要的，因为云计算正如火如荼，一部分人和企业已经在使用它并从中获益。假以时日，我们每个人的生活都将被云计算逐渐改变，就像之前的互联网一样，只是云计算对人们生活的影响将更深刻、更持久、更彻底。

云计算不是新的技术，而是传统 IT 技术的集大成者，因此要想讲清楚它的概念，必须从 IT 的传统技术讲起。

2.1 软件的概念

软件，也叫程序，那么究竟什么是软件呢？在回答这个问题之前，先来看下面的例子。

老李要求小李在一张纸上画三角形并计算出三角形的面积。老李准备了两张白纸，一张白纸上标注了 3 个点——A 点、B 点和 C 点，以及每个点的坐标；另一张白纸上写下了画三角形的步骤和计算三角形面积的方法。小李只要按照这些步骤和计算方法动手即可，步骤如下。

（1）画一条直线连接 A 点和 B 点。

（2）画一条直线连接 B 点和 C 点。

（3）画一条直线连接 C 点和 A 点。

（4）根据公式计算三角形的面积：

$$|(x_b-x_a)\times(y_c-y_b)|-[|(x_b-x_a)-(y_a-y_b)|+|(x_b-x_c)(y_c-y_b)|+|(x_c-x_a)(y_c-y_a)|]\div2$$

（5）交回画了三角形并标注了面积的纸张。

老李把这两张纸交给小李后，小李在书桌上摊开这两张纸开始工作。大概过了 10 分钟，老李得到了一张画好三角形并标注了面积的纸张，任务完成，如图 2-1 所示。

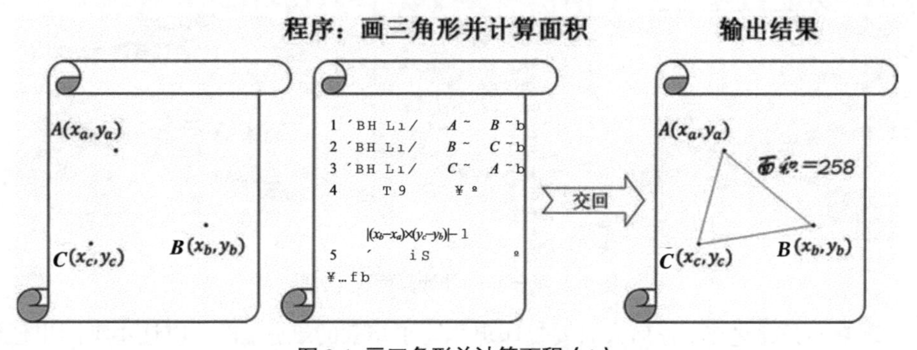

图 2-1 画三角形并计算面积（1）

现在把小李比喻成计算机的 CPU（中央处理器），那么书桌就是内存，绘制三角形的步骤就是软件，一个步骤就是一条指令（语句），老李就相当于程序员，而那张画了三角形并标注了面积的纸张就是软件的输出（在屏幕上显示或者打印出来），“画一个三角形并计算面积”就是软件要完成的任务（程序要处理的数据）。

几天后，老李要画更多不同的三角形并计算出面积，如果还是按照原来的方式，那么针对每个三角形，老李都要给小李两张纸，一张纸标明 3 个点，另一张纸写明步骤。这样做一方面浪费了纸张，另一方面增加了工作量。于是老李想出了一个办法，只交给小李一张写有步骤的纸张，画一个三角形并计算面积的步骤改为：

（1）询问 A 点的坐标。

（2）询问 B 点的坐标。

（3）询问 C 点的坐标。

（4）画一条直线连接 A 点和 B 点。

（5）画一条直线连接 B 点和 C 点。

（6）画一条直线连接 C 点和 A 点。

（7）根据公式计算三角形的面积。

$$|(x_b-x_a)\times(y_c-y_b)|-[|(x_b-x_a)-(y_a-y_b)|+|(x_b-x_c)(y_c-y_b)|+|(x_c-x_a)(y_c-y_a)|]\div2$$

（8）交回画了三角形并标注了面积的纸张。

这样，小李收到老李递过来的纸张后，先询问老李三角形 3 个顶点的坐标，再画三角形并计算面积，如图 2-2 所示。

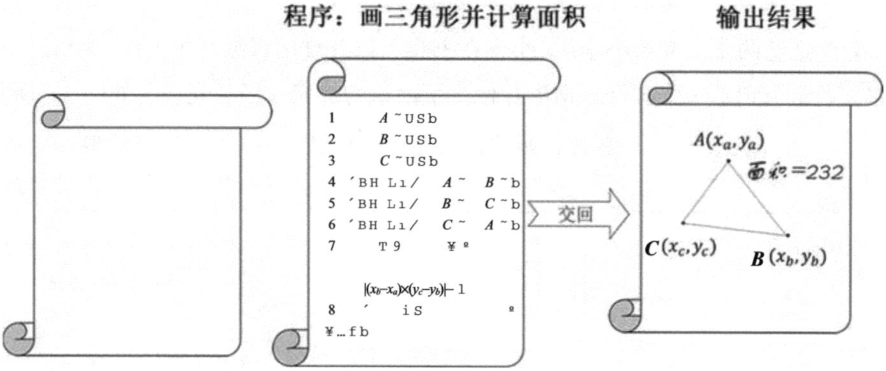

程序：画三角形并计算面积

输出结果

交回

$A(x_a,y_a)$

面积=232

$C(x_c,y_c)$

$B(x_b,y_b)$

图 2-2 画三角形并计算面积（2）

现在不只是老李，任何人只要复印那张写了步骤的纸张，都可以让小李画出任何他们想要的三角形，只不过小李在画三角形前需要询问顶点的坐标。继续把这些步骤比喻成软件，那么相对于前面的软件，这次增加了 3 条输入语句，用户在运行这个软件时，要输入三角形 3 个顶点的坐标，然后会在屏幕上看到一个三角形及其面积。

至此，我们总结出这个软件具有以下特征。

（1）完成任务：画三角形并计算面积。

（2）输入数据：顶点坐标。

（3）输出结果：三角形及三角形的面积。

（4）指令集：详细定义画一个三角形的步骤和计算三角形面积的方法。

将指令集保存在一个文件中，这个文件就叫作可执行程序，允许被存放在硬盘、U 盘、光盘或者网盘中，可以被任意复制和传播。比如，Windows 操作系统中的“计算器”，这个程序（指令集）保存在硬盘上的 C:\Windows\ System32\calc.exe 文件中，双击它或者执行“开始”→“所有程序”→“附件”→“计算器”命令，即表示命令 CPU 现在就按照里面的步骤进行操作（术语称为执行指令）。

最后，我们通俗地定义一下软件：软件是由程序员编写的让 CPU 完成某项任务的步骤。这些步骤是用计算机语言来描述的。常见的计算机语言有 C、C++、Java、PHP、Go 等语言，编程人员必须严格按照计算机语言的语法规则来编写程序，例如，使用 C 语言实现加法运算。

int x, y, sum;	←定义 3 个容器 x、y、sum，用于存放两个加数及它们的和
loop:	
scanf(“%d %d”,&x,&y);	←等待用户输入两个加数
sum=x+y;	←求和
printf(“和是：%d\n”,sum);	←在屏幕上显示加法的和
goto loop;	←继续下一次加法运算

上面左侧灰色框内就是程序员使用 C 语言编写的计算两个数相加的程序语句，右侧是说明信息。

软件必须包含输入/输出语句和计算语句。没有输入/输出语句的软件没有任何用途，因为它就像一个黑盒子，既不能输入任何内容，也不能从它那里得到任何东西。在这里，我们要澄清两个概念：实时输入/输出和批量输入/输出。实时输入/输出是指 CPU 在执行输入/输出步骤时，立即完成输入/输出动作；而批量输入/输出是一次性输入全部的信息，一次性输出全部的计算结果。大部分计算机软件，如办公软件，都要求实时输入/输出；绝大部分网站是批量输入/输出的，如注册一个在线免费邮箱，我们需要一次性输入全部的注册信息，再单击“提交”按钮，提交全部的输入信息。

实时输入/输出软件可进一步划分为强交互性软件和弱交互性软件两种。强交互性软件是指在运行时需要实时地进行大量输入/输出操作，且输入之后马上能看到输出结果的软件；弱交互性软件是指在软件运行时只需实时地进行少量的输入操作，就能源源不断地输出的软件。强交互性软件有微软的办公软件（Word、Excel、PowerPoint 等）、记事本、QQ、Photoshop、AutoCAD、WPS、金山词霸、Visual Studio、Eclipse、Vim 等，它们共同的特点是输入的内容可以马上在屏幕上显示出来。弱交互性软件有酷狗音乐播放器、暴风影音、PPTV、Adobe Reader、家庭相册、迅雷下载等。

在规划云计算方案时，要特别关注软件的输入/输出是实时的还是批量的。如果是实时的，那么还要进一步区分是强交互性的还是弱交互性的。对于实时的强交互性软件，有两种解决方法：第一种解决方法是将计算机网络的延时控制在合理的范围内（一般要小于 100 毫秒），手段是就近部署云计算分支中心。如果延时过长，那么当使用如 Word 等排版软件时，需要等待一段时间后才能在屏幕上看到刚才输入的字符，用户的体验感很差。第二种解决方法是改造软件，使软件可以通过网页浏览器访问，用户只与本地的网页浏览器进行实时输入/输出交互，而网页浏览器与“云”中的软件进行批量输入/输出交互，如图 2-3 所示。

图 2-3 使用网页浏览器改造强交互性软件

计算机网络延时的概念会在 2.3 节详细介绍。

我们用图 2-4 来表示一个软件运行模型。

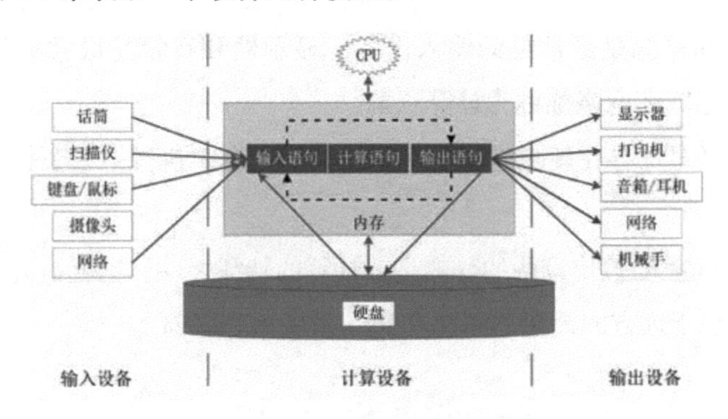

图 2-4 软件运行模型

一个软件以文件的形式保存在硬盘上，当我们双击它时，这个软件就被读到内存中，此后，CPU 就按照里面的步骤一步步执行。当执行到一些输入步骤时，就要从输入设备上获取信息（常见的输入设备有键盘、鼠标、扫描仪、话筒、摄像头、网络等）；当执行一些计算步骤时，需要用到计算设备；当执行输出步骤时，把计算结果通过输出设备输出（常见的输出设备有显示器、打印机、绘图仪、音箱、耳机、网络、机械手等）。一些较大的软件，不一定是按照“输入—计算—输出”的顺序进行的，在软件执行的过程中，随时可能需要输入，也随时可能需要输出，计算步骤也可能安排在任意时刻。一个正在运行的程序被称为进程。

注意，硬盘上的文件既可以作为输入设备，也可以作为输出设备。例如，编辑一个已经存在的 PPT 文档，这个文档首先作为输入设备，PPT 文档中的内容被读到内存中，编辑完成后保存时又作为输出设备，内存中被修改的内容被写入这个 PPT 文档。计算设备一般指 CPU、内存、存储（硬盘属于最典型的存储）和网络。为什么网络也算计算设备呢？因为在云端运行一个分布式应用程序时，网络是必需的。换个角度来看，计算设备就是程序在运行时需要使用的资源——计算资源。硬盘上的 PPT 文档本身不是程序，只是用于输入/输出的数据文件，双击它能打开并进行编辑，实际上在这一过程中运行了 powerpoint.exe 程序，因为在安装办公软件时自动建立了数据文件和程序的关联，建立好关联之后，只要双击数据文件，就能运行关联的程序。

最后，我们总结一下本节的知识点。

（1）软件是由程序员编写的让 CPU 完成某项任务的步骤。

（2）这些步骤分为输入/输出步骤和计算步骤两大类。

（3）输入/输出步骤要使用输入/输出设备，计算步骤要使用计算设备，计算设备也称为计算资源。

（4）键盘和鼠标是最常见的输入设备，显示器和音箱是最常见的输出设备，CPU、内存、存储和网络统称为计算资源。

（5）软件平时保存在硬盘里，但必须被读到内存中执行，一个软件可以被多次执行。

计算设备和输入/输出设备的分离是云计算的特征之一。也就是说，对云计算而言，计算设备位于远方的云端，而输入/输出设备就在眼前。

2.2 计算机系统

组装一台计算机的步骤大概有写好计算机配单、采购零部件、组装、安装操作系统和各种应用、交付用户使用，更详细的描述如下。

（1）写好计算机配单，重点考虑用户的需要和各种零配件之间的兼容性。

（2）采购零部件，包括 CPU、主板、内存、电源、硬盘、机箱、显示器、键盘、鼠标、音箱、光驱。

（3）组装，把配件组装到一起，此时我们得到一台纯硬件的裸机。

（4）安装操作系统，如 Windows 10。

（5）安装驱动软件，此时我们得到一台只安装了操作系统的计算机，称为平台机。

（6）安装需要的应用软件，如聊天软件、办公软件、音视频播放软件、上网软件和游戏软件等，此时我们得到一台安装了操作系统和应用软件的准计算机系统。

（7）最后把以前备份的数据资料（如文档、照片、视频等）复制到计算机硬盘中，这样完整的计算机系统就诞生了。

由此可知，完整的计算机系统包括硬件、软件和数据资料。软件又可以分为平台软件和应用软件，操作系统和数据库软件是典型的平台软件。应用软件种类繁多，涉及人们生活的方方面面，如聊天软件、办公软件、上网软件、音视频播放软件、图片处理软件等。计算机系统的逻辑层次结构如图 2-5 所示。

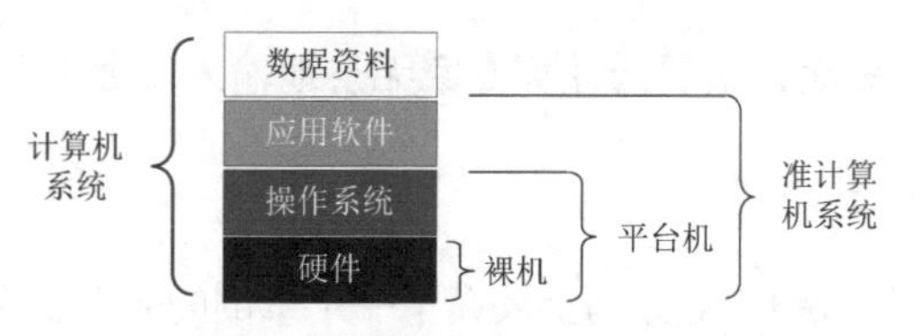

图 2-5 计算机系统的逻辑层次结构

传统的个人计算机由于操作系统没有固化，感染病毒、不正常关机、误删除重要文件、配置不正确等都可能导致操作系统的损坏，出现死机、蓝屏等各种问题，严重时甚至丢失数据资料或者外泄私人资料。这些问题一直困扰着计算机用户，而重装操作系统、应用软件并恢复数据资料需要消耗大量的时间和精力。所以说，传统的计算机系统是专家系统，意思是只有计算机专家才能很好地使用计算机，普通用户使用计算机会面临很多困难。

现在有两个趋势：第一个趋势是操作系统固化，用户自己不能安装和更改操作系统，只能在线对操作系统进行升级。应用软件也不能随便安装，只能从官方应用软件库中在线安装，如平板计算机、智能手机、老年机等。第二个趋势是云计算，后面的章节会展开讨论。

人们为什么要购买和使用计算机呢？也就是说，人们购买和使用计算机的目的是什么呢？目的只有一个，那就是处理数据资料，如上网查看信息、编辑自己的 PPT、写个人简历、编辑图片、听音乐、看电影、和他人传递聊天信息（聊天）、发微博等，其实这些只是一些数据资料的浏览、编辑、传递和存储。如果没有裸机，或者有了裸机但没有安装操作系统，或者安装了操作系统但没有安装应用软件，我们就无法达到处理数据资料的目的。由此可以说，准计算机系统（硬件、操作系统、应用软件）是手段，数据资料是目的。不难想象，如果没有数据资料要处理，就没有必要购买和使用计算机。

手段与目的的分离是云计算的另一个特征，即云计算服务提供商拥有计算资源这个“手段”，而云计算用户拥有数据资料这个“目的”。

2.3 计算机网络

某个周末，位于深圳南山区的云计算专家正在通过计算机和北京海淀区做服装生意的朋友解释什么是“云计算”，双方你一句我一句地在计算机上互传信息。做服装生意的朋友越听越糊涂，最后云计算专家无奈地输入了如下一句话：

“我给你解释不清楚了。”

然后单击“发送”按钮，对方马上反馈了一个晕倒的表情，聊天就这样无疾而终。现在的问题是，单击“发送”按钮后，“我给你解释不清楚了。”这句话如何能准确无误地立即显示在北京海淀区的那台计算机的屏幕上，而地球上千千万万的其他计算机不会显示这句话呢？这两个问题可以归结为：如何把一台计算机发出的信息准确无误地发送到另外一台计算机上？这个问题就是计算机网络要解决的问题，如图 2-6 所示。

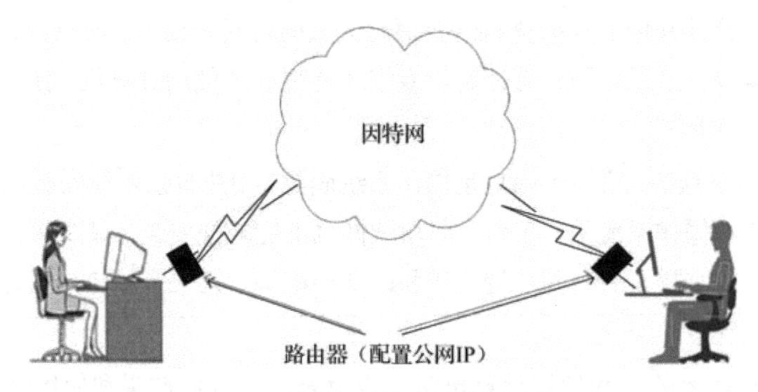

图 2-6 使用两台计算机进行通信

写过纸质信件的人很清楚，为了将信件送到对方手中，必须在信封上写上收信人的详细地址和姓名，且“地址+姓名”是唯一的。至于这封信具体如何传递，那就不用我们操心了。如果两台计算机之间需要通信，那么每台计算机需要定义一个唯一的地址——32 个由 0 和 1 组成的二进制数字（为了便于人们记忆，常把 32 位 0 和 1 组成的数字分成四段，每段 8 位，8 位二进制数再转换为十进制数，最终写成 xxx.xxx.xxx.xxx 格式，如 192.168.0.10 对应的二进制分段为 11000000.10101000.00000000.00001010，因此最终的 32 位二进制地址是 11000000101010000000000000001010，这有点类似于身份证号码，必须全球唯一。不同于“xx 市 xx 区 xx 街 xx 号”格式的地址，计算机的地址称为 IP 地址，格式是“xxx.xxx.xxx.xxx”。有的读者可能马上会想到这样一个问题：32 位二进制数字最多能给多少台计算机分配唯一的 IP 地址呢？答案是 2^{32}，约等于 43 亿台设备。目前 32 位的地址（简称为 IPv4 地址）早已分配完毕，其中，分配给中国的 IPv4 地址非常少，只与微软一家企业拥有的 IPv4 地址的数量相当。在中国，公网 IPv4 地址极度匮乏，因此租用一个公网 IP 地址，价格非常昂贵。为了解决 IPv4 地址不够用的问题，人们发明了 IPv6。IPv6 采用 128 位二进制数字编码，可以分配的地址数量可达 2^{128}，这是一个天文数字，平摊下来，地球上每平方米可以分配上百万个 IPv6 地址。但是 IPv6 地址还没有被普遍采用，尽管现在的网络设备都已支持 IPv6。中国还发明了动态域名服务（DDNS，比较有名的产品有花生壳等），利用花生壳，解决了外网如何通过域名访问局域网内的计算机的问题。

现在我们再来看看深圳的云计算专家发送的“我给你解释不清楚了。”这一消息是如何传递到北京朋友面前的计算机的。单击“发送”按钮后，消息、自己计算机的 IP 地址、对方计算机的 IP 地址被打包在一起并通过宽带发送给深圳电信，然后在电信内部传递，在到达北京海淀区电信后，由海淀区电信通过对方的宽带发送给对方的计算机。注意，消息的打包和传递都是由计算机网络自动完成的，而且以电或光的速度传播，所以速度非常快。传递路径上转发机构（通常是路由器）的多少决定了一条消息到达对方计算机消耗的时间（术语称为延时），因此，深圳的用户给美国的朋友发送消息可能比给武汉的朋友发送消息还快。实时输入/输出的软件对计算机网络的延时要求较高，尤其是实时强交互性软件，对计算机网络延时的要求更苛刻。而批量输入/输出的软件对计算机网络的延时要求并不高，比如在线看电影，刚开始有点延时，后面就流畅地播放了。

一个云计算中心的延时半径通常为 100 毫秒，即一个数据包从云中心出发，50 毫秒能到达的范围（返回也要 50 毫秒），这个数字与地理位置没有直接关系，而与网络路径上的转发机构和数目有关。比如深圳的超算中心，100 毫秒延时半径可能包括了美国的洛杉矶，但没有包括广东省内的梅州市，因为深圳与梅州市之间要经过太多性能低下的转发设备，而到达美国只经过少数几台高速路由器，如图 2-7 所示。

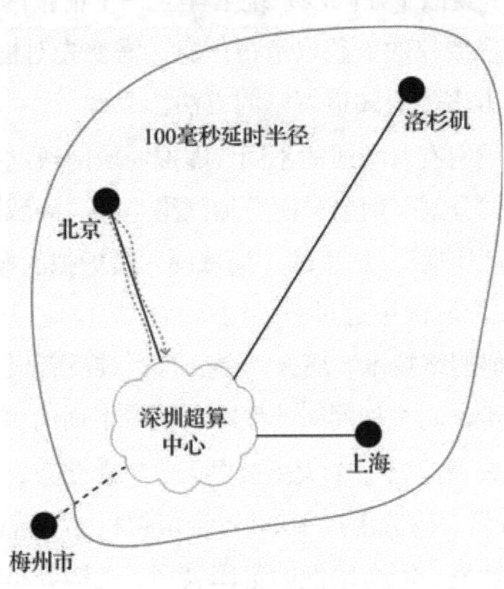

图 2-7 深圳超算中心 100 毫秒延时半径

计算机网络的另一个指标是带宽。带宽是每秒能传递的数据量。带宽越大，每秒传递的数据量就越大。如果把计算机网络比喻为布满收费站的高速公路（车辆从一个收费站开到另一个收费站的时间可以忽略不计，但是在收费站交钱时要消耗时间），那么带宽就与车道数直接相关，延时就是从出发点到目的地在经过收费站交钱时消耗的时间之和。

计算机网络的第三个指标是丢包率（或称为掉包率）。丢包率是指在一定时间内被丢掉的数据包总数占本机发出的数据包总数的百分比。公式如下：

$$丢包率=\frac{本机发出的数据包总数-对方收到的数据包总数}{本机发出的数据包总数}\times 100\%$$

本机发出的数据包如果在规定的时间内没有得到对方的确认，就认为此数据包丢失，于是本机重发此数据包。比如对方一共收到 8 个数据包，而本机一共发出了 10 个数据包（因为重发了 2 个数据包），所以丢包率为 20%，即 $\frac{10-8}{10}\times 100\%$。丢包率越小，说明网络越稳定，当丢包率超过 10%时就很严重了，这时需要检查网络。

接下来我们来谈一谈叠加网络技术。为了方便大家去网上搜索，在这里给出这个术语的英文名称：Overlay Networks。叠加网络，顾名思义，就是在一个网络平面上叠加更多层的网络平面，手法无非就是“包中之包”——把叠加协议和信息数据打包，作为底层网络平面传递的应用层数据。实现叠加的最新技术有 VXLAN、NVGRE 和 STT，这些技术主要用来解决在大规模、多机房、跨地区的云计算中心部署多租户环境的问题。叠加网络技术类似于在邮政系统上建立一个情报网络，利用现有的邮局来收发情报。为了防止未经授权的人获取情报信息，需要先对情报信息进行加密处理，再放入信封，当然，对方事先要知道解密的方法。

叠加网络与虚拟局域网有着本质的不同，虚拟局域网通过分割一张大的局域网来减少广播风暴，本质是“分割”网络；而叠加网络是把“局域网”延伸到底层网络平面的任何地点，本质是“连通”。这里的“局域网”是虚拟的概念，对用户是透明的。VPN 就是一个典型的在广域网中通过叠加网络技术构建地理位置跨度很大的局域网的例子，如果不采用叠加网络技术，那么一个公司很难或者根本不可能建立一个跨城市的局域网。为了进一步说明叠加网络的概念，请看下面的多租户环境的情景案例。

中国微算科技有限公司运营一个大型公共云，包含北京、上海和西安 3 个计算中心，共拥有 80 万台服务器，构造出近 5000 万台虚拟机，主营业务是对外出租虚拟机（IaaS 云服务）。中国慧献是一家全国性的集团公司，机构分布在中国各地，为了节约成本和快速部署应用，该公司向中国微算科技有限公司长期租赁 1 万台虚拟机，成为中国微算科技有限公司的最大客户。这 1 万台虚拟机由中国慧献集团内部的技术工程师规划成近 300 个局域网（VXLAN），每个局域网内的虚拟机个数相对固定，但是虚拟机运行的地点与使用虚拟机的员工紧密相关。比如中国慧献员工郭淑敏在北京出差 10 天，她的虚拟机就在北京的云中心运行，等她返回上海后，虚拟机也将"漂移"到上海的云中心运行。这一切对郭淑敏来说都是透明的，她只是感觉首次在北京登录云端时稍微慢一点，几分钟之后就很流畅了，首次在上海登录时也是如此。不管在哪里，郭淑敏都是使用相同的 IP 地址，输入相同的账户和密码，然后看到自己熟悉的计算机桌面。郭淑敏昨天编辑的 PPT 依然在桌面上打开，光标停在"公司今年的财务"，处于是她继续输入"状况好于去年……"郭淑敏的虚拟机归口于财务部局域网，财务部局域网横跨北京、上海和西安云中心。这是一个典型的叠加网络案例。

最后，我们总结一下本节的知识点。

（1）计算机网络解决位于不同地区的两台计算机之间如何通信的问题。

（2）需要与外界通信的计算机必须拥有一个唯一的 IP 地址。

（3）计算机网络的 3 个重要指标是带宽、延时和丢包率。

（4）延时由网络路径上的转发机构的速度和数量决定，与通信双方地理位置的远近无关。

（5）叠加网络技术解决了在广域网上灵活构建虚拟局域网的问题。

我们要重点关注带宽和延时，因为它们是部署云计算时不可忽视的两个重要因素。

2.4 IT 系统的组成

当今，任何一家企业都会采用计算机处理日常事务，如写文档、做表格、发邮件、管理库存、管理客户等。为此，企业需要建设计算机网络，购买计算机设备，安装各种平台软件和应用软件。随着公司的发展壮大，企业中的计算机网络变得越来越复杂，计算机设备越来越多，安装的软件也五花八门，各种问题就出现了：病毒肆虐、数据丢失、源代码被盗、网速下降、数据孤岛难以共享、运维复杂等。为了弄清楚企业中复杂的 IT 系统结构，我们假设一家投资 8000 万元的公司诞生了，他们购买了一栋办公楼，现在需要计算机工程师们把 IT 系统搭建起来。工程师们制订了如下工作计划。

（1）机房基础建设，包括机房选址、装修、供电、温/湿度控制、监控、门禁等。

（2）组建计算机网络，包括大楼综合布线、机柜安装，以及网络设备的购买、安装、调试。

（3）安装存储磁盘柜。

（4）购买和配置服务器。注意，有可能是虚拟出来的服务器。

（5）安装操作系统。

（6）安装数据库。

（7）安装各种中间件和运行库。

（8）安装各种应用软件。

（9）导入公司的初始化业务数据。

至此，公司整体的 IT 系统搭建完毕，员工可以入驻办公了。根据上面的工作计划，我们可以很容易地总结出企业 IT 系统的逻辑层次结构，如图 2-8 所示。

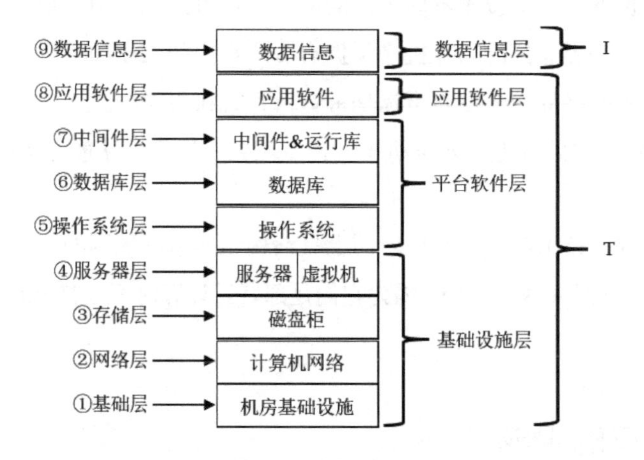

图 2-8 企业 IT 系统的逻辑层次结构

一个典型的 IT 系统从逻辑上分为 9 层，施工时也是严格按照从第 1 层到第 9 层的顺序进行的，这就是所谓的“竖井”式施工。其中，第 1～4 层可以归并为基础设施层，第 5～7 层可以归并为平台软件层。九层结构归并之后形成四层结构，分别是基础设施层、平台软件层、应用软件层和数据信息层，IT 系统的四层结构是最普遍的并被广泛认可的划分方法，在后续章节中，我们将对四层结构展开讨论。

基础设施层、平台软件层、应用软件层可以进一步归并为 T（Technology 的首字母，表示技术），而数据信息层就是 I（Information 的首字母，表示信息），这就是 IT 的含义——信息技术。对一家企业而言，随着时间的推移，积累的数据信息会越来越多。数据信息是企业的宝贵资产，甚至是关乎企业生死存亡的重要财富。“如果数据丢失，80%的企业要倒闭。”此话并非危言耸听。信息是目的，技术只是手段，如果一家企业没有业务数据需要处理，那么花大量资金指建基础设施层、平台软件层、应用软件层又有什么意义呢？

记住：IT就是信息（Information，I）与技术（Technology，T），其中I是目的，T是手段，T是用来加工处理I的。T在广义上还包括企业中的计算机技术人员。

这里要重点介绍平台软件层的作用。很多计算机专业人士对平台软件难以理解，平台软件存在的唯一理由就是让应用软件能够在计算机上运行。换句话说，平台软件就是应用软件运行时所依赖的环境。比如，使用QQ这个应用软件必须先安装操作系统（如Windows 10），QQ需要的运行库在安装操作系统时会自动安装，然后才可以安装并运行QQ。应用软件与平台软件的关系如图2-9所示。

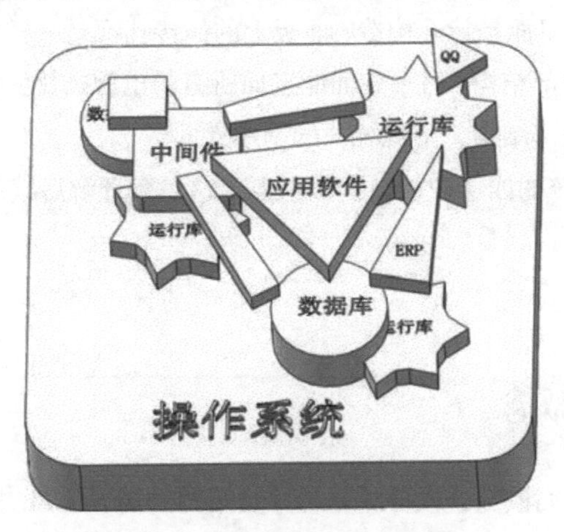

图2-9 应用软件与平台软件的关系

从图2-9可知，使用应用软件首先要在操作系统平台上搭建中间件、运行库和数据库3个“台”，然后在最上层放置应用软件。不过，中间件可能还需要运行库和数据库的支撑，数据库可能还需要运行库的支撑。当然，并不是每个应用软件都要同时建立在中间件、运行库和数据库3个“台”上，有的应用软件只需要运行库（如QQ），有的应用软件只需要中间件，有的应用软件同时需要运行库和数据库，不需要运行库的应用软件很少，静态编译的软件运行是不需要运行库的。

运行库有点像电工人员的工具袋，里面有螺丝刀、电笔、老虎钳、剥线钳等，应用软件在运行时需要使用各种小工具（术语称为系统库函数调用），操作系统提供了绝大多数常用的小工具，并将它们分门别类地保存在硬盘的文件中。Windows操作系统中以.dll为扩展名的文件，通常保存在C:\Windows\System32文件夹下（如文件

GDI32.dll 就是 QQ 软件运行时要用到的工具箱之一，如果把此文件删除，那么 QQ 无法运行）；在 Linux 操作系统中，一般以.so 为扩展名的文件被保存在/lib 目录下。不同操作系统提供的“工具”和使用方法不同，所以能在 Windows 操作系统上运行的应用软件不能在 Linux 操作系统上运行，也不能在 Macintosh 操作系统上运行。因此，应用软件开发商会针对不同的操作系统发行不同的软件版本，比如，腾讯公司开发的 QQ 目前有 4 种版本，分别针对 Windows、Linux、macOS 和 Android。

中间件是一个技术性很强的概念，在家庭计算机和个人计算机上很少用到它，但在企业中使用很普遍。中间件是“中间软件”的意思，是一类软件的统称。“中间”包含两方面含义：一是指处于操作系统和应用软件之间；二是指介于应用软件与应用软件之间。中间件的目的是隐藏差异，以便共享资源和通信。中间件有点类似于电源插座面板，不管插座里面是什么构造，面板上的插接孔都是一样的，这样插座面板一方面隐藏了插座的内部结构，另一方面能接插所有的电源插头。引入中间件的目的就是隐藏通信双方的内部结构，呈现统一的调用界面。

掌握企业 IT 系统的四层逻辑结构很重要，这对于理解后续章节中云计算的概念非常有帮助。

2.5 云计算的概念

在 2.1 节中，我们谈到，软件就是程序员编写的需要 CPU 执行的完成某项任务的步骤，这些步骤包括输入/输出步骤和计算步骤。而 CPU 在执行输入/输出步骤时需要使用输入/输出设备，在执行计算步骤时需要使用计算设备。对普通的计算机来说，输入/输出设备包括键盘、鼠标、显示器、话筒、音箱等。计算设备包括 CPU、内存和硬盘，如果计算机需要与其他设备通信，那么计算设备还应包括网络。对传统的个人计算机而言，输入/输出设备和计算设备通过主板连接在一起，有了主板这个纽带，输入/输出设备和计算设备就可以协同工作了。协同工作的特征之一是计算资源在本地；特征之二是计算资源不易扩展或收缩；特征之三是其他人无法共享你的计算资源；特征之四是你既是计算资源的所有者，又是计算资源的使用者。

我们重申一下：计算设备也称为计算资源，计算资源包括 CPU、内存、硬盘和网络。而在机房中，磁盘只是存储大类中的一种，存储还包括磁带库、阵列、SAN、NAS 等，这些统称为存储资源。另外，CPU、内存只是服务器的部件，我们统一用服务器资源来代替 CPU 和内存资源的说法。广义的计算资源还包括应用软件和人力服务，如果不特别声明，那么后续章节中提到的计算资源就是指服务器、存储、网络、应用软件和人力服务。

不同于传统的计算机，云计算引入了一种全新的方便人们使用计算资源的模式，类似于人们洗衣服的方式由使用洗衣机转变为交给洗衣店，即：云计算是一种新的能让人们方便、快捷地自助使用远程计算资源的模式。

计算资源的所在地称为云端（也称为云基础设施），输入/输出设备称为云终端。云终端就在人们触手可及的地方，而云端位于“远方”（与地理位置的远近无关，需要通过网络才能到达），两者通过计算机网络连接在一起。云终端与云端之间是标准的 C/S 模式，即客户端/服务器模式——客户端通过网络向云端发送请求消息，云端计算处理后返回结果。云计算的可视化模型如图 2-10 所示。

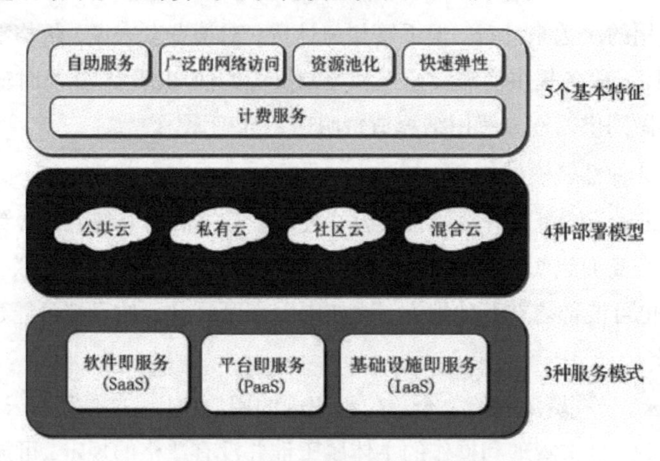

图 2-10 云计算的可视化模型

云计算具有 5 个基本特征、4 种部署模型和 3 种服务模式。

云计算的 5 个基本特征如下。

（1）自助服务。消费者不需要或很少需要云服务提供商的协助，就可以单方面按需获取并使用云端的计算资源。

（2）广泛的网络访问。消费者可以随时随地使用任何云终端设备接入网络并使用云端的计算资源。常见的云终端设备包括手机、平板计算机、笔记本计算机、PDA 掌上计算机和台式计算机等。

（3）资源池化。云端计算资源需要被池化，以便通过多租户形式共享给多个消费者，只有将云端的计算资源池化，才能根据消费者的需求动态分配或再分配各种资源。消费者通常不知道自己正在使用的计算资源的确切位置，但是在自助申请时允许指定大概的区域范围（比如在哪个国家、哪个省或者哪个数据中心）。

（4）快速弹性。消费者能方便、快捷地按需获取和释放计算资源，也就是说，消费者在需要时能快速获取资源从而扩展计算能力，在不需要时能迅速释放资源，降低计算能力，从而减少资源的使用费用。对消费者来说，云端的计算资源是无限的，消费者可以随时申请并获取任何数量的计算资源。但是我们一定要消除一个误解，那就是一个实际的云计算系统不一定是投资巨大的工程，也不一定要购买成千上万台计算机，也不一定具备超大规模的运算能力。云端建设方案一般采用可伸缩性策略，刚开始时采用几台计算机，以后根据用户的数量、规模来弹性增加或减少机器的数量。

（5）计费服务。消费者使用云端计算资源是要付费的，付费的计量方法有很多种，可以根据某类资源（如存储、CPU、内存、网络带宽等）的使用量和时间长短来计费，也可以按照使用的次数来计费。但不管如何计费，对消费者来说，价格要清楚，计量方法要明确，而云服务提供商需要监视和控制资源的使用情况，并及时输出各种资源的使用报表，做到供需双方费用结算清楚明白、准确无误。

云计算的 4 种部署模型如下。

（1）公共云。云端资源开放给社会公众使用。云端的所有权、日常管理和操作的主体可以是一个商业组织、学术机构、政府部门或者它们其中几个的联合。云端可能部署在本地，也可能部署在其他地方，比如中山市民公共云的云端可能建在中山，也可能建在深圳。

（2）私有云。云端资源只给一个单位组织内的用户使用，这是私有云的核心特征。而云端的所有权、日常管理和操作的主体属于谁并没有严格的规定，可能是本单位组织，也可能是第三方机构，还可能是二者的联合。云端可能位于本单位组织内部，也可能托管在其他地方。

（3）社区云。云端资源专门给固定的几个单位组织内的用户使用，而这些单位组织对云端具有相同的诉求（如安全要求、云端使命、规章制度、合规性要求等）。云端的所有权、日常管理和操作的主体可能是本社区内的一个或多个单位组织，也可能是第三方机构，还可能是二者的联合。云端可能部署在本地，也可能部署在其他地方。

（4）混合云。混合云由两个或两个以上不同类型的云（私有云、社区云、公共云）组成，它们各自独立，但使用标准的或专有的技术将它们组合起来，可以实现云之间的数据和应用程序的平滑流转。多个相同类型的云组合在一起属于多云的范畴，比如两个私有云组合在一起，混合云是多云的一种。由私有云和公共云构成的混合云是目前最流行的，当私有云资源短暂性需求过大（称为云爆发）时，自动租赁公共云资源平抑私有云资源的需求峰值。例如，网店在节假日期间单击量巨大，这时就会临时使用公共云资源应急。

云计算的 3 种服务模式如下。

（1）软件即服务（Software as a Service，SaaS）。云服务提供商将 IT 系统中的应用软件层作为服务出租，消费者不用自己安装应用软件，直接使用即可，这进一步降低了云服务消费者的技术门槛。更详细的介绍参见后续章节。

（2）平台即服务（Platform as a Service，PaaS）。云服务提供商将 IT 系统中的平台软件层作为服务出租，由消费者自己开发、安装、运行程序。更详细的介绍参见后续章节。

（3）基础设施即服务（Infrastructure as a Service，IaaS）。云服务提供商将 IT 系统中的基础设施层作为服务出租，由消费者自己安装操作系统、中间件、数据库和应用程序。更详细的介绍参见后续章节。

云计算的精髓就是把有形的产品（网络设备、服务器、存储设备、各种软件等）转化为服务产品，并通过网络让人们远距离在线使用，使产品的所有权和使用权分离。正如洗衣店老板把洗衣机这种有形产品转化为洗衣服务一样，消费者直接投币自助洗衣，一方面提高了洗衣机的使用率，另一方面降低了消费者购买洗衣机的支出。洗衣店不是一种新的洗衣服技术，而是一种新的洗衣服模式，可能洗衣店老板还会进一步细分市场，推出干洗服务、洗衣烘干一条龙服务等。同样，云计算也不是一种新的计算技术，而是一种新的计算模式。计算设备一旦转化为服务，使用率就会得到显著提高，设备的寿命反而会更长，因为电子产品不像机械产品一样会产生磨损，经常不开机的电子设备反而比常年开机满负荷运转的电子设备容易出故障。另外，作为计算资源的软件可以无限复制运行，这一点与洗衣店的洗衣机等物理设备有本质的不同。一台洗衣机被他人使用，就不能同时被另外的人使用。而软件没有这个限制，同样一个软件，可以同时让任意多的人使用。还有，计算资源使用率的高低与成本无关，对一台计算机而言，直接的成本是用电费用，计算机空转与满负荷运转耗费的电量相当。而洗衣店的用户越多，开启的洗衣机就越多，耗费的电量也就越多。目前，世界范围内传统计算设备远远超过云端的计算设备，这些传统的计算设备由于没有共享，很多计算产能被白白浪费了。加入云端的计算设备在被充分使用的情况下，云计算才算是“绿色”计算。

通过云计算，提供商把计算资源转化为服务产品并销售给用户，服务产品有别于其他的有形产品（如空调、桌子、啤酒、书籍等），所以有人提出了云计算的第 4 种服务模式——DaaS（数据即服务，就是出租 IT 系统的顶层）。将其等同于空调即服务、桌子即服务是不恰当的，因为数据是一种有形产品（以纸张、U 盘、磁盘作为载体，正如书籍是知识的载体），而且在目前的技术条件下，几乎不可能将数据转化为服务。服务的一个主要属性是所有权和使用权的分离，使用一次服务能预先摊算费用。而用户一旦使用了一次数据，其实就拥有了该数据，此后可以无限制使用，还可能传播和转卖，所以数据即服务是很难实现的。

前面多次提到租户和用户，那么这两个概念到底有什么区别呢？以一个单位组织（如企业、部门或团体等）的名义去租赁云计算服务时，云服务提供商将该单位组织称为一个租户，而一个租户包含若干个用户（单位组织内的员工），这些用户当中有的是该租户的管理员，有的是操作员。比如某企业租赁了 SaaS 云服务提供商的 ERP 系统，云服务提供商认为这个企业是一个租户，然后给它分配管理员账号和密码。这个企业指定员工张三为租户管理员，张三登录云平台自助网站创建更多的普通账号，然后把这些账号分配给公司内部的相关业务人员（如会计人员、人事经理、仓库管理员等）。一个租户允许只有一个用户，也允许有多个用户。云服务提供商只与租户（法人代表）之间存在租赁合同关系，并与租户进行费用结算，如图 2-11 所示。

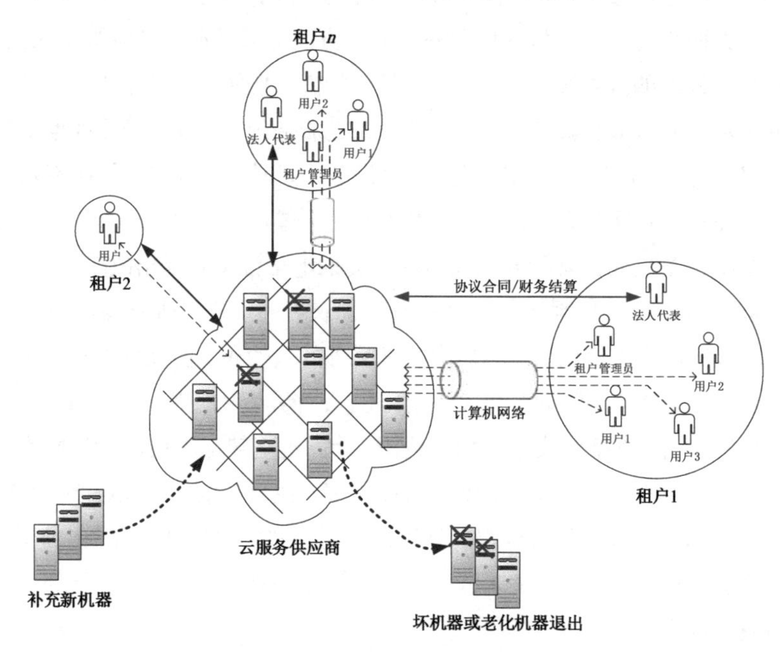

图 2-11 云服务提供商与租户

2.6 3种服务模式

我们在 2.4 节中讲到，IT 系统的逻辑组成分为四层，自下至上依次是基础设施层、平台软件层、应用软件层和数据信息层。云计算是一种新的计算资源的使用模式，云端本身还是 IT 系统，所以逻辑上同样可以划分为这四层。底三层可以继续划分出很多“小块”并出租出去，这有点像立体停车房，按车位的大小和停车时间的长短收取停车费。因此，云服务提供商出租计算资源有 3 种模式，满足云服务消费者的不同需求，分别是 IaaS、PaaS、SaaS，如图 2-12 所示。

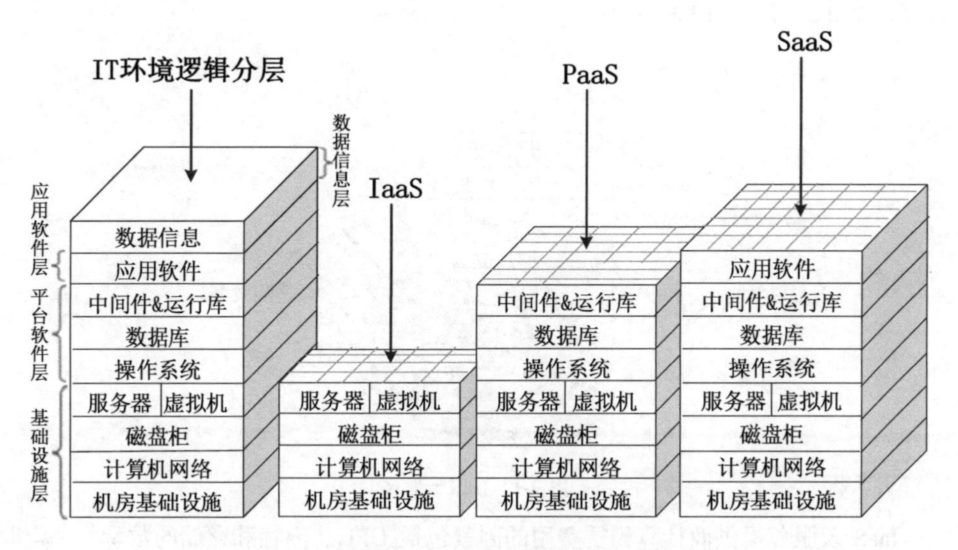

图 2-12 云服务提供商出租计算资源的 3 种模式

需要注意的是，云服务提供商只负责出租层及以下各层的部署、运维和管理，而租户自己负责更上层的部署和管理，两者负责的逻辑层加起来就是一个完整的四层 IT 系统（见图 2-12 最左侧）。比如，有一家云服务提供商对外出租 IaaS 业务，云服务提供商负责机房基础设施、计算机网络、磁盘柜和服务器/虚拟机的建设和管理，而云服务消费者自己完成操作系统、数据库、中间件&运行库、应用软件的安装和维护，另外，还要管理数据信息（如初始化、数据备份、恢复等）。再如，另一家云服务提供商出租 PaaS 业务，那么云服务提供商负责的层数就多了，云服务消费者只需安装自己需要的应用软件并进行数据初始化即可。总之，云服务提供商和消费者各自管理的层数加起来就是标准的 IT 系统的逻辑层次结构。

下面对这 3 种服务模式分别做进一步的介绍。

2.6.1 IaaS

IaaS（Infrastructure as a Service，基础设施即服务）即把 IT 系统的基础设施层作为服务出租。云服务提供商把 IT 系统的基础设施建设好，并对计算设备进行池化，然后直接对外出租硬件服务器、虚拟主机、存储或网络设施（负载均衡器、防火墙、公网 IP 地址及诸如 DNS 等基础服务）等。云服务提供商负责管理机房基础设施、计算机网络、磁盘柜、服务器/虚拟机，租户自己安装和管理操作系统、数据库、中间件&运行库、应用软件和数据信息，所以 IaaS 云服务的消费者一般是掌握一定技术的系统管理员，如图 2-13 所示。

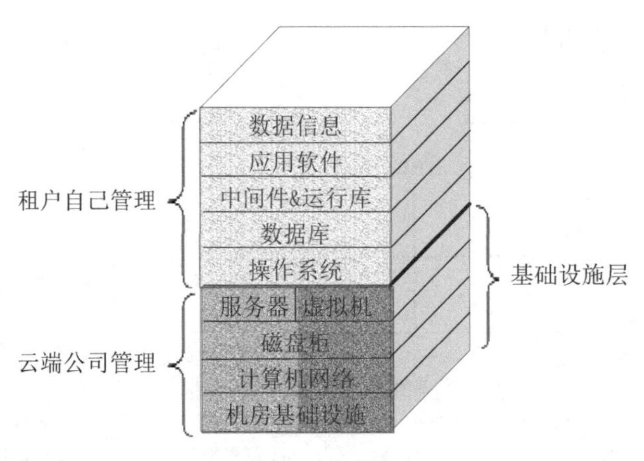

图 2-13 IaaS 云服务

IaaS 云服务提供商计算租赁费用的因素包括 CPU、内存和存储的数量、一定时间内消耗的网络带宽、公网 IP 地址的数量和一些其他的增值服务（如监控、自动伸缩等）等。

出租的物理服务器和虚拟机统称为主机，云服务提供商如何对外出租主机，租户如何使用这些租来的主机呢？对租户来说，这些主机不在现场而在“远方”，租赁之后并不是把这些主机从云端搬到租户的办公室使用。出租前后主机的物理位置并没有改变，租户是通过网络使用这些云端主机的。租户登录云服务提供商的网站，填写并提交主机配置表（如需要多少个 CPU、多少内存、多少网络带宽等）后付款。然后云服务提供商向租户派发账号和密码，租户以此账号和密码登录云端的自助网站。在这里，租户可以管理自己的主机，如启动和关闭机器、安装操作系统、安装和配置数据库、安装应用软件等。实际上，只有启动机器和安装操作系统必须在自助网站上完成，其他操作可以直接在已经安装了操作系统并配置好网卡的主机中完成。对于租来的主机，租户只关心计算资源（CPU、内存、硬盘）的容量是否与租赁合同上标注的一致，就像租赁同一层楼的房间一样，租户只关心面积是否足够，而不关心房间的墙壁是钢筋水泥结构还是砖块石灰结构。但是对云服务提供商来说，出租硬件服务器和虚拟机，内部的技术处理是不一样的，其中，硬件服务器必须集成远程管理卡并池化到资源池中。

远程管理卡是插接在服务器主板上或者直接集成在主板上的一个嵌入式系统，需要接网线并配置 IP 地址。只要服务器的电源插头插到插座上，不管有没有按下服务器的电源开关，这个远程管理卡都会启动，其他人就可以通过网络登录远程管理卡（需要账号和密码），成功登录后就可以进行启动和关闭服务器、安装操作系统等操作。只不过云服务提供商把远程管理卡的功能集成到了租户自助网站中，从而实现了物理机和虚拟机的统一管理。租户租赁的究竟是硬件服务器还是虚拟机呢？这个问题留到第 3 章讨论。

IaaS 云端的基本架构模型如图 2-14 所示。

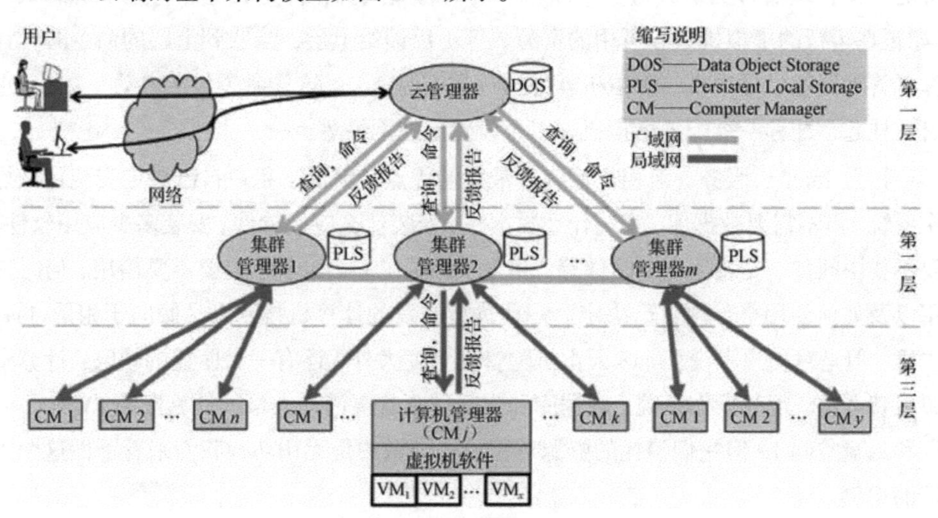

图 2-14 IaaS 云端的基本架构模型

IaaS 云端的基本架构模型逻辑上分为三层：第一层管理全局，第二层管理计算机集群（一个集群内的机器在地理位置上可能相距很远），第三层负责运行虚拟机。第一层的云管理器与第二层的集群管理器之间一般通过高速网络连接，当增加数据中心为云端扩容时，就能体现网速的重要性。而集群内的计算机之间倾向于采用本地局域网（如 10Gbit/s 以太网）或超高速广域网连接。如果采用本地局域网，则容灾性差；如果采用超高速广域网，则网络带宽会成为瓶颈。

图 2-14 中每一层具体的任务介绍如下。

第一层（云管理器）：云管理器是云端对外的总入口，在这里验证用户身份，管理用户权限，向合法用户发放票据（用户持此票据使用计算资源），分配资源并管理用户租赁的资源。

第二层（集群管理器）：每一个集群负责管理本集群内部高速互联的计算机，一个集群内的计算机可能有成百上千台。集群管理器接收上层的资源查询请求，并向下层的计算机管理器发送查询请求，汇总并判断是部分满足还是全部满足上层请求的资源，再反馈给上层。如果收到上层分配资源的命令，集群管理器就会指导下层的计算机管理器进行资源分配并配置虚拟网络，以便用户后续访问。另外，本层 PLS 中存储了本集群内的全部虚拟机镜像文件，这样，一台虚拟机就能在集群内任意一台计算机上运行，并轻松实现虚拟机热迁移了。

第三层（计算机管理器）：每台计算机上都有一个计算机管理器，它一方面与上层的集群管理器打交道，另一方面与本机上的虚拟机软件打交道。它把本机的状态（如正在运行的虚拟机数、可用的资源数等）反馈给上层，当收到上层的命令时，计算机管理器就指导本机的虚拟机软件执行相应的命令。这些命令包括启动、关闭、重启、挂起、迁移、重配置虚拟机，以及设置虚拟网络等。

租赁 IaaS 云服务，对租户而言，最大的优点是灵活，租户自己决定安装什么操作系统、需不需要数据库、安装什么数据库、安装什么应用软件、安装多少应用软件、要不要中间件、安装什么中间件等，相当于购买了一台计算机，要不要使用、何时使用以及如何使用全部由自己决定。一些进行研发的计算机技术人员倾向于租赁 IaaS 主机。但是对租户来说，IaaS 云主机除管理难度大外，还有一个明显的缺陷：计算资源浪费严重。因为操作系统、数据库和中间件本身要消耗大量的计算资源（CPU、内存和磁盘空间），但它们消耗的资源对租户来说做的是无用功，我们来看下面这个极端的案例。

假设张三租用了一台 IaaS 主机，配置为 CPU 1.0GHz，内存 1GB，硬盘空间 10GB，然后他安装了 Windows 7 操作系统、MySQL 数据库，再想安装和运行绘图应用软件几乎不可能了，因为 Windows 7 操作系统和 MySQL 数据库就会把 CPU、内存和硬盘空间消耗殆尽。没有硬盘空间，如何安装应用软件？没有空闲的内存，又如何运行应用软件？张三本来打算租赁云端主机进行图形设计，这样一来，目的就没有达到，租来的主机的配置数据至少要翻倍才行。

下面是一些 IaaS 云服务的实际应用。

（1）备份和恢复服务。

（2）计算服务：提供弹性资源。

（3）内容分发网络（CDN）：把内容分发到靠近用户的地方。一些基于网页的应用系统为了增强用户的体验感，往往在各个地方（人口稠密的地方）设立分支服务器，当用户浏览网页时，被重定向到本地 Web 服务器，所以数据必须实时分发并保持一致。

（4）服务管理：管理云端基础设施平台的各种服务。

（5）存储服务：提供用于备份、归档和文件存储的大规模可伸缩存储。

2.6.2 PaaS

PaaS（Platform as a Service，平台即服务）即把 IT 系统的平台软件层作为服务出租，如图 2-15 所示。

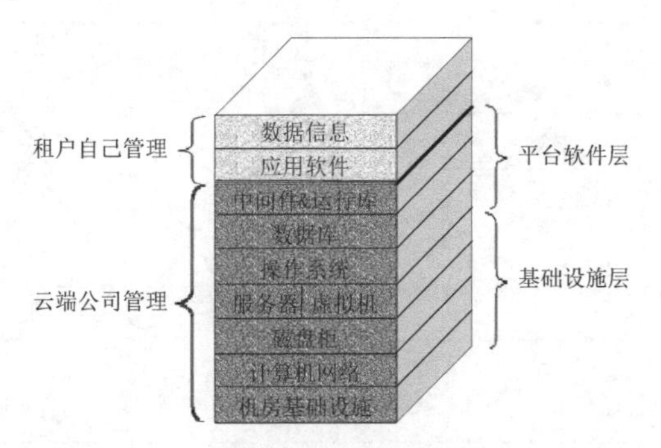

图 2-15 PaaS 云服务

相比于 IaaS 云服务提供商，PaaS 云服务提供商要做的事情增加了，他们需要准备机房、布好网络、购买设备，安装操作系统、数据库和中间件等，即把基础设施层和平台软件层都搭建好，然后在平台软件层上划分“小块”（习惯称之为容器）并对外出租。PaaS 云服务提供商也可以从 IaaS 云服务提供商那里租赁计算资源，然后自己部署平台软件层。另外，为了让消费者直接在云端开发调试程序，PaaS 云服务提供商还要安装各种开发调试工具。相反，租户要做的事情相比 IaaS 减少了，租户只要开发和调试软件或者安装、配置和使用应用软件即可。PaaS 云服务的消费者主要有以下群体。

（1）程序开发人员：编写代码、编译、调试、运行、部署、代码版本控制等。

（2）程序测试人员。

（3）软件部署人员：把软件部署到 PaaS 云端，便于管理不同版本之间的冲突。

（4）应用软件管理员：便于配置、调优和监视程序运行性能。

（5）应用程序最终用户：这时，PaaS 云服务相当于 SaaS 云服务。

PaaS 云服务的费用一般根据租户中的用户数量、用户类型（如开发员、最终用户等）、资源消耗量及租期等因素计算。PaaS 云服务供需双方的动态交互情况如图 2-16 所示。

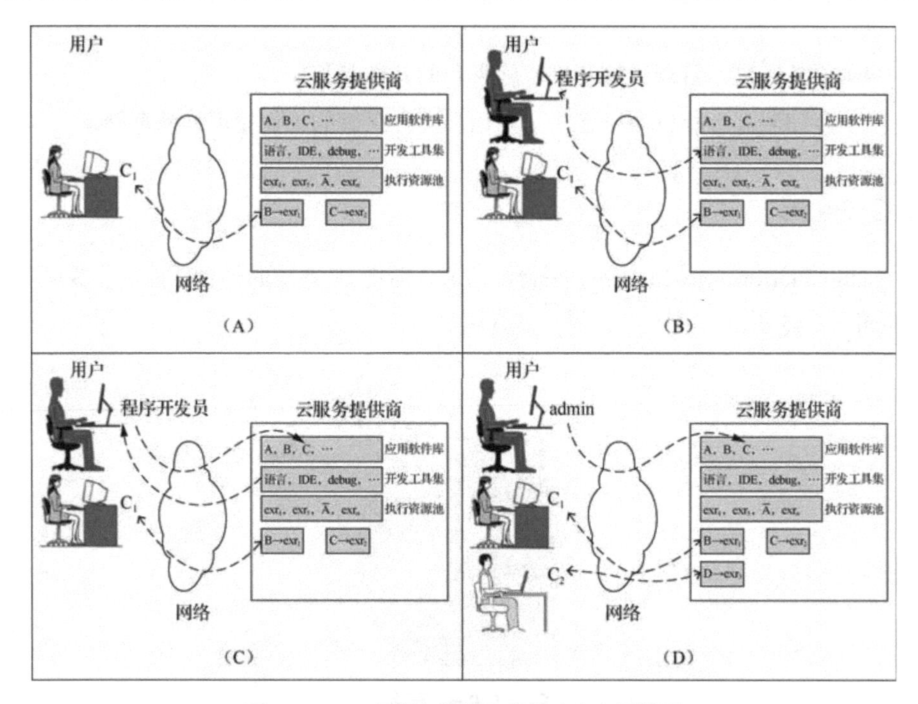

图 2-16 PaaS 云服务供需双方的动态交互情况

云服务提供商拥有一个应用软件库（图 2-16 中“A，B，C，…”代表库中的应用软件）、开发工具集（如编程语言、IDE、调试工具等）和软件执行资源池（图 2-16 中“exr_1，exr_2，…”代表资源）。消费者通过网络远程租赁软件执行资源并运行相关的应用软件，或者使用各种开发工具。软件执行资源有可用和占用两种状态，同一个资源不能同时运行多个程序。软件执行资源可能是物理机、虚拟机、容器或者一个正在运行的服务程序（响应消费者的请求，启动虚拟机或容器，甚至是租赁其他云端的计算资源）。在图 2-16（A）中，用户 C_1 申请了 exr_1 和 exr_2 两个资源，并运行 B、C 两个程序；在图 2-16（B）中，新来了一个程序开发员，他正在使用开发工具开发程序；在图 2-16（C）中，程序开发员开发完成并部署了一个新程序 D；在图 2-16（D）中，新来的用户 C_2 申请资源 exr_3 并执行程序 D。PaaS 云服务供需交互还有很多情景，这里不再一一列出。

比如我们要安装和使用 OpenERP 软件，这个应用软件要用到 PostgreSQL 数据库和 Python 语言，那么只需要租赁一个 PaaS 容器并在里面安装 OpenERP 即可，但这个容器必须支持 PostgreSQL 数据库和 Python 语言，让租户无须安装和配置它们。

同样，我们可以租赁一个支持 PHP 语言和 MySQL 数据库的 PaaS 容器，然后采用 WordPress 开源建站工具，只需几步，就可以搭建一家个人博客网站。

应用软件数不胜数，支撑它们的语言、数据库、中间件和运行库可能都不一样。PaaS 云服务提供商不可能安装全部的语言、数据库、中间件和运行库来支持所有的应用软件，因此目前普遍的做法是安装主流的语言、数据库、中间件和运行库，让出租的 PaaS 容器能支持有限的、使用量排名靠前的应用软件，以及流行的编程语言，并在网站上发布公告。当然，云服务提供商也鼓励租户直接开发支持 PaaS 的应用软件，每家云服务提供商都想尽可能地黏住更多的用户，这无可厚非。

不知道你有没有遇到过这样的情况：想要安装一个软件，结果报错“没有找到 XXX 中间件”，于是急忙找来相关资料安装需要的中间件，但又报错“此中间件需要 YYY 数据库的支持”，那么只好安装数据库，却再次报错“此数据库需要 ZZZ 运行库”，于是又去安装相应的运行库，但报错又出现了……最后你怒了，我不用这个软件总可以了吧？但你的计算机中已经安装了一大堆用不上的软件，硬盘快满了，于是你不得不去一个一个地卸载，卸载时又不断跳出调查表，询问你卸载的原因，比如是软件不够好吗？是售后服务跟不上吗？影响计算机速度吗……安装过 Linux 操作系统的人估计都会有这样痛苦的经历。

PaaS 的优势就是解决应用软件依赖的运行环境（如中间件、数据库、运行库等），应用软件依赖的软件全部由云服务提供商安装，所以当租户安装应用软件时，不会再出现连续报错的情况。应用软件就像歌唱家，在唱歌表演时需要一个舞台，这个舞台就是由基础设施层和平台软件层堆叠起来的。

前面讲过，平台软件层包括操作系统、数据库、中间件和运行库四部分，但并不是说在具体搭建平台软件层时一定要安装和配置这四部分软件，需要哪部分以及安装什么种类的平台软件要根据应用软件来确定。比如一家只使用 PHP 语言进行开发（应用软件使用 PHP 语言编写）的 PaaS 云服务提供商，就没必要安装类似 Tomcat 的中间件了。根据平台软件层中安装的软件种类多少，PaaS 又分为两种类型。

（1）半平台 PaaS：平台软件层中只安装了操作系统，其他的留给租户自己解决。最为流行的半平台 PaaS 应用是开启操作系统的多用户模式，为每个租户创建一个系统账号，并对他们进行权限控制和计算资源配额管制。半平台 PaaS 更关注租户的类型，如研发型、文秘型等，针对不同类型的租户进行不同的权限和资源配置。Linux 操作系统的多用户模式和 Windows 操作系统的终端服务都属于半平台 PaaS，私有办公云多采用半平台 PaaS。

（2）全平台 PaaS：全平台 PaaS 安装了应用软件依赖的全部平台软件（操作系统、数据库、中间件、运行库）。不同于半平台 PaaS，全平台 PaaS 是针对应用软件进行权限控制和计算资源配额的，尽管最终需要通过账号实现。公共云多采用全平台 PaaS。

相对于 IaaS 云服务，PaaS 云服务消费者的灵活性降低了，租户不能自己安装平台软件，只能在有限的范围内选择。但优点也很明显，租户从高深、烦琐的 IT 技术中解放出来，专注于自己的核心业务。

下面是一些 PaaS 云服务的实际应用。

（1）商业智能（BI）：用于创建仪表盘、报表系统、数据分析等应用程序的平台。

（2）数据库：提供关系型数据库或者非关系型数据库服务。

（3）开发和测试平台。

（4）软件集成平台。

（5）应用软件部署：提供应用软件部署的依赖环境。

2.6.3 SaaS

SaaS（Software as a Service，软件即服务）就是软件部署在云端，用户通过因特网使用它，即云服务提供商把 IT 系统的应用软件层作为服务出租，而消费者可以使用任何云终端设备接入计算机网络，然后通过网页浏览器或者编程接口使用云端的软件。这进一步降低了租户的技术门槛，应用软件也无须自己安装了，而是直接使用软件，如图 2-17 所示。

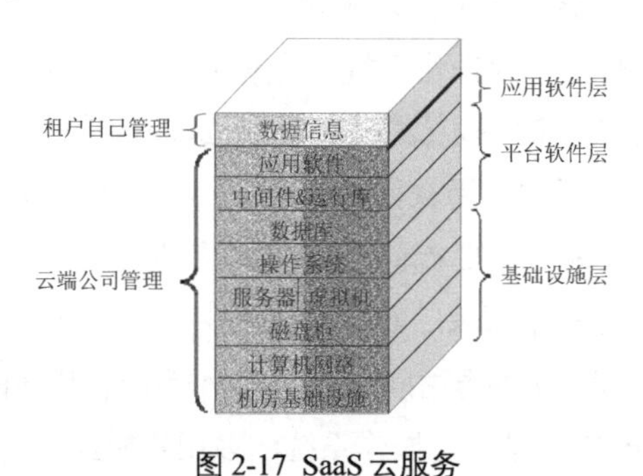

图 2-17 SaaS 云服务

这时 SaaS 云服务提供商有 3 种选择。

（1）租用别人的 IaaS 云服务，自己搭建和管理平台软件层和应用软件层。

（2）租用别人的 PaaS 云服务，自己搭建和管理应用软件层。

（3）自己搭建和管理基础设施层、平台软件层和应用软件层。

总之，从云服务消费者的角度来看，SaaS 云服务提供商负责 IT 系统的底三层（基础设施层、平台软件层和应用软件层），也就是整个 T 层，然后直接出租出去应用软件。SaaS 云服务供需双方的动态交互如图 2-18 所示。

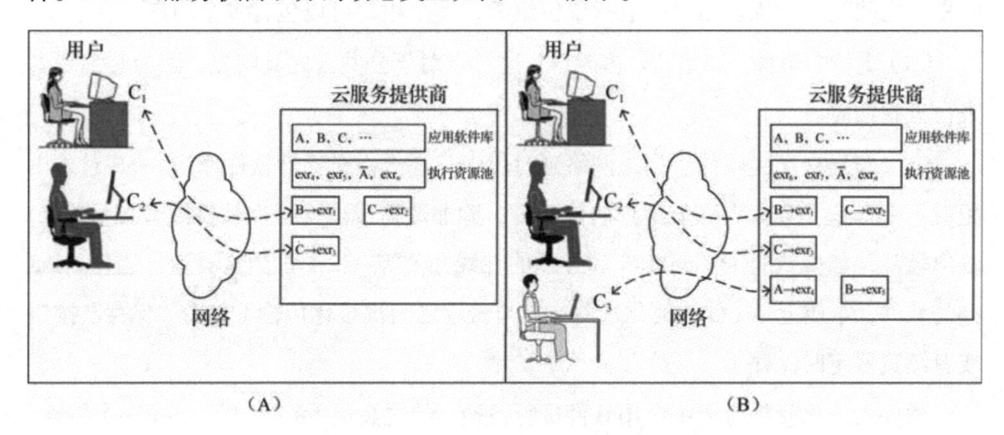

图 2-18 SaaS 云服务供需双方的动态交互

云服务提供商拥有一个应用软件库（图 2-18 中“A，B，C，…”代表库中的应用软件）和应用软件执行资源池（图 2-18 中“exr_1，exr_2，…”代表资源），消费者通过网络远程租赁软件执行资源并运行相关的应用软件。在图 2-18（A）中，有两个用户正在使用云端的软件，其中用户 C_1 运行 B 和 C 两个程序，云端为该用户分配了 exr_1 和 exr_2 两个执行资源，exr_1 执行资源用于执行 B 应用程序（图 2-18 中用“B→exr_1”表示），exr_2 执行资源用于执行 C 应用程序（图 2-18 中用“C→exr_2”表示）。而用户 C_2 正在运行程序 C（图 2-18 中用“C→exr_3”表示）。在图 2-18（B）中，增加了一个新用户 C_3，云端从可用的执行资源池中为他分配了 exr_4 和 exr_5 两个执行资源，分别执行 A 和 B 两个程序，而执行资源池中可用的资源减少了两个。

云服务提供商选择若干种使用面广且可以获得收益的应用软件，如 ERP（企业资源计划）、CRM（客户关系管理）、BI（商业智能）等，并精心安装和运维，让租户用得放心、安心。适合 SaaS 的应用软件有以下几个特点。

（1）复杂。软件庞大、安装复杂、使用复杂、运维复杂，单独购买价格昂贵，如

ERP、CRM 系统及可靠性工程软件等。

（2）主要面向企业用户。

（3）模块化结构。按功能划分成模块，租户需要什么功能就租赁什么模块，也便于云服务提供商按模块计费，如将 ERP 系统划分为订单、采购、库存、生产、财物等模块。

（4）多租户。适合多个企业中的多个用户同时操作，也就是说，使用同一个软件的租户之间互不干扰。租户一般指单位组织，一个租户可以包含多个用户。

（5）支持多币种、多语言、多时区。这一点对于公共云尤其明显，因为其消费者来自五湖四海。

（6）非强交互性软件。如果网络延时过大，那么强交互性软件作为 SaaS 对外出租就不太合适，会大大降低用户的体验度，除非改造成弱交互性软件或者批量输入/输出软件，如微软的 Office 365 和谷歌的在线办公等——通过浏览器运行远程 SaaS 办公软件，本质上是 I/O 本地化，浏览器与云端之间批量化传输（单击“保存”按钮或者浏览器定时保存）。

软件的云化就是对传统应用软件进行改造，使之满足（3）、（4）、（5）三个特点。

这里要着重介绍一下特点（4），多租户即允许多个租户同时使用软件而互不影响，因此多租户的第一个要求就是软件支持多个用户登录，用户一般为非系统管理账户（如不是操作系统用户或者数据库用户），且保存在数据库的业务表中。在 2.1 节中已经讲过，软件是由程序员编写的让 CPU 完成某项任务的步骤，包括输入/输出步骤和计算步骤，只有输入/输出步骤与多租户的特点相关，如张三的输入/输出就是张三的，绝对不允许“窜”到李四那边。这里重点关注的是硬盘文件作为输入/输出设备的情景，因此多租户的第二个要求就是用户身份信息必须作为数据记录的检索字段之一，这样用户之间的数据才能实现隔离。数据记录包括软件的配置信息和业务数据，配置信息是指租户选择的语言、设置的时区、指定的币种、定义的面板参数等。而业务数据就是处理日常业务时产生的数据，一般保存在数据库中，而数据库保存在云端的存储中。在具体设计隔离方案时，需要综合考虑隔离效果和资源使用效率，注重隔离效果的方案和注重资源使用效率的方案分别如图 2-19 和图 2-20 所示，更详细的租户隔离内容会在后面的章节介绍。

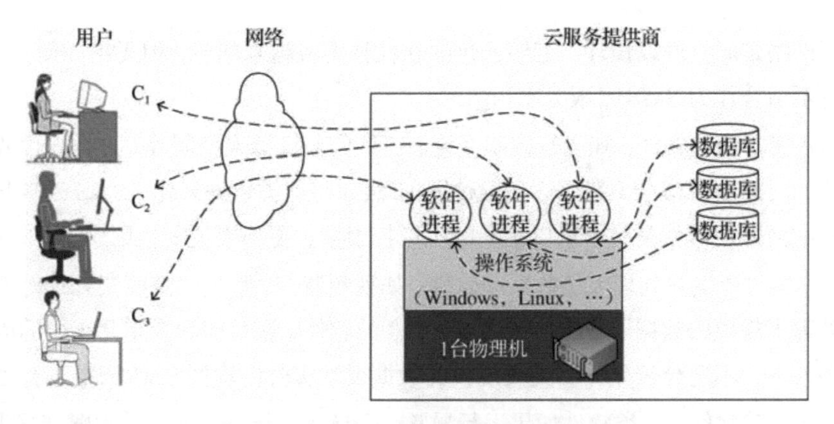

图 2-19 注重隔离效果的方案

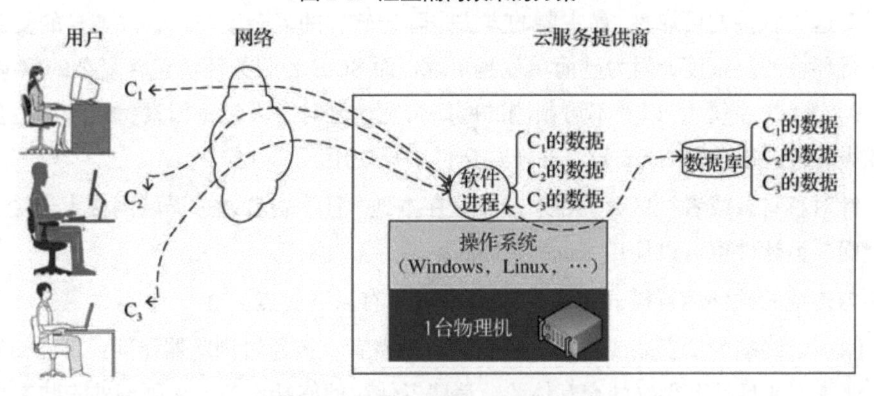

图 2-20 注重资源使用效率的方案

下面这些类型的软件适合云化并以 SaaS 模式交付用户。

（1）企事业单位的业务处理类软件：这类软件用于处理提供商、投资者和客户相关的业务。如开具发票、资金转账、库存管理及客户关系管理等。

（2）协同工作类软件：这类软件用于团队工作，团队成员可能都是单位组织内部的员工，也可能包含外部人员。如日历系统、邮件系统、屏幕分享工具、协作文档创作、会议管理、在线游戏。

（3）办公类软件：这类软件用于提高办公效率，如文字处理、制表、幻灯片编辑与播放工具，以及数据库程序等。基于 SaaS 云服务的办公软件具备协同的特征，便于分享，这是传统的本地化办公软件没有的。

（4）软件工具类：这类软件用来解决安全性或兼容性的问题，以及在线软件开发。如文档转换工具、安全扫描和分析工具、合规性检查工具及线上网页开发等。

随着带宽和网速的进一步改善，云服务提供商通过近距离部署分支云端，进一步降低了网络延时，可以预计，能够云化的软件种类将越来越多，但无论如何，下面3类软件不适合作为SaaS云服务出租。

（1）实时处理软件：如飞行控制系统、工厂作业机器人控制等，这类软件要求任务完成的时间非常精准（甚至达到微秒级）。假如将这类软件云化，SaaS云端与消费者之间的网络延时就是一个难以承受的不可控因素，更不要说其他因素了。

（2）实时产生并处理大量数据的软件：如视频监控、环境信息收集处理等实时产生并处理大规模的数据（可能每秒达GB级）的软件，在目前和未来几年内的因特网宽带条件下，不适合云化，因为大规模的数据很难实时传输到SaaS云端进行处理。

（3）关键软件：这类软件如果运行异常，会导致人员伤亡或者重大财产损失。为了提高这类软件的可靠性，最主要的方法是降低软件的复杂度——软件本身的复杂度和运行环境的复杂度，因为越简单就越可靠。而SaaS云服务环境包含复杂的软/硬件栈（9层的IT系统），以及不可预测的网络带宽、延时、丢包率因素，绝对不适合云化此类软件并以公共SaaS云服务模式交付用户使用。

针对私有云或者社区云，如果云端就在本地，且消费者通过局域网接入云端，那么上面3类软件也可以使用SaaS模式部署。

与传统的软件运行模式相比，SaaS模式具有以下优点。

（1）云终端少量安装或不用安装软件。消费者直接通过浏览器访问云端SaaS软件，非常方便且具有很好的交互体验，消费者使用的终端设备上无须额外安装客户端软件。配置信息和业务数据没有存放在云终端，所以不管用户何时何地使用何种终端操作云端的软件，都能看到一样的软件配置偏好和一致的业务数据，云终端成了无状态设备。

（2）有效使用软件许可证。购买软件许可证的费用大幅度降低，因为消费者使用一个许可证就可以在不同的时间登录不同的计算机。而在非SaaS模式下，消费者必须为不同的计算机购买不同的许可证（即使计算机没有被使用），造成过度配置许可证的现象。另外，也不用购买专门为保护软件产权而购置的证书管理服务器了，因为在SaaS模式下，软件只在云端运行，软件开发公司只跟云服务提供商打交道并进行软件买卖结算。

（3）提高数据安全性。对公共云和云端托管在其他地方的云来说，SaaS软件操纵的数据信息存储在云端的服务器中，云服务提供商也会把数据打散并把多份数据副本存储在多个服务器中，以提高数据的完整性。但从消费者的角度看，数据被集中存放和管理。这样做有一个明显的好处，就是云服务提供商能提供专家管理团队和专业级的管理技术和设备，如合规性检查、安全扫描、异地备份和灾难恢复，甚至建立跨城市双活数据中心。大的云服务提供商能够使数据安全性和应用软件可用性达到4个9的级别。对云端就在本地的私有云和社区云来说，好处类似于公共云，但是抗风险能力要差一些，除非对大的意外事件做好预案，如为应对天灾（地震、洪水等）人祸（火灾等），建立异地灾备中心。另外，无处不在的网络接入，使人们不用复制数据并随身携带，从而避免数据介质丢失。数据集中存放和管理还有利于人们分享数据信息。

（4）有利于消费者摆脱IT运维的技术泥潭而专注于自己的核心业务。SaaS云服务的消费者只租赁软件，无须担心低层（基础设施层、平台软件层和应用软件层）的管理和运维。

（5）消费者能节约大量的前期投资。消费者不用装修机房，不用建设计算机网络，不用购买服务器，也不用购买和安装各种操作系统和应用软件，这样就能节省资金。众所周知，在非云计算模式下，这些巨额的前期投资在一到两年的时间内是不会产生任何效益的，因为一个中等规模IT系统的建设工期就需要几年的时间——包括机房的选址和装修，网络设备的采购和综合布线，机器设备的采购、安装和调试，软件的部署、测试和转产上线等。

但是SaaS云服务也给人们带来了新的挑战，如完全依赖网络、跨因特网对安全防范措施要求更高、云端之间的数据移植性不够好、租户隔离和资源使用效率二者之间需要综合考虑（详见第3章中“租户隔离”的相关内容）等。

下面是一些SaaS云服务的实际应用。

（1）电子邮件和在线办公软件：用于处理邮件、文字排版、电子表格和演示文档的应用软件，如谷歌邮箱、网易邮箱、Office 365、谷歌在线文档等。

（2）计费开票软件：用于处理客户使用和订阅产品及服务产生的账单。

（3）客户关系管理系统（CRM）：涵盖从客户呼叫中心到销售自动化的各种应用程序。

（4）协作工具：这种软件能促进企业内部或者跨企业的团队中成员的协同合作。

（5）内容管理系统（CMS）：用于管理数字内容，包括文本、图形图像、Web页面、业务文档、数据库表单、视频、声音、XML文件等，引入版本控制、权限管理、生命周期等。

（6）财务软件。

（7）人力资源管理系统。

（8）销售工具。

（9）社交网络：如微信、WhatsApp、LINE 等。

（10）企业资源计划（ERP）。

（11）谷歌在线翻译。

2.7 4种部署模型

云计算有4种部署模型，分别是私有云、社区云、公共云和混合云，这是根据云计算服务消费者的来源划分的，即：

（1）如果一个云端的所有消费者只来自一个单位组织，那么这个云就是私有云。

（2）如果一个云端的所有消费者来自两个或两个以上特定的单位组织，那么这个云就是社区云。

（3）如果一个云端的所有消费者来自社会公众，那么这个云就是公共云。

（4）如果一个云端的资源来自两个或两个以上不同类型的云，那么这个云就是混合云。目前绝大多数混合云由企事业单位主导，以私有云为主体，融合部分公共云资源，也就是说，混合云的消费者来自一个或几个特定的单位组织。

2.7.1 私有云

私有云的核心特征是云端资源只供一个单位组织内部的员工使用，其他的人和机构都无权租赁并使用云端的计算资源。至于云端部署何处、所有权归谁、由谁负责日常管理，并没有严格的规定。

1. 云端部署何处

私有云的云端部署在哪里有两个可能，一是部署在单位组织内部（如机房），称为本地私有云；二是托管在别处（如阿里云端），称为托管私有云。本地私有云如图2-21所示。

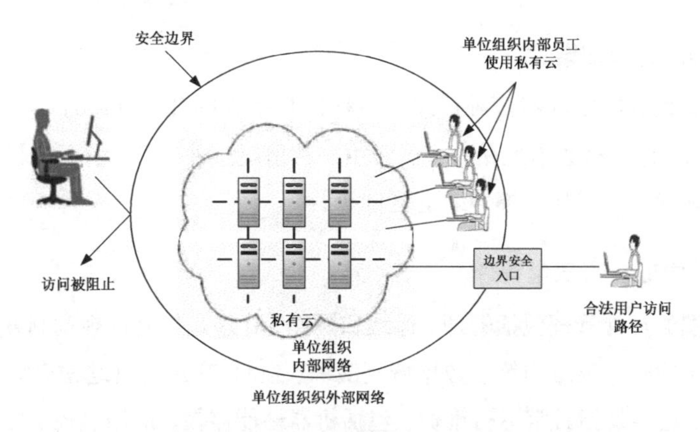

图 2-21 本地私有云

由于本地私有云的云端部署在单位组织内部，私有云的安全及网络安全边界定义都由单位组织自己实现并管理，一切由单位组织掌控，所以本地私有云适合运行单位组织中关键的应用。托管私有云是把云端托管在第三方机房或者其他云端，计算设备可以自己购买，也可以租用第三方云端的计算资源，消费者所在的单位组织一般通过专线与托管的云端建立连接，或利用叠加网络技术在因特网上建立安全通道（VPN），以降低专线的费用，如图 2-22 所示。

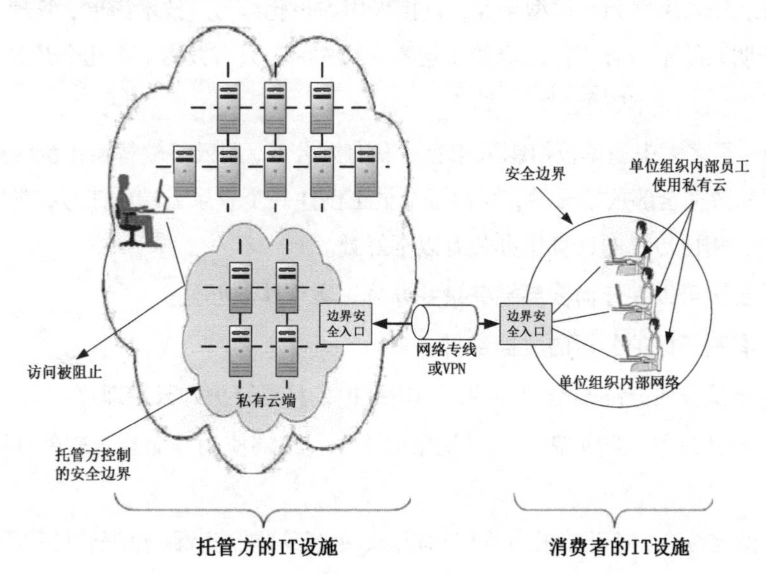

图 2-22 托管私有云

托管私有云的云端托管在公司之外，企业自身不能完全保证其安全性，所以要与信誉好、资金雄厚的托管方合作，这样的托管方抵御天灾人祸的能力更强。

2．云端所有权归谁

云端所有权的归属存在两种可能，一种是归企业自身所有；另一种是归他人所有，企业租用。绝大多数本地私有云属于第一种情况。对托管私有云来说，租赁计算设备更具成本优势，云端规模伸缩也更自如。

3．云端由谁负责日常管理

一个云端的日常管理包括管理、运维和操作。管理是指制订规章制度、合规性监督、定期安全检查、灾难演练、数据恢复演练、制订 SLA 与落地检查等，侧重制度和人员层面。运维是指日常运行维护，包括机器性能监控、应用监控、性能调优、发现与处理故障、建立问题库、问题热线座席、定期输出运维报告、产能扩容与收缩、应用转产与退出等，侧重设备层面。云端的操作不是指云服务消费者的操作，而是指云端的日常工作，包括数据备份、服务热线座席、日常卫生、与消费者的一些操作互动等。云端的日常管理可以完全由自己承担，也可以完全或部分外包。

私有云的规模可大可小，小的可能只有几个或者十几个用户，大的可能会有上万个甚至十几万个用户，但是过小的私有云不具有成本优势且无法体现计算资源配置的灵活性，比如家庭和小微型企业，直接采用虚拟化即可，技术简单、管理方便。就像智能照明系统不适合三口之家的小居室一样，因为只有几盏灯、几个开关，手动操作简单、方便，成本也低。

现在，很多大中型单位组织采用企业私有办公云，用云终端替换传统的办公计算机，程序和数据全部放在云端，并为每个员工创建一个登录云端的账号，账号和员工一一对应，相比传统的计算机办公有以下好处。

（1）员工可以在任何云终端登录并办公，实现移动办公。

（2）有利于保护公司的文档资料。

（3）维护方便。终端是纯硬件，不用维护，只要维护好云端即可。

（4）降低成本。购买费用低，使用成本低，终端使用寿命长，软件许可证费用降低。

（5）稳定性高。对云端集中监控和布防，更容易监控病毒、流氓软件和黑客入侵。

2.7.2 社区云

社区云的核心特征是云端资源只供两个或两个以上的特定单位组织内的员工使

用，除此之外的人和机构都无权租赁和使用云端的计算资源。参与社区云的单位组织具有共同的要求，如云服务模式、安全级别等。具备业务相关性或者具有隶属关系的单位组织建设社区云的可能性更大一些，因为建设社区云一方面可以降低各自的费用，另一方面可以共享信息。比如，深圳地区的酒店联盟组建酒店社区云，以满足数字化客房建设和酒店结算的需要；又比如，由一家大型企业牵头，与其提供商共同组建社区云；再比如，由卫建委牵头，联合各家医院组建区域医疗社区云，各家医院通过社区云共享病例和各种检测化验数据，这能极大地降低患者的就医费用。

与私有云类似，社区云的云端也有两种部署方法，即本地部署和托管部署。由于存在多个单位组织，所以本地部署存在 3 种情况：一是只部署在一个单位组织的内部；二是部署在部分单位组织的内部；三是部署在全部单位组织的内部。如果云端部署在多个单位组织内容，那么每个单位组织只部署云端的一部分，如图 2-23 所示。

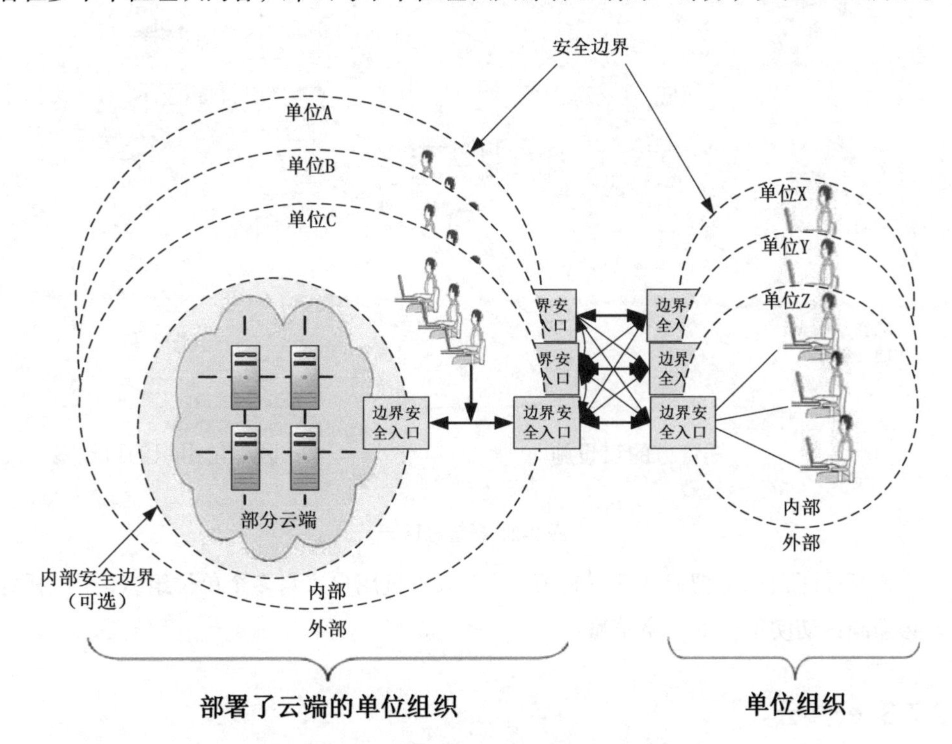

图 2-23 云端部署在多个单位组织的本地社区云

当云端分散在多个单位组织时，社区云的访问策略就变得很复杂。如果社区云有 N 个单位组织，那么对一个部署了云端的单位组织来说，就存在 N–1 个其他单位组织如何共享本地云资源的问题，换言之，就是如何控制资源访问权限的问题。常用的解决办法有通过如 XACML 标准自主访问控制、遵循如“基于角色的访问控制”安全模型、基于属性访问控制等。除此之外，还必须统一用户身份管理，解决用户能否登录云端的问题。其实，以上两个问题就是常见的权限控制和身份验证问题，是大多数应用系统都会面临的问题。

托管社区云如图 2-24 所示。

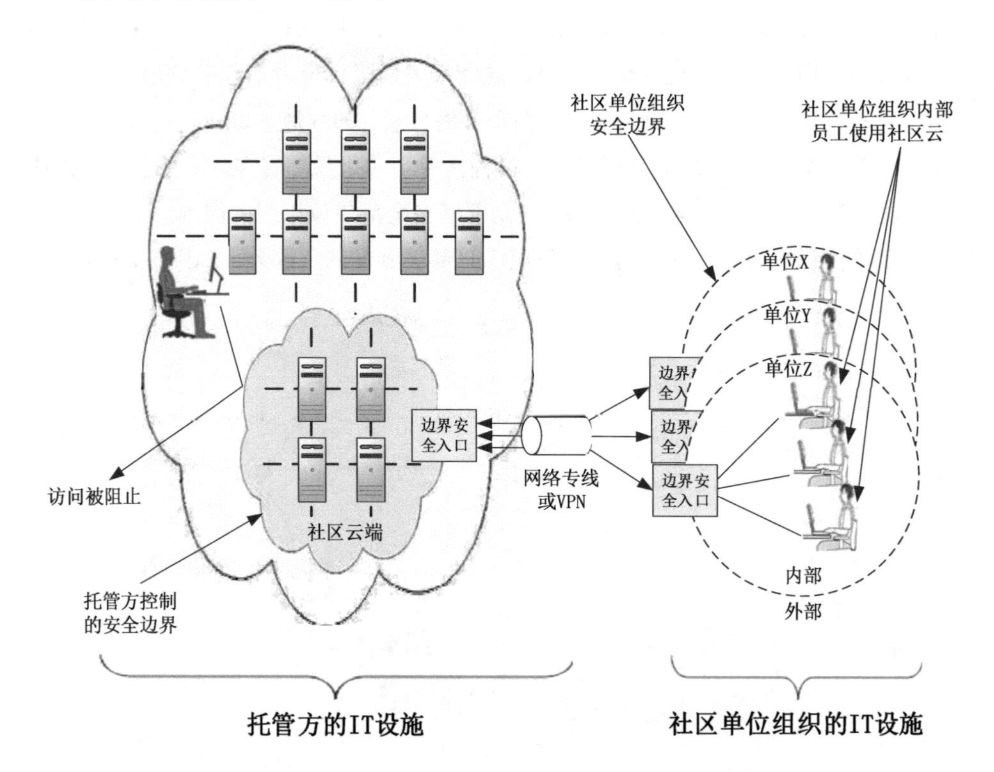

图 2-24 托管社区云

托管社区云也是把云端部署到第三方，只不过用户来自多个单位组织，所以托管方必须制订切实可行的共享策略。

2.7.3 公共云

公共云的核心特征是云端资源向社会大众开放，符合条件的任何个人或者单位组织都可以租赁并使用云端资源。公共云的管理比私有云的管理复杂得多，尤其是对安全防范的要求更高。

公共云有深圳超算中心、亚马逊、微软的 Azure、阿里云等。

2.7.4 混合云

混合云是由两个或两个以上不同类型的云组成的，不是一种特定类型的单云。它对外呈现出来的计算资源来自两个或两个以上的云，只不过增加了一个混合云管理层。云服务消费者通过混合云管理层租赁和使用计算资源，感觉就像在使用同一个云端的资源，其实内部被混合云管理层路由到真实的云端，混合云如图 2-25 所示。

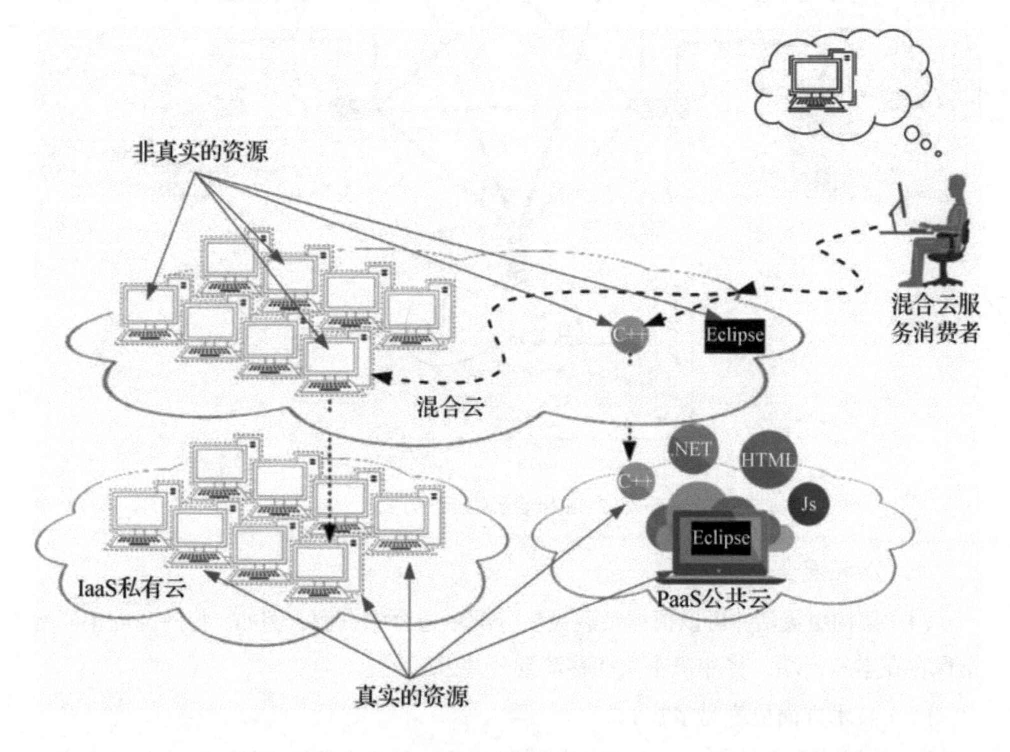

图 2-25 混合云

在图 2-25 中，如果用户在混合云上租赁了一台虚拟机（IaaS 型资源）和开发工具（PaaS 型资源），那么用户每次都是连接混合云端，并使用其中的资源。用户并不知道自己的虚拟机实际上位于一个 IaaS 私有云，而开发工具位于 PaaS 公共云。

由于私有云和社区云具有本地和托管两种类型，再加上公共云，共有 5 种类型，所以混合云的组合方式有很多种形式，如图 2-26 所示。

混合云属于多云大类，是多云大类中最主要的形式，而公/私混合云又是混合云中最主要的形式，因为它同时具备了公共云的资源规模和私有云的安全特征。下面将围绕这种形式的混合云进行讲解。

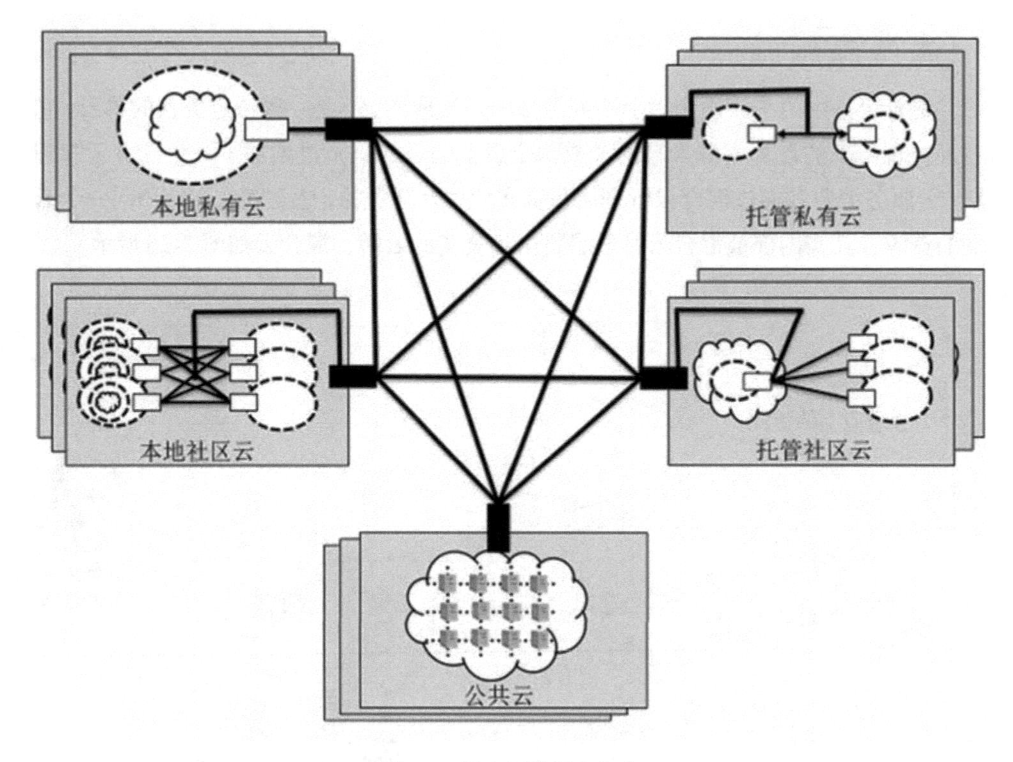

图 2-26 混合云的组合方式

1. 公/私混合云的优势

（1）架构更灵活：可以根据负载灵活分配最适合的资源，例如，将内部的重要数据保存在本地云端，将非机密功能移动到公共云区域。

（2）技术方面更容易掌控。

（3）更安全：具有私有云的保密性，同时具有公共云的抗灾性（在公共云上建立虚拟的应急灾备中心或者静态数据备份点）。

（4）更容易满足合规性要求。云计算审计员对多租户的审查比较严格，他们往往要求云服务提供商必须为云端的某些（或者全部）基础设施提供专门的解决方案。这种混合云由于融合了专门的硬件设备，提高了网络安全性，更容易通过审计员的合规性检查。

（5）更低的费用：租用第三方资源来平抑短时间内的资源需求峰值，与自己配置最大化资源以满足需求峰值的成本相比，这种短暂租赁的费用要低得多，如图 2-27 所示。

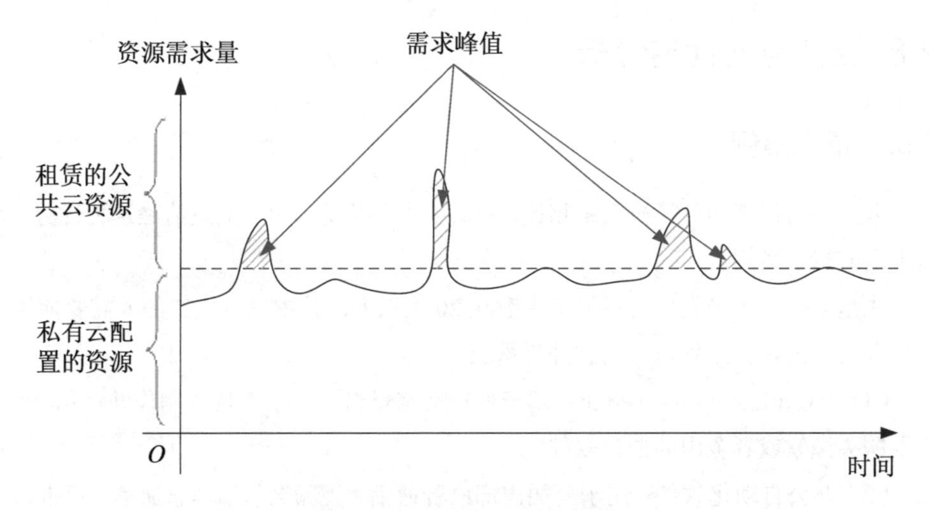

图 2-27 平抑季节性资源需求峰值

2．公/私混合云的构成

（1）私有云：是混合云的主要组成部分，企业部署混合云的步骤一般是先“私”后“公”。

（2）公共云。

（3）公/私云之间的网络连接：一般是公共云提供商提供的高速专线，或者是第三方的 VPN。

（4）混合云管理平台：是用户的统一接入点，实现资源的自动化、费用结算、报表生成、云端日常操作及 API 调用等，可以进一步细化为数据管理、虚拟机管理、应用管理等几个层面的软件。目前混合云管理平台产品有 VMware vRealize、Microsoft System Center、RightScale 等。

3．公/私混合云的功能

混合云可以做多个层面的事情，基本可以分为数据层面和业务负载层面。在这两个层面，有一些典型的应用场景，具体如下。

（1）数据备份：将私有云的数据备份到更便宜和可靠的公共云上。

（2）灾备：在私有云出现故障时，由公共云上的灾备环境提供服务。

（3）负载延伸：当私有云无法提供新增负载需要的资源时，在公共云上创建虚拟主机以支持新的负载，负载下降后删除这些虚拟主机回到纯私有云。

（4）使用公共云作为开发测试云。

2.8 云计算的优劣分析

2.8.1 情景案例

云计算与传统的计算机系统相比，具有明显的优势，为了描述清楚这种优势，请看下面的情景案例。

我是某公司的老板，公司员工人数在 20 人以上，其中三分之二的人需要使用计算机办公，公司会用到以下的软件与系统。

（1）Word/Excel/PowerPoint：用于处理文字材料、电子表格、制作并演示 PPT。需要购买微软或者金山的办公软件。

（2）办公自动化软件：用于公司内部语音通话、视频会议、消息通信、审批自动流转、文件转发、收发传真等。

（3）建立公司的网站：比如网站域名是 www.xyz.com，上下游公司都可以通过公司的网站了解公司的业务、提出意见和建议，公司的重大新闻也要发布到网站上。公司网站就是公司的窗口和门户，一定要设计得专业美观，而且紧扣公司的主营业务。

（4）公司邮件系统：我们要为每个员工分配一个公司邮箱地址，格式为 xxxx@xyz.com，邮箱地址后缀统一为公司的域名，然后将邮箱地址印在员工的名片上。名片上绝对不能印免费的邮箱地址，因为如果一家公司连自己的邮件系统都没有，那么绝对是一家小公司。

（5）ERP 系统：主要用来管理进、销、存和生产、财务、人事等，打通各个部门的业务数据通道，引入一系列的业务流程，最终目的是降低库存，留住和挖掘客户资源，加快资金周转，减少人力成本。ERP 系统安装复杂、价格昂贵、日常管理工作量大。公司从创立之初使用 ERP 系统比公司做大后再使用 ERP 系统的效果更好，等公司做大后再使用 ERP 系统很容易失败。

（6）产品数据管理软件：公司的产品线多，涉及成千上万的零部件，而且每个零部件又有几十个版本，所以我们不得不采用专门的产品数据管理软件来管理大量的产品数据。在采用产品数据管理软件后，产品的研发周期明显缩短，而且版本控制有条不紊。

（7）AutoCAD/Photoshop/SolidWorks/Candence：我们必须使用这些专业的产品设计工具，而正版软件的价格非常昂贵，每年还有升级费用。

（8）产品可靠性工程管理软件：为了提高公司产品的可靠性，我们必须使用这种软件，但软件的价格都在百万元以上。

另外，还有如下要求。

（1）公司内部的资料在没有授权的情况下，不能被员工带出公司。必须严格保护公司的知识资产，包括各种文档资料、图纸、源代码、产品数据等。

（2）员工出差时也可以随时访问公司内部的 ERP 等系统，做到移动办公。

（3）公司的网站、邮件系统和 ERP 系统要 24 小时运行，允许员工和客户随时访问。

（4）严格控制购买计算机和软件的成本，以及日常的运行维护成本，包括电费和计算机工程师的人力成本，资金要用在刀刃上。

（5）采用最先进的软件，如产品设计软件、ERP 系统等。

为了满足公司的需求，我会参照以下方式行事，公司的规模不同，方案也不同。

1. 假如我的公司是一家小型公司，员工人数在 200 人以内

（1）部署远程桌面服务办公环境。购买几台服务器部署微软的远程桌面服务，每个办公桌上放置一台云终端，给需要的员工每人一个账号和密码。各种软件（如办公软件、产品设计软件等）都安装在服务器上并且在服务器上运行，公司全部的文档资料也放在服务器上。云终端是纯硬件设备，里面不用安装 Windows 和各种应用软件。

这样做的好处如下。

- 购买计算机设备的成本低。
- 购买正版软件节约的软件许可证费用非常可观。
- 终端折旧周期长（8 年以上），耗电极低，不容易出故障。
- 数据资料无法复制，云终端的 U 盘插口只能将数据资料复制进去而不能复制出来，数据资料集中存放在服务器上。
- 便于移动办公，员工可以使用任何一台终端登录云计算中心并办公。
- 计算机的日常维护工作量小，只要维护好服务器即可。
- 不容易感染病毒。

（2）租用公共云上的 ERP 系统、产品数据管理软件和可靠性工程软件等，前提是有这些软件的 SaaS 云服务提供商。这些软件价格昂贵，小公司是没有单独购买并安装这些软件的资金实力的。但是公司可以租用使用权，按账号每月付费，比如，公司租了 10 个 ERP 账号、3 个产品数据管理系统的账号和 2 个可靠性工程软件账号，先付了一年的租金，总金额不到 3 万元。员工使用租来的账号和密码登录公共云后，就可以使用公共云中的软件，数据也存放在其中。公共云从不关机，所以我们可以随时随地访问 ERP 系统、产品数据管理系统和可靠性工程系统。

这样做的好处如下。

- 小公司也可以使用以前只有大公司才用得起的大型软件，提高小公司的竞争力。
- 无须费心对这些系统进行日常管理。
- 无须购买服务器来安装这些系统。

（3）租用公共云上的一台虚拟机专门运行公司网站和邮件系统，每年租金 2000 元。虚拟机从不关机，满足了公司网站和邮件系统随时可用的要求。

如果我的公司之前使用普通计算机办公，那么我就逐渐使用私有办公云，等计算机淘汰后就替换成云终端。这样，公司的计算机随着时间的推移会越来越少，而云终端会越来越多。

对于一家员工人数在 200～500 人的中型公司，方案与上面的大致相同，只不过需要购买更多的服务器，租用更多的公共云账号。

2．假如我的公司是一家大型公司，员工人数在 500 人以上

（1）部署本地私有云，全部服务器池化——10%的服务器最终以物理机的形式让用户租用，90%的服务器最终以虚拟机的形式让用户租用，因为公司一些核心的应用必须在物理机上跑，以满足安全性要求。云端设计成可伸缩的，服务器随着办公人数的变化而睡眠或者被唤醒，比如晚上加班的人数少，大部分服务器处于睡眠状态，早上随着上班人数的不断增加，更多的服务器被不断唤醒。另外，还要考虑一定数目的备份服务器，允许 3 台服务器损坏而不会影响业务。还要对服务器做集群划分，不同的部门使用不同的服务器集群，从而轻松实现安全控制。

（2）员工办公使用的资源有两类，一是员工独占一台虚拟机，二是多个员工共享一台虚拟机（远程桌面服务模式）。对具体的员工来说，到底是独占还是与他人共享虚拟机，要根据公司的安全策略来确定。

这样做的好处如下。

- 公司的各种文档资料能得到很好的保全，包括产品图纸、源代码、合同文本、客户资料等。就像波音公司那样，产品设计工程师全部采用云终端来完成产品设计，图纸是复制不走的。
- 极大地降低了 IT 的投入，包括硬件的采购成本、软件的采购和升级成本、日

常运行维护成本和计算机工程师的人力成本。

- 极大地提高了电子化办公的可靠性和稳定性。传统的采用台式机办公的方式普遍存在各种不稳定的因素，如病毒入侵或不正常关机导致计算机软件被破坏、计算机硬件故障、软件安装配置不正常、数据丢失等。而采用私有办公云，这些问题都不存在了。
- 安装和升级软件极其方便，只要在服务器上操作即可，不涉及众多的云终端。要知道，大公司会使用各种各样的软件，如果这些软件都要安装在每个员工的计算机上，那么工作量可想而知。
- 便于安全控制，如局域网接入认证、用户上网行为控制、日志登记、员工桌面监控、外发邮件监控、病毒查杀和入侵检测等。
- 实现移动办公，员工可以在公司内部的任何一台云终端上使用自己的账号登录云计算中心办公，员工与计算机不再一一绑定。尤其是跨地区的集团公司，移动办公更能体现其优势。通过配置 VPN 接入，轻松实现出差在外的员工登录公司内部的云计算中心。
- IT 日常运维工作变得异常简单，只要维护好云计算中心即可，从而减少大量的计算机运维工程师。

（3）在云端专门划分一个集群，在该集群上的虚拟机中运行公司的 ERP 系统、产品数据管理系统、网站系统、邮件系统，以及其他大型应用系统。利用虚拟机提高可靠性比物理机更容易，因为虚拟机能轻松实现热迁移。在运行能力富余的情况下，公司还可以对外销售 SaaS 云服务，让其他中小型公司租用这些昂贵的软件。

这样公司能灵活控制这些系统，方便积淀各种数据并进行大数据分析，对外出租 SaaS 账号比纯粹的公共云运营商更贴近用户的需求，因为我们本身就在使用这些系统。

通过这个情景案例，我们总结云计算的优劣势如下。

2.8.2 云计算的优势

1. 对于社会

（1）降低全社会的 IT 能耗，减少排放，真正做到“绿色计算”。

（2）提高全社会 IT 设备的使用率，并降低电子产品的数量，从而减少因设备淘汰而产生的电子产品垃圾，对于保护环境大有裨益。

（3）信息技术产业进一步合理分工——由资金雄厚、技术过硬、专业人士众多的机构负责建设并管理云端，从而提高整个社会信息技术处理环境的可靠性。换言之，也就降低了因天灾人祸导致的生命、财产损失。

（4）形成新的云计算产业。

（5）有利于全社会共享数据信息，打破信息孤岛。尤其是涉及公民身份、档案、信用、健康、教育、工作等信息的全国性公共云平台，带来的社会效益是巨大的。

2. 对于云计算消费者

（1）降低了信息技术成本。前期投入和日常使用的成本大幅度降低，同时也降低了因各种 IT 事故导致的损失。

（2）提高了数据的安全性。

（3）提高了应用系统的可靠性。

（4）增强了用户的体验感。当今网络无处不在，云计算消费者可以随时随地使用任何云终端接入云端并使用云中的计算资源，真正实现移动办公。

（5）大型昂贵软件平民化。比如将可靠性工程软件、ERP 系统、CRM 系统、商业智能系统等云化之后以 SaaS 模式出租，这些以前只有大型企业使用的软件，现在中小型企业和个人也能用得起。

（6）消费者从复杂的 IT 技术泥潭中摆脱出来，专注于自己的核心业务和市场。

（7）能快速响应消费者对计算资源的弹性需求，从而及时满足企业的业务变化。在传统 IT 系统下，一项新业务对 IT 资源的扩容要求往往在几个月或者一年后才能得到满足，使市场人员和管理层难以接受，因为市场是瞬息万变的。

（8）有利于企业之间或者个人之间共享信息，打破信息孤岛。

（9）个人、中小型企业和机构也用得起高性能计算。

2.8.3 云计算的劣势

（1）严重依赖网络。在没有网络的地方，或者网络不稳定的地方，消费者可能无法使用云服务或用户的体验感很差。但这并不是云计算固有的缺陷，随着网络普及越来越广、网速越来越快，城市 Wi-Fi 全覆盖、国家 Wi-Fi 全覆盖的到来，网络不再是问题。针对这个问题，现在有一些胖终端产品会把一些常见的应用程序驻留在本地，同时缓存数据，当网络良好时，数据自动与云端同步。

（2）数据可能泄密的环节增多。云端、灾备中心、离线备份介质、网络、云终端、账号和密码，都有可能成为信息的泄密点。但是云计算使数据信息遭到非人为因素破坏的概率大大降低了。比如，在传统 IT 系统中，存储设备损坏、机房火灾、地震、雷电、洪水等都会破坏数据，在云计算环境中则没有这些隐患。总之，云计算消除了一些数据泄密和破坏的点，但是又带来了一些新的不安全因素。

（3）相对于传统的分散计算，云计算把计算资源集中在一起，因此风险也被集中在一起，云端成了单点故障，如果云端发生事故，影响面将非常巨大。目前常见的应对措施是数据冗余存储、建立灾备中心、建立双活数据中心等。

（4）用户对数据和技术的掌控灵活度下降。对于 IaaS 云服务，用户无法掌控基础设施层；对于 PaaS 云服务，用户无法掌控基础设施层和平台软件层；而对于 SaaS 云服务，用户无法掌控基础设施层、平台软件层和应用软件层。另外，数据存放在云端，如果数据量巨大，那么用户移动数据耗时又耗力，如果网速慢，势必会严重影响掌控数据的灵活性。不过，技术掌控灵活度的降低表示用户可以脱离繁杂的技术陷阱，从而专注企业的核心业务和市场，因此这也是优势。

第3章

“云”模型

3.1 营运模型

图 3-1 是美国国家标准与技术研究所（简称 NIST）定义的通用云计算架构参考模型，图中列举了主要的云计算参与者以及他们各自的分工。

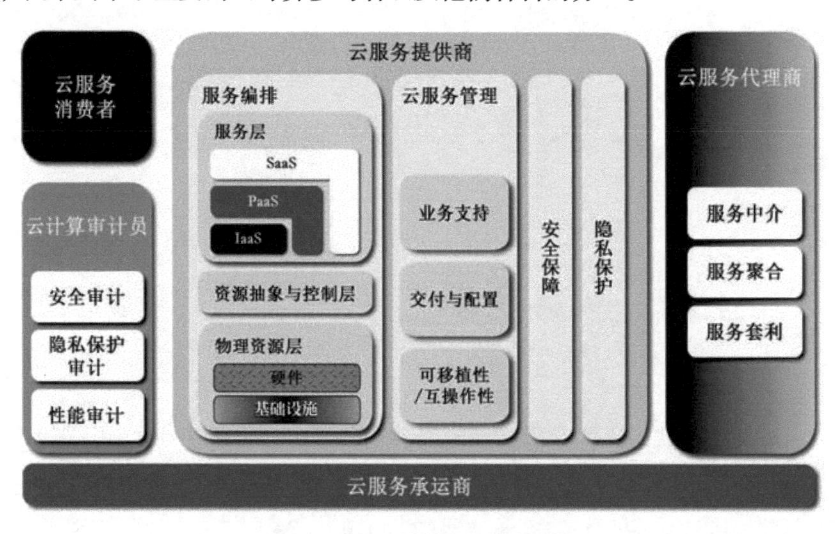

图 3-1 通用云计算架构参考模型

NIST云计算架构参考模型定义了5种角色，分别是云服务消费者、云服务提供商、云服务代理商、云计算审计员和云服务承运商。每个角色可以是个人，也可以是单位组织。每个角色的具体定义如表3-1所示。

表3-1 角色的具体定义

角　色	定　义
云服务消费者	租赁云服务产品的个人或单位组织
云服务提供商	提供云服务产品的个人或单位组织
云服务代理商	销售云服务产品并获取一定佣金的个人或单位组织
云计算审计员	能对云计算安全性、云计算性能、云服务及信息系统的操作开展独立评估的第三方个人或单位组织
云服务承运商	提供云服务提供商和云服务消费者之间的连接媒介，以便把云服务产品从云服务提供商转移到云服务消费者手中，但是广域网商和因特网商不属于云服务承运商

云计算中各个角色之间的交互如图3-2所示，云服务消费者可以从云服务代理商或云服务提供商那里租赁云服务产品，而云计算审计员必须能从云服务消费者、云服务提供商和云服务代理商那里获取信息，以便独立开展审计工作。

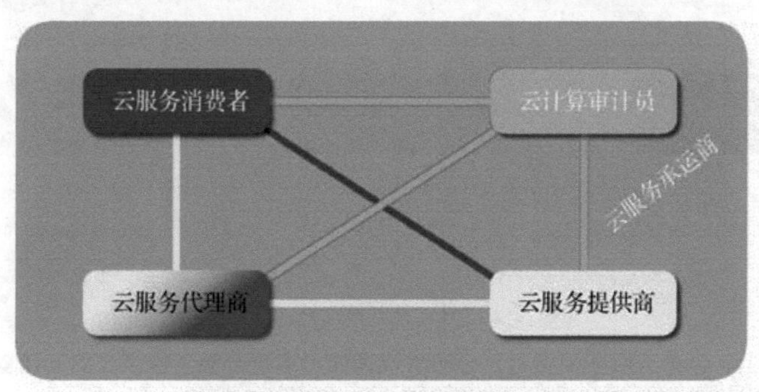

图3-2 云计算中各个角色之间的交互

并不是每个云计算都包含这 5 种角色，但是云服务提供商和云服务消费者是必需的两个角色，而是否包含其他3种角色，与具体的业务要求相关。

（1）只有云服务消费者和云服务提供商的云计算，如图3-3所示。

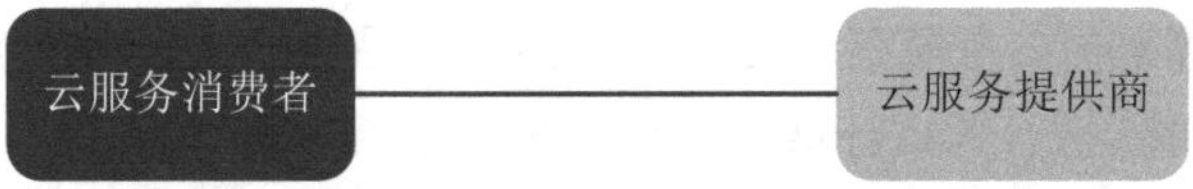

云服务消费者　云服务提供商

图 3-3 只有云服务消费者和云服务提供商的云计算

例如本地私有云、Dropbox 网盘等。

（2）包含云服务消费者、云服务提供商和云服务承运商的云计算，如图 3-4 所示。

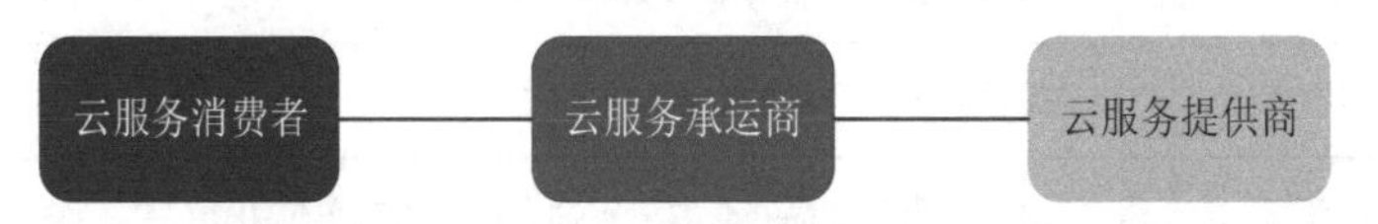

图 3-4 包含云服务消费者、云服务提供商和云服务承运商的云计算

例如，某公司把数据备份到亚马逊公共云上，那么这家公司就是云服务消费者，亚马逊就是云服务提供商，而提供点对点专线服务的本地电信部门就是云服务承运商。

（3）包含云服务消费者、云服务代理商和多个云服务提供商的云计算，如图 3-5 所示。

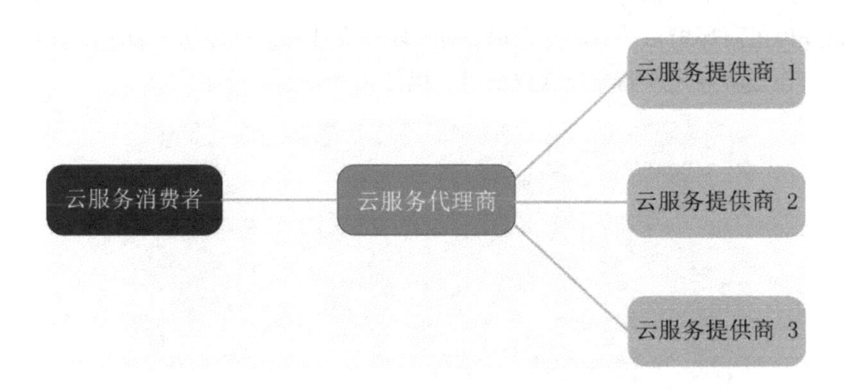

图 3-5 包含云服务消费者、云服务代理商和多个云服务提供商的云计算

例如，一家私有企业利用第三方的云计算代理咨询公司发现并租赁最经济的 Linux 云主机，其中，云服务消费者是这家私有企业，云服务代理商是第三方的云计算代理咨询公司，云服务提供商是亚马逊、谷歌、阿里巴巴等。在本例中，云服务消费者只与云服务代理商打交道，并不知道真正的云服务提供商是谁。

（4）包含云服务消费者、云服务提供商和云计算审计员的云计算，如图 3-6 所示。

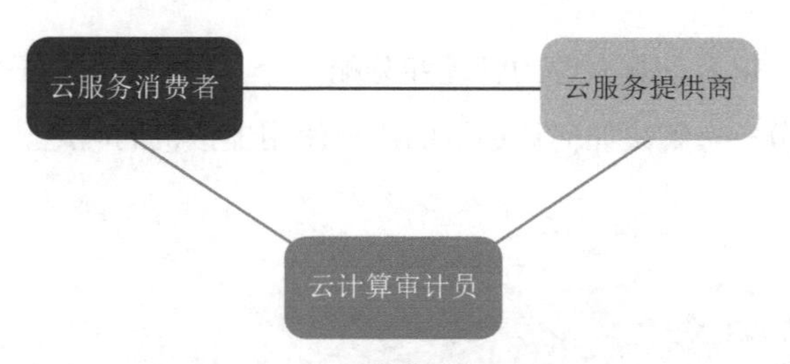

图 3-6 包含云服务消费者、云服务提供商和云计算审计员的云计算

例如，云服务消费者使用公民档案 SaaS 云服务，那么社会公民就是云服务消费者，公民档案 SaaS 云服务提供商就是云服务提供商，而国家相关部门就是云计算审计员。

3.2 技术架构

目前，最主要的云服务产品是 IaaS 的虚拟机。一套完整的对外出租虚拟机的 IaaS 云计算解决方案必须解决下面这个问题：

如何运行和管理大量的虚拟机并让远方的用户自助使用这些虚拟机？如图 3-7 所示。

图 3-7 IaaS 云计算解决方案必须解决的问题

问题中的 3 个动词“管理”“运行”“使用”意味着一个 IaaS 云计算系统包含以下 3 部分，如图 3-8 所示。

（1）虚拟化平台（硬件、虚拟软件）——解决如何运行虚拟机的问题。

（2）管理工具——解决如何管理大量虚拟机的问题，包括创建、启动、停止、备份、迁移虚拟机，以及计算资源的管理和分配。

（3）交付部分——解决如何让远端的用户使用虚拟机的问题。

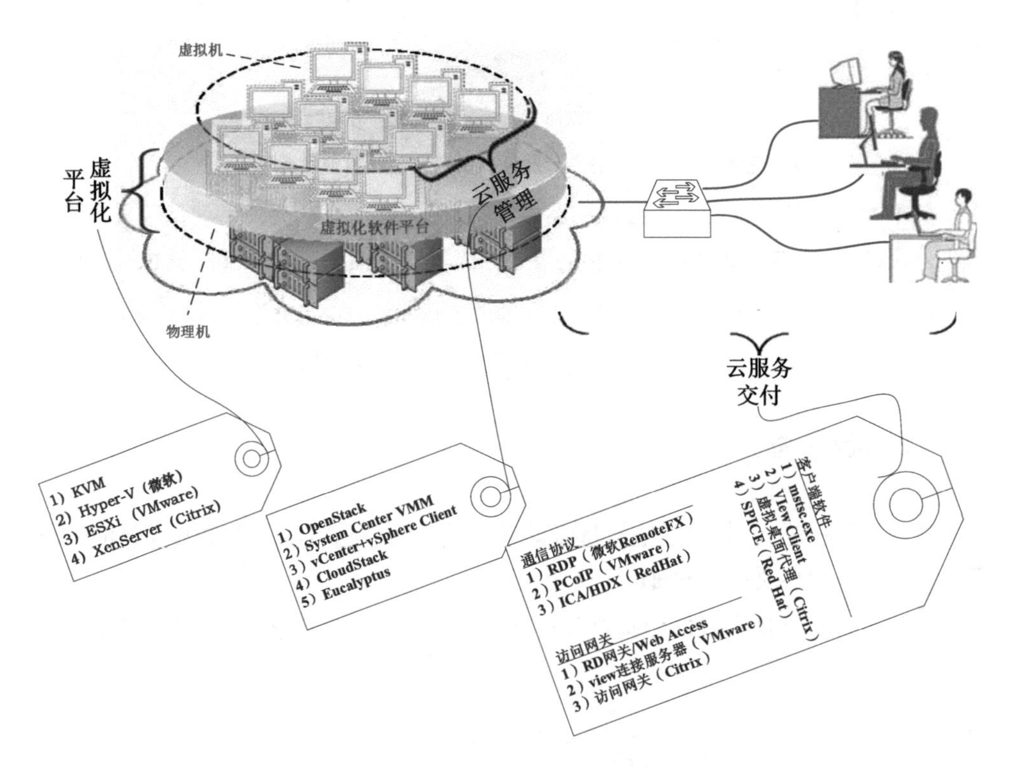

图 3-8 IaaS 云计算系统

3.2.1 虚拟化平台

虚拟化平台中的硬件部分主要是指服务器、存储和网络。对于服务器，大的云服务提供商倾向于自己定制，这种针对特定应用定制的服务器具有更高的计算效率和更低的成本，因此，目前的通用服务器硬件厂商面临很大的市场压力。有一些云服务提供商推出云计算一体机，即把平台和管理两部分打包成一台服务器出售，公司购买这样的一体机后，可以直接向员工交付计算机桌面。

平台中的虚拟软件安装在物理机或者操作系统上，然后通过它创建若干个虚拟机并运行这些虚拟机。当然，虚拟机中还要安装操作系统，如 Windows 8、Linux 等。一个云端可能有很多台服务器，每台服务器上又有很多台虚拟机，那么如何管理这些虚拟机呢？这就是云管理平台的任务了。

3.2.2 管理工具

管理工具就是一套软件，是用来管理云端资源（服务器、存储、网络）和虚拟机的。虚拟机是资源申请的基本单位，因此，管理平台的核心任务就是管理虚拟机，即进行创建、销毁、启动、关闭、资源分配、迁移、备份、克隆、快照、安全控制等操作。这一点类似于传统操作系统的进程管理，所以有人说，云管理工具就是云操作系统，即用来管理云端资源，虚拟机是云端资源分配的主体，而传统的操作系统是用来管理计算机资源（CPU、内存、硬盘等）的，进程是计算机资源分配的主体。但是把云管理工具称为云操作系统不太恰当，称其为虚拟机管理工具比较合适。

3.2.3 交付部分

云计算的本质是计算与输入/输出分离，那么位于远方的云端资源如何交付用户呢？换句话说就是，用户如何使用云端的计算资源（如计算机桌面）呢？这是很关键的问题。

交付主要由 3 部分组成：通信协议、访问网关和客户端。通信协议就是终端与云端的通信规则，比如在使用对讲机通话时，以“Over”作为本人说话的结束语，对方听到“Over”后开始说话，这是一种最简单的通信协议。通信协议与终端用户的体验息息相关，也是最具技术含量的部分，目前只有三四家大企业才有拿得出手的通信协议。

访问网关相当于云端的大门，终端用户必须从此“门”进入云端。客户端是指安装在云终端上的软件，专门负责与云端的通信——接收用户的输入并发送到云端，然后接收云端的返回结果并显示在云终端屏幕上。一台云终端上可以安装多个不同公司发布的客户端，一般来讲，不同的客户端，使用的通信协议也是不同的，这样的云终端具有接入多个由不同运营商提供的云端的能力。比如作者开发的云终端，既可以接入微软的 RDP 协议云端，也可以接入 VMware 的 PCoIP 协议云端，还可以接入 Citrix 的 HDX 协议云端，以及 Red Hat 的 SPICE 协议云端。

上面提到的是云计算系统的“主心骨”，实现了云计算的基本功能，但是在生产环境中，云计算还必须满足性能和产能的要求，因此，负载均衡、故障转移、身份认证、权限控制、入侵检测等也是不可或缺的。

无论如何，云端本身还是一个 IT 系统，仍然遵循九层逻辑架构，每一层都由若干组件构成。下面对构成云端的各个组件进行简单介绍，更详细的资料请浏览相应的官方网站。

3.3 云端布点

前面已经讲到，延时是网络的一个关键属性，对实时的强交互性软件来说，云端至终端的往返延时应该控制在100毫秒以内，否则会大大降低操作云端软件的用户的体验感。比如编辑一份Word文档，输入的文字要过一会儿才能出现在屏幕上，这是谁都接受不了的。目前，云化实时的强交互性软件的途径有两条，一是采用网页浏览器，二是在人口密集区建立云端分部，从而缩短延时。

缩短延时的方法就是减少终端与云端的网络路径上的转发节点的数目或提高网络设备的转发速度，但我们不能直接修改广域网，唯一能做的事情就是尽量把云端建在离用户近的地方，这就是“让计算离用户最近”的原则。这里的“近”不是指地理位置上的近，而是指网络延时小。比如美国的国际接入中心与中国的广州在地理位置上相距很远，但是网络延时非常小，因为连通两地的是太平洋海底光缆，中途的转发设备极少，几乎没有延时，所以两地相距很“近”。

在中国，较好的布局是在北京、上海、广州、沈阳、南京、武汉、成都、西安的人口密集区部署云端分部。这 8 个城市也是电信网的核心网部分，国际出口设在北京、上海和广州，如果云端要服务全球，最好的地方就是北京、上海、广州三个城市。

对一个服务全国的公共云端来说，一个不错的布局方案如下。

（1）在北京、上海和广州三地建设存储云，专门存储租户数据，这三个存储云互为备份，以确保数据万无一失。

（2）在省会城市分别建设一个中等规模的云端分部，这些云端分部的主要作用是计算，而不是保存数据，数据被保存到存储云。

（3）在地级市建设小型云端支部，完成辖区内的计算任务。

（4）如有必要，在县级市建设微型云端。

这些云端是各自独立的，没有从属关系，但是它们都与存储云建立联系。租户在登录时，会自动进入最“近”的云端。比如，租户甲平时在中山，自然是登录中山的云端，当他出差去北京时，就登录北京的云端。公共云的全国布局如图 3-9 所示。

这样，各个计算云与存储云之间的数据传输是在后台批量进行的，而计算云与终端之间是前台的、批量的或者实时的。对租户来说，实现了就近计算，大大降低了网络延时。如果有国外租户，可能还要在国外建立云端。

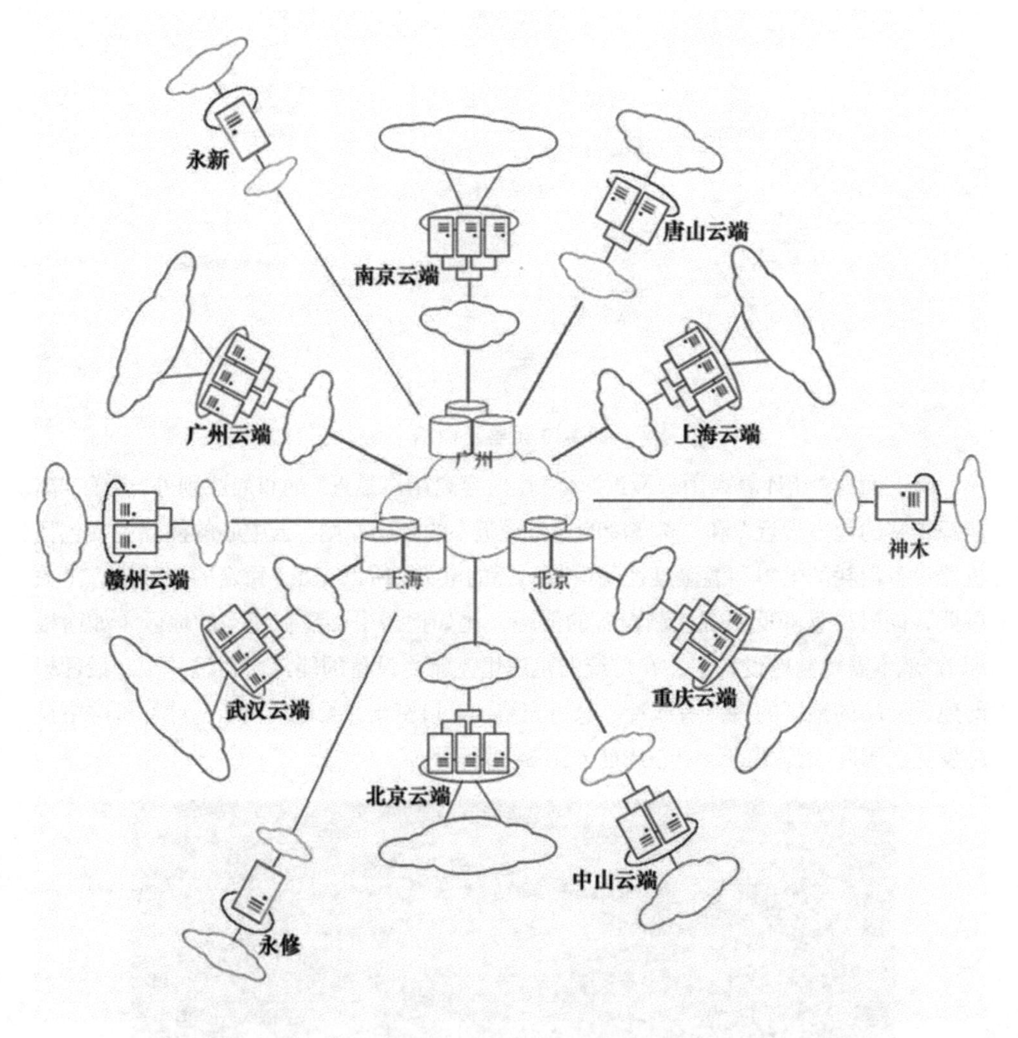

图 3-9 公共云的全国布局

提醒：云端的规划都应该具有可伸缩性——开始运行少量服务器，以后根据租户数的增加而增加服务器。

相比于“让计算离用户最近”的原则，目前有一个类似的概念，叫作内容分发网络，可以理解为“让内容离用户最近”（Content Delivery Network，CDN）。用户就近访问网络内容（如网站、流媒体等）有两个好处：一是用户体验好，二是传输成本低。阿里云 CDN 如图 3-10 所示。

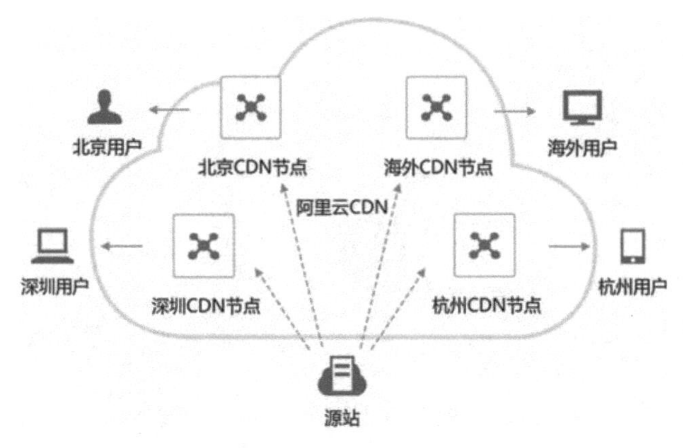

图 3-10 阿里云 CDN

除上面的"让计算离用户最近"和"让内容离用户最近"的布局原则外，还有"离能源丰富的地方最近"和"离寒冷的地方最近"的布局原则。云中心的能耗主要包括机器设备消耗的电力和温湿度控制设备消耗的电力，所以充足、稳定的能源供应至关重要，同时尽量降低温湿控制设备的能耗，比如把云中心建在寒冷的地区（如南极洲），就不需要制冷设备了。在传统的机房里，制冷设备的能耗会超过一半。最理想的建设云端的地区的特点有寒冷、电力充裕、人口密集、无地质灾害、计算机网络设施发达。国际大公司的云中心选址如图 3-11 所示。

图 3-11 国际大公司的云中心选址

3.4 租户隔离

租户隔离不是指隔离租户这些现实中的人，而是指租户登录云端后，其操作行为和数据对其他已登录云端的租户来说是不可见的。换句话说，每个租户都感觉不到其他人的存在，似乎只有自己在操作计算机。租户隔离包括两部分，一是租户行为隔离，二是租户数据隔离，其中，数据隔离比行为隔离更重要。

3.4.1 租户行为隔离

租户行为隔离是指一个租户操作计算机的行为，其他租户感知不到。租户操作计算机的行为是通过消耗的计算资源体现出来的。换句话说，一个租户消耗的计算资源的变动不会引起其他租户计算资源的可感知变动，感知不到的变动除外。例如，租户甲内存配额是 4GB，但是他只使用 2GB，另外 2GB 处于空闲状态。此时，如果租户乙运行一个大型软件，消耗了很多内存，使租户甲只剩下 1GB 的空闲内存，但是租户甲感知不到，因为租户甲的软件运行依旧流畅、响应速度依旧快，网速也没有降低，一切如故。

很多虚拟机厂商倾向于采用下行为隔离原则：按实际使用量分配资源，但不超过租用上限。这里的上限是指租户租用的资源额度，比如租户甲租用的内存额度是 2GB、硬盘额度是 20GB。如果他实际消耗 1.5GB 的内存，就分配 1.5GB 给他，但是他最多使用 2GB 的内存。这样，同样的一台服务器就能服务更多的租户。比如一台服务器拥有 64GB 的物理内存，假设每个租户租赁 2GB，但这台服务器可能允许 45 个用户同时登录。

SaaS、PaaS 和 IaaS 模式都需要实施租户行为隔离。

3.4.2 租户数据隔离

在“2.6.3 SaaS”一节中，我们提到租户数据包括配置数据和业务数据。配置数据指租户选择的语言、设置的时区、桌面背景图片、屏幕分辨率，以及创建的快捷方式和各种软件的界面设置等，而业务数据就是租户在日常操作计算机时生成的数据，如个人简历、售前 PPT、邮件、音乐、视频、财务数据、库存记录、客户资料等。

租户数据一般保存在家目录或者数据库中，而家目录和数据库保存在云端的磁盘中。PaaS 云的租户数据隔离一般采用容器的形式或者操作系统的访问控制列表

（ACL），主要在操作系统层设置。而 SaaS 云的租户数据隔离主要在应用软件层及以上展开，租户身份鉴别和权限控制策略由应用软件开发者负责。比如一个 SaaS 云的 ERP 系统，账号、密码及权限都被登记在数据库中的一个表中，当租户登录 ERP 系统时，输入账号和密码并单击“登录”按钮后，软件要去查询数据库以确认账号是否存在。如果账号存在，再核对密码是否正确。如果密码正确，再根据权限显示相应的模块菜单项。总之，租户的账户信息一定是租户数据记录的主索引的组成部分，这是实现数据隔离的必要条件。

SaaS 云的租户数据一般全部保存在数据库中，对于同一个数据库管理系统的租户数据隔离有 3 种方法可选：一是分离数据库；二是共享数据库但分离 Schema；三是共享数据库和 Schema。

数据库管理系统、数据库、Schema、Login、User 之间的关系如图 3-12 所示。

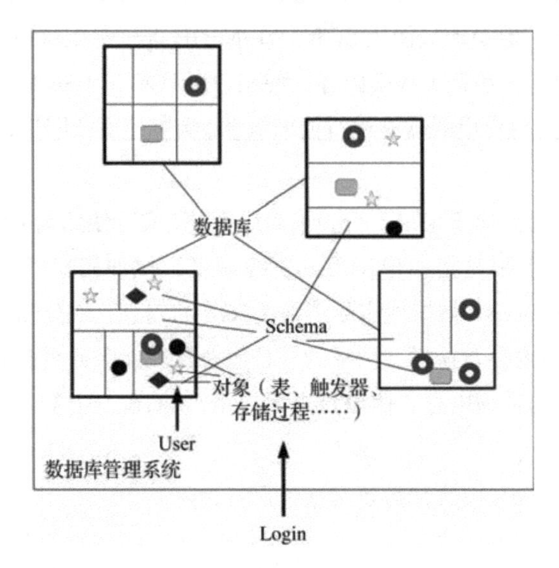

图 3-12 数据库管理系统、数据库、Schema、Login、User 之间的关系

一个具有 Login 权限的人可以登录数据库管理系统（就好像进入了一个大院子），数据库管理系统里面有很多数据库（类似院子里的仓库），数据库被分割成许多个 Schema（类似仓库里的房间），只有持有 User（类似房门钥匙）身份的人才能进入属于自己的 Schema（房间）。Schema 里存放了很多对象（就像房间里存放的桌子、床铺、凳子、电视机等物品），这些对象指表、触发器、存储过程等。理解了数据库管理系统、数据库、Schema、Login、User 的关系之后，我们再来看看前面讲的 3 种分离方法。

（1）分离数据库：就是给每个租户单独创建一个数据库，数据库中只有一个Schema，相当于在大院子里建一个只有一个房间的仓库，仓库钥匙只给对应的租户。

（2）共享数据库但分离 Schema：就是在一个数据库中单独为每个租户创建一个Schema，相当于在一个已有的仓库里隔离出一个房间并分配给租户，房间钥匙只给租户一人。

（3）共享数据库和 Schema：直接给租户分配一个现存的 Schema，大家共享一个Schema，即租户的数据保存在相同的表中，相当于配一把房间的钥匙给新来的租户，大家共用一个房间，每个人的物品上写上自己的名字，以免拿错东西。

上面 3 种方法中，分离数据库的隔离效果最好，但是成本最高；共享数据库和Schema 的隔离效果最差，但是成本最低；共享数据库但分离 Schema 是一个折中的方法。云服务提供商可以根据租户的需求确定具体采用哪种方法。

下面以作者曾参与云化的一个大型软件为例，简单介绍一下 SaaS 型租户的数据隔离策略。

该软件原来是落地运行的，主要用于企业产品质量保证，由于价格昂贵，很难推广到中小型企业，所以考虑云化，然后以 SaaS 的模式出租。在此项目中，作者负责撰写云化方案并对云端架构进行设计。在云化方案中，关于租户数据隔离部分的设计如下。

采取“独立数据库、共享 Schema”的混合方法，即每个行业对应一个独立的数据库，同一个行业内的租户共享 Schema，如图 3-13 所示。

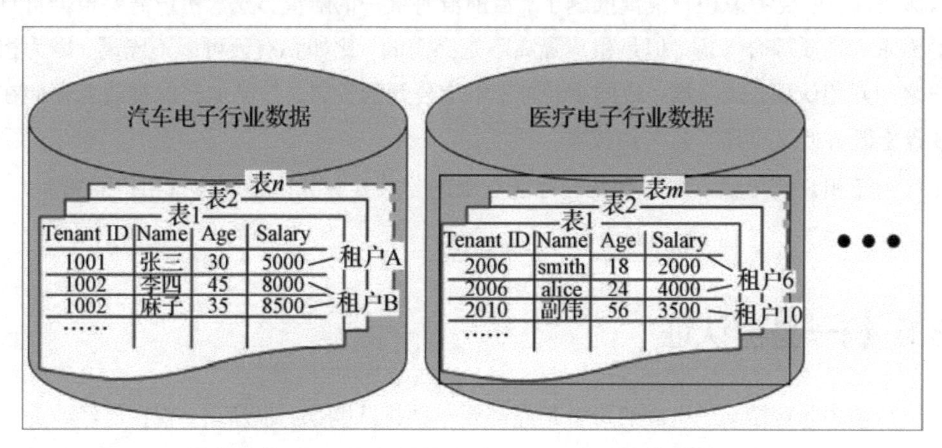

图 3-13 “独立数据库、共享 Schema”的混合方法

这种隔离方法具有以下好处。

（1）方便针对各个行业的特点进行定制。

（2）一方面避免表记录数过于庞大，另一方面避免数据库连接成为瓶颈。

（3）便于扩展（增加新的行业）。

（4）便于数据挖掘和商业智能分析。

每个数据库中包含两类数据：一类是共享数据，即全部租户共同使用，如基础数据、全局参数、模型数据等，共享数据表不需要改动；另一类是业务数据，这类数据与租户关联，不同租户的业务数据是不同的，由于租户的业务数据是共享表结构的，所以全部的业务数据表都需要添加一个租户字段 TenantID，且此字段作为主键。

同时，还要修改用户登录逻辑，在会话中记录用户所属的租户号和行业数据库，然后修改全部的 SQL 语句和存储过程，在 where 子句中都要加上“TenantID=×××”过滤条件，其中，“×××”是具体的租户 ID。

如果出现下面的情况，则表明没有隔离。

（1）能看到其他租户运行的软件。

（2）能看到其他租户保存在磁盘上的文件。

（3）当其他租户运行大型软件时，能感觉到计算机很卡。

（4）当其他租户使用迅雷下载电影时，自己打开网页的速度很慢。

IaaS 云服务（包括裸机、虚拟机和容器），平台软件层及以上都是由租户自己安装和管理的，所以 IaaS 云服务天生就具备了很好的隔离效果。我们在搭建 PaaS、SaaS 云服务时，就要考虑租户隔离问题了，目前没有统一的隔离方法，租户需要根据自身的需求和性质综合考虑。但是租户隔离不是必需的，比如私有云可以不隔离，因为租户之间互相认识，或亲属，或同事，对于不应公开的资料，自己加密保存或者存储在 U 盘上既方便又可靠，且节约成本。

对于租户需要输入账号和密码才能登录的公共云服务，必须施行租户隔离。

3.5 统一身份认证

以前去景区游玩，里面的每个景点都要单独排队购票，很烦琐。现在已经改为通票，游客只需购买一张通票，就可以直接进入景区内的任何景点游玩，一路畅通无阻，既方便又省时。

什么人可以进去、进去后可以访问什么资源，以及事后承担什么责任，这是人类社会每天都在发生的事情，如景区参观、厂区上班等。

云端包含很多应用系统，而且租户的家目录还要漫游，统一身份认证就相当于景区的通票，登录云端时只需一次验证，之后租户就可以进入任何有权进入的应用系统。统一身份认证与单点登录是同一个概念。如果没有统一身份认证，那么租户进入任何一个应用系统都需要输入账号和密码，这样一方面难以记住众多的账号和密码，另一方面使用云端资源很烦琐。

对于云端应用系统的访问控制，通常分为3个层面：一是认证（解决能否进入的问题），二是授权（解决进入后能做什么的问题），三是记账（解决事后承担相应责任的问题，可能还要付费），这就是通常所说的3A安全机制（Authentication，Authorization，Accountability）。基于3A安全机制的访问控制在现代操作系统中被普遍采用，例如，Linux操作系统访问控制步骤如下。

（1）用户输入账号和密码登录系统，此时操作系统会进行认证（Authentication），即核对输入的账号和密码与保存在系统里的账号和密码是否相符。如果相符，则允许登录。

（2）登录后的用户并不能随心所欲地操作，其每一步操作都必须被授权（Authorization），比如允许进入什么目录、允许读哪些文件、允许写哪些文件、允许删除哪些文件等。

（3）用户的全部操作被作为日志记录下来（Accountability），方便落实责任、事后监督，并作为付费的依据。

Windows操作系统也采用相同的方法。

云端的统一身份认证系统必须实现以下4个功能。

（1）统一用户管理（Identification）。租户的账号、密码等信息集中存储，统一管理。

（2）身份鉴别（Authentication）。当租户登录某个应用系统时，验证他的票据或者身份是否合法。

（3）权限控制（Authorization）。规定允许登录系统的租户具备哪些操作权限。

（4）操作日志登记（Accountability）。记录租户的操作行为，以便事后责任追溯。

有了统一身份认证，租户登录云端并访问应用系统的过程如图3-14所示。

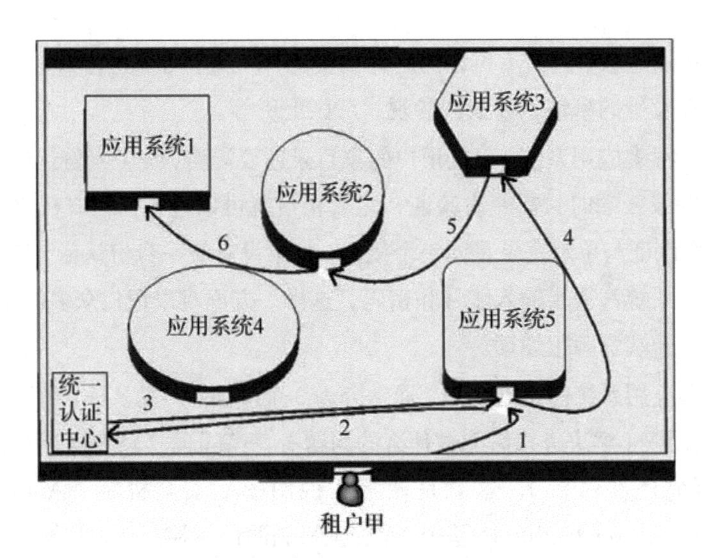

图 3-14 租户登录云端并访问应用系统的过程

租户甲首次登录云端的应用系统 5（第 1 步），但被告知要先去统一认证中心获取票据（第 2 步），拿到票据之后返回并访问应用系统 5（第 3 步），然后凭票据直接访问应用系统 3（第 4 步）、应用系统 2（第 5 步）、应用系统 1（第 6 步）。租户在访问每个应用系统时，应用系统都会查验他的票据，只有票据合法才被允许进入。应用系统在查验票据时都会与统一认证中心确认，不过这一切都是自动的，租户自己感觉不到，但当租户企图访问没有被授权的应用系统时，就会被告知“没有权限”。

不管租户最先访问哪个应用系统，只要租户没有票据或者出示的票据已经过期，应用系统都会引导租户先去统一认证中心获取票据。但需要注意的是，对租户来说，获取票据的动作只是在屏幕上输入账号和密码，账号和密码的验证、票据的发放等操作都在云端后台自动完成，此后该租户再访问其他应用系统时，就不会在屏幕上显示输入账号和密码的登录画面了，因为云端后台自动帮他出示了合法的票据。

3.6 云安全

面对云计算，人们既感到兴奋，又有些忧虑，兴奋的是云计算能满足他们对计算资源的弹性需求，降低 IT 投入，以及能让他们摆脱复杂的 IT 技术而专注于自己的核心业务。然而，人们也对云计算的安全风险感到忧虑，对数据和应用放置别处而脱离自己的控制心里没底。

最理想的信息安全可以描述为“我能自由地随时访问我的资料，且没经我授权的人无法获取我的信息”，可归结为使用自由、计算可用、数据不泄密，又可进一步细化为云用户是否自由、数据是否完整、数据是否泄密、数据是否一致、计算是否可用5个方面。传统的IT安全是根据在一定时期内数据不丢失、数据不泄密、数据没有被破坏、计算持续可用的概率来衡量计算机安全性的，比如经常有人说“我们的系统安全性达到了3个9”，意思就是能保证99.9%的安全性，即在一年中99.9%的时间内系统是安全的，云安全也基本如此。云安全是一个系统工程，不仅涉及微观的技术层面，还涉及中观的提供商服务水平层面，以及宏观的国家政策法规层面。当然，云计算的类型不同，在这3个层面的侧重也就不同，比如私有办公云侧重于微观和中观层面，而对全国性的公共云安全来说，国家的政策法规不可缺少。由于用户的数据存储在云端，因此用户自由度在云计算安全评价方面不可忽视。

信息安全的首要目标是保护我们的系统和应用所处理的数据资料。随着单位组织陆续把应用迁移到云端，甚至是迁移到几年前不可想象的外部或公共云端，传统的数据安全措施面临巨大挑战。随“云”而来的资源弹性、多租户，全新的物理和逻辑架构及抽象层控制，我们迫切寻求新的数据安全策略。

在云计算时代，如何安全地管理信息是所有组织不得不面临的一项艰巨的任务，那些暂时不使用云计算的机构也不例外。管理信息具体包括内部数据管理、云迁移，以及被分散于多个单位组织的应用和服务中的数据的安全保障。信息管理和数据安全在云计算时代需要新的战略和技术架构。幸运的是，用户拥有需要的工具和技术，数据迁移到云端后，还能得到更好的保护。

建议采用数据安全生命周期来定义和评估云端数据的安全策略，在制定明确的信息治理策略的基础上，通过如加密和专门的监测手段等关键技术来增强云的安全性。

3.6.1 数据安全

数据是否完整、数据是否泄密、数据是否一致都属于数据安全的范畴。数据不完整是指在违背数据主人意愿的前提下，数据全部丢失或者部分丢失，数据所有者主动删除数据不属于数据不完整。数据泄密是指他人违背数据所有者的意愿获取数据。下面几种情况不属于数据泄密。

（1）从网上下载的免费的并保存在计算机中的电影被他人复制了，因为你不是电影的所有者。

（2）使用 AES 加密的一份个人文档被其他人复制了，因为其他人无法解密，所以无法获取里面的信息。

（3）一个没有加密的保存重要文档的 U 盘掉到大海里了，他人获得 U 盘中信息的概率可以忽略不计。

（4）网上银行的密钥卡丢了。

（5）我主动把一份重要的方案材料传给客户。

在（2）中，其他人虽然复制了经过 AES 加密的文档，但如果没有密码，他是无法解密的，因为就算使用当今最快的计算机进行暴力破解，也要花费一百多年的时间。在（3）中，掉到大海里的 U 盘算是彻底损毁了，谁也得不到它，更不用说获取里面的信息了。在（4）中，网上银行的密钥卡丢了，就算其他人捡到了，也无法操纵我的账户，因为他不知道我的网银账户和登录密码。

数据一致性是指数据没有错乱，能从中获取这些数据所蕴含的全部信息。为了理解数据完整性和一致性的区别，请看下面的例子，如图 3-15 所示。

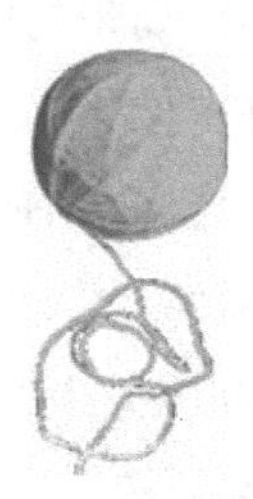

图 3-15 数据的完整性和一致性

如果把数据比作毛线，那么图 3-15 左侧的毛线表示数据是完整的而且是一致的；中间的被使用过的毛线团表示数据是不完整的但是是一致的；而右侧乱糟糟的毛线表示数据是不一致的，很难从中抽出一根完整的毛线来，比如明显看到文件在硬盘里，但是打不开，或者打开后显示乱码，这就是数据的不一致。

那么，数据存放在云端和存放在本地到底哪个更安全呢？数据存放在云端比存放在本地更安全。

原因有以下几个方面。

1. 数据完整性方面

云端采用服务器集群、异地容灾和容错等技术，可以保证数据万无一失；采用数据快照回滚技术，能最大程度地降低用户误删数据的损失。所以云端的数据丢失的概率极低。相反，如果数据保存在本地（计算机硬盘、U盘、光盘、SD卡、磁带等），这些存储介质很容易损坏，另外没有任何措施可防止用户误删数据，现在的数据恢复公司业务火爆就充分说明了本地数据丢失的普遍性。

2．数据泄密方面

使用密码是目前最常用的防止数据泄密的方法，无论是云计算，还是本地计算机，都是如此。比如打开计算机，输入账号和密码登录，再输入密码登录QQ、输入密码登录微博、输入密码登录邮箱、输入密码登录云等。另外，也有采用密码加密文档的，如密码保护的Word文档、压缩包等。

当下，云计算还没有完全覆盖人们的生活，因为本地的存储介质（如硬盘、U盘、SD卡、手机、光盘等）丢失而导致数据泄密的概率很大，因此，把数据保存在云端，可以消除因丢失存储介质而泄密的可能性。另外，就算不使用云计算，也存在网络泄密的可能性，除非你的计算机不连接网络。云服务提供商会采取各种防范网络泄密的措施，如防火墙过滤、入侵检测、用户行为异常分析、泄密预测等高、精、尖技术，用户个人的计算机是不可能花费巨资购买这些设备和技术的。对于一些敏感的数据资料，用户如果实在不放心，还可以先加密，再保存到云端，常用的加密工具有VeraCrypt、AxCrypt、BitLocker、7-Zip等，也可以对IaaS存储产品（如虚拟机硬盘）进行加密处理。

3．数据一致性方面

数据没有错乱，没有遭到破坏，能正常打开和使用，这一点很关键。用过计算机的人应该都有这样的经历：不正常关机（如突然停电、不小心按下计算机的电源开关或复位开关等）后重新启动计算机，计算机报告硬盘文件遭到破坏需要修复，好不容易修复并启动完毕，发现之前辛苦几天编辑的Word文档打不开了，这就是各种干扰因素破坏了数据的一致性。存放在云端的数据遭到破坏的概率要远远小于存放在本地计算机的数据遭到破坏的概率，原因很简单，云端环境更可靠。机房恒温恒湿、多级电力保障、阵列存储系统、异地灾难备份中心、安全防范措施全面、计算机专业人员维护等，这些措施使数据不一致的概率几乎为零。

3.6.2 计算可用性

前面我们讲过IT的概念，即信息技术，其中“I”代表信息（或数据），“T”代表技术（或计算），技术是用来处理信息的，所以说I是目的，T是手段，T是为I服务的。上一节关注的是I，本节我们来看看T。与T关联的安全主要是计算可用性，如果因为T，人们无法处理I，这种情况就称为计算不可用。

下面是几个计算不可用的例子。

（1）停电，计算机无法开机，所有的计算机软件都无法使用。

（2）操作系统损坏，计算机启动失败，保存在U盘上的数据完好无损，但是无法浏览和编辑。

（3）别人传了一个PPT文件给我，但是计算机上没有安装Office办公软件，所以我无法打开这个PPT文件。

（4）网络断了，我无法通过QQ与外界联系，也无法上网和收发邮件。

（5）音箱坏了，而且没有耳机，所以我无法使用计算机看电影。

（6）我忘记了公司ERP系统的登录密码，所以我无法使用财务系统。

计算不可用会导致人们无法处理全部或者部分数据，而断电、断网、软/硬件故障、缺少应用软件、忘记账号或密码等都会导致全部或部分计算不可用。对传统IT系统而言，云计算的确增加了一个可能产生故障的环节——云端。云端一旦崩溃，影响范围会很广，但不能因此而全盘否定云计算，因为世上没有完美无缺的事物。有的人在否决私有云建设方案时说的一句话："万一云端出现问题，大家都不用办公了？！"从正面回答这些人的问题，估计效果不大，但我们可以顺着他们的思路提出以下问题：

万一银行的数据中心出现问题，大家都不用取钱了？！所以银行不应该建立数据中心，但目前银行都建立了数据中心并实现了数据大集中。

作者以前在银行工作，从事计算机技术岗位，见证并参与了银行从完全手工办理业务（算盘、手写存折）到全国数据大集中并实现网上银行的整个发展过程。1996年以前，人们只能到开户行存取款。而今天，我们不但能异地跨行存取款，而且坐在家里通过网上银行就能轻松实现支付和转账。总之，银行数据大集中利大于弊。

为了确保银行数据中心的可靠性，银行一般会在不同的城市（如北京、上海和西安）各建一个中心，平时一个中心工作，另外两个作为灾备中心，三个中心的数据实时同步更新。这样，就算战争、地震等损毁了两个中心，也不会影响银行业务的正常办理。即使三个中心全部遭到破坏，也有离线备份的数据，数据安全性绝对可以保障。

决策者和云计算工程师们会在计算的重要性和成本之间综合权衡，以建设一个令各方满意的云端。例如，一个全国性的关系到每个人利益的公共云，就会考虑在不同的城市建立灾备云端，在另一个国家建立数据备份中心；一个涉及全省的公共云，可能会考虑在其他省的城市建立数据备份中心；一个世界500强企业的私有云，可能会建立一个异地灾备云端；一家中型企业的私有云，可能会引入集群、容错和故障转移技术；即使是一家只有十几个人的小型公司的私有办公云，也会采用双机容错技术，只有当两台服务器同时出现故障时才会影响办公，但同时出现故障的概率几乎可以忽略不计，除非发生断电或地震等不可控事件。

就像银行数据中心的演化过程，IT系统也遵循“手工→单机→私有云→公共云”的发展过程，每一次演化带来的好处要远远大于弊端。

即使没有使用云计算的企业，在其IT系统中，也存在不少“单点故障”，一旦出现问题就会影响整个企业的业务办理，比如企业的邮件系统、门户网站、ERP系统、文件服务器、局域网接入认证系统等，C/S或B/S的S端（服务器端）就是单点故障。

导致计算不可用的主要原因有停电、断网、硬件故障、软件故障（含病毒感染）。在传统IT系统发生计算不可用的情况中，个人计算机的软、硬件故障导致计算不可用的百分比接近95%，其中又以软件故障最为普遍。而因停电、断网导致计算不可用的百分比微乎其微，服务器故障导致计算不可用的百分比不到5%。而当一家企业使用云计算后，云终端是一个纯硬件、低功耗的产品，而且CPU、内存焊死在主板上，也没有硬盘，所以云终端发生故障的概率几乎可以忽略不计。云端采用多路供电、恒温恒湿系统，引入集群技术、容错技术及负载均衡技术等确保计算持续可用，这样由云端、网络、终端组成的云计算系统具备极高的可靠性和安全性，计算可用性非常高。

3.6.3 互操作性与可移植性

不同于传统的位于单位组织内部的IT基础设施，云计算的诞生给单位组织的IT资源供给带来了前所未有的灵活性——可以瞬时增加、转移或者减少计算资源来快速响应动态的资源需求变化，能在几个小时而不是几周内部署一个新的应用来满足业务需求。为了达到这种更具弹性的计算能力，在设计任何云端时必须考虑互操作性与可移植性。互操作性规定，IT系统中应用软件层以下的各层采用开放的通用型组件，不使用云服务提供商各自内部的封闭组件。可移植性规定，IT系统中应用软件层和数据信息层应采用开放的通用数据格式和软件运行环境，保证同一个应用和数据能迁移到其他地方。一方面，互操作性与可移植性能让我们把服务扩充到多个由不同云服务提供商提供的云端，在操作层面就像一个系统；另一方面，互操作性与可移植性能在不同平台或者不同云端之间轻松移动数据和应用。

互操作性与可移植性不是随着云计算的出现而产生的新概念，也不是只有在云计算环境中人们才会考虑互操作性与可移植性，只不过与传统 IT 系统相比，具备开放和共享处理能力的云计算更需要考虑互操作性与可移植性。多租户意味着多个单位组织的数据和应用并存，并且不排除通过共享平台、共享存储和共享网络访问（有意或无意）他人机密数据的可能性。

下面重点介绍在设计互操作性与可移植性时必须考虑的关键因素。

1．互操作性

互操作性是云计算生态系统中各个协同工作的组件应具备的特征，这些组件可能来自各种云端和传统 IT 系统。互操作性使我们可以随时使用新的或者来自不同云服务提供商的组件来替换已有的组件，而不会中断云中的任务，也不影响数据在不同系统之间的交换。

消费者在使用云服务的过程中可能会考虑更换云服务提供商，常见的原因如下。

（1）续签合同时，云服务提供商的报价令消费者难以接受。

（2）消费者发现有价格更低的同类型云服务产品。

（3）云服务提供商停止了业务运营。

（4）云服务提供商在没有给出合理的数据迁移计划之前，关停了企业正在使用的服务。

（5）云服务提供商的服务质量不能让消费者满意，例如未能达到服务水平协议（SLA）中规定的一些关键性能指标。

（6）云服务供需双方之间存在商业纠纷。

如果云端缺少互操作性，就会出现消费者被云服务提供商捆绑的现象，最终会损害消费者的利益。

一个云端互操作性的优劣程度往往取决于该云服务提供商是否使用开放的或者公开发布的架构和标准协议及标准的 API 接口。许多云服务提供商（如 Eucalyptus）喜欢在标准组件的基础上添加非公开的钩子和扩展，以及一些增强功能，但这些都会降低互操作性与可移植性。

2. 可移植性

可移植性是指能把应用和数据迁移到其他地方而不用理会云服务提供商、平台、操作系统、基础设施、地点、存储、数据格式或者 API 接口。

在选择云服务提供商时，可移植性是需要考虑的一个重要方面，因为可移植性既能防止云服务提供商锁定消费者，又允许消费者把相同的云应用部署到不同的云服务提供商，如建设灾备中心、应用全球分布式部署等。

如果不能妥善解决云迁移中的可移植性与互操作性，那么可能会无法实现迁移到云计算后的预期效益，并可能导致成本上升或项目延期，这是因为本该避免但没有避免以下因素。

(1)云服务代理商或提供商锁定——一个特定的云解决方案的选择可能会限制以后转移到另一个云服务提供商。

(2)处理不兼容和冲突造成服务中断——云服务提供商、云平台和应用的差异可能会引发不兼容性，这种不兼容性会导致应用系统在不同的云基础架构中发生不可预料的故障。

(3)不可预料的应用系统重新设计或者业务流程更改——当将应用和数据迁移到一个新的云服务提供商时，可能需要重新审视程序的功能或者修改代码，以确保其最初的执行行为。

(4)高昂的数据迁移或数据转换成本——由于缺乏互操作性与可移植性，当将数据迁移到新的云服务提供商时，可能会发生计划外的数据变化。

(5) 应用和数据安全的丧失——不同的云服务提供商可能采用不同的安全控制、密钥管理或者数据保护策略，当将应用和数据迁移到一个新的云服务提供商或云平台时，可能会暴露原来没有发现的安全漏洞。

把应用迁移到云端是外包的一种形式，而外包的金科玉律是“了解前期并做好如何退出合同的计划”。因此，可移植性应该是任何单位组织计划迁入云端时必须考虑的关键因素，同时，单位组织应制订一个切实可行的退出方案。

3. 实施建议

1) 关于互操作性方面的建议

(1)物理计算设备：同一个云服务提供商在不同时期的硬件或者同一时期不同云

服务提供商的硬件差别很大，如果直接让消费者访问硬件设备（如物理服务器），就会存在巨大的互操作性鸿沟。建议：① 尽可能采用虚拟化来屏蔽底层硬件的差异，但是要注意，虚拟化并不能屏蔽全部的硬件差异，特别是目前的系统。② 如果消费者必须直接访问硬件，那么从一个云服务提供商迁移到另一个云服务提供商时，消费者应选择相同或更好的物理硬件和管理安全控制。

（2）物理网络设备：不同的云服务提供商使用的网络设备（包括安全设备）不完全相同，API 和配置流程也不完全相同。为了保证互操作性，网络硬件设备应该虚拟化，并尽可能使 API 具备相同的功能。

（3）虚拟化：虽然虚拟化有助于消除物理硬件的差异，但是常用的虚拟机管理程序（如 Xen、VMware、KVM 等）之间存在明显的差异。建议：① 利用开放虚拟化文件格式，如 OVF，以确保互操作性。② 了解并记录使用了哪些特定的虚拟化扩展钩子（Hook），虽然这些钩子与虚拟化文件格式无关，但是仍然存在在其他虚拟机管理程序中不起作用的可能性。

（4）框架：不同的云服务提供商提供了不同的云应用程序框架，而且这些框架之间确实存在影响互操作性的差异。建议：① 在将应用和数据迁移到一个新的云服务提供商时，先弄清楚 API 的不同之处，再拟定修改应用系统的计划。② 使用公开发布的 API 以保证各组件之间具备最佳的互操作性，为了便于迁移应用和数据，有时很有必要变更云服务提供商。③ 云端的应用系统一般通过因特网交互，可能随时发生各种故障（如组件运行失败、网络中断等）。我们要做的是，确定一个组件发生故障（或反应慢）将如何影响其他组件，而且当一个远程组件发生故障时，尽量避免可能破坏系统的数据完整性的状态依赖——依赖另一个组件对数据的修改。

（5）存储：数据类型的不同对存储的要求也不同，结构化数据通常保存在关系型数据库系统中，非结构化数据通常按照应用程序（如微软的 Word 文字处理程序、Excel 表格程序和 PowerPoint 程序）要求的格式存放。建议：① 以一个被广泛接受的可移植的格式存放非结构化数据。② 评估数据在传输过程中是否需要加密。③ 检查各种兼容的数据库系统，如果需要，再评估不同数据库之间进行数据移植的难易程度。

2）关于可移植性方面的建议

把应用迁入云端的过程中会遇到很多问题，在可移植性方面的建议如下。

（1）服务水平：不同云服务提供商的 SLA 也不同，所以有必要了解清楚 SLA 会如何影响我们将来更换云服务提供商。

（2）不同的架构：云端中的应用系统可以驻留在不同的平台架构中。通过了解应用对平台的依赖性，我们就能弄清楚 API、虚拟机管理程序、应用程序逻辑等将如何影响可移植性。

（3）安全集成：在维护安全性方面，云端引入了独特的可移植性担忧，具体包括①云端的组件都会使用认证和身份机制，使用如 SAML 这种开放标准的身份机制有助于提高可移植性，开发遵循 SAML 协议的内部 IAM 系统有助于系统将来移植到云端。②加密密钥应该托管在本地，并尽可能地在本地维护。③元数据是数据信息的一部分，但容易被忽视，因为我们在操作文件和文档时不能直接看到元数据。在云端，我们必须重视元数据，因为元数据随着文件一起移动，当将文件和文件的元数据移动到一个新的云端时，要确保安全地删除了源文件元数据的全部副本，否则遗留下来的元数据可能会成为安全隐患。

3.6.4 用户自由度

互操作性与可移植性都是为了保障用户能自由地使用云服务，这里的“自由”体现在以下几方面。

（1）用户可以自由地迁入、迁出云计算，不花费或者花费很少的时间和金钱成本。

（2）用户能自由地访问其他云应用。每个云端都是开放的，在这个云端中的用户能访问其他云端中的应用和资料。坚决杜绝运营商出于利益的考量封闭自身的云应用来黏住用户。

（3）用户能自由地选择云服务提供商。买方能自由地选择卖方是完全竞争市场的一个重要特征。为了保证自由度，政府应该努力打造完全自由竞争的云计算市场，坚决打击运营商捆绑用户的不正当竞争行为。

（4）用户能自由地把应用和数据从一个云服务提供商迁移到另一个云服务提供商。云端保存了用户的资料并安装用户需要的软件，当用户想更换云服务提供商时不应该存在障碍。所以，政府应该制定合理的云计算标准，并提供简单易用的迁移工具。

（5）云服务提供商能自由选择云组件。云服务提供商搭建云端，涉及很多技术和软/硬件产品，规划之初就要充分考虑伸缩性、开放性、标准性，杜绝被组件产品厂商捆绑。现在很多云服务提供商热衷于采用开源的软/硬件产品，这是对的。

（6）云终端可以自由接入任何云端。一台云终端设备成为用户使用云计算的总出入口。

第 4 章

“云”供应商

4.1 云产品介绍

企业业务上云如火如荼，可以肯定，这也是大趋所势，不管是新生企业还是老牌企业，使用云产品有几大好处：一是能快速启用业务系统；二是大大降低 IT 投入；三是利用云公司全球 IT 基础设施快速扩展应用系统；四是跑在云上的应用可靠性更高。比如迪士尼+、Netflix、Slack、Robinhood 和美国加密货币交易所 Coinbase 等都在使用亚马逊的云产品。

前面讲到，经营云端的公司应具备更多的投入和技术以保证其安全性，但是一个真正落地的云端能不能达到理想的安全级别，还要看云端运营公司的声誉、品牌、技术实力，以及当地政府的监管力度。选择一家技术过硬、实力雄厚、信誉良好、服务到位的云服务提供商很重要，因为云服务不是一次性买卖，供需双方需要长久合作。

租户必须从业务出发，评估自己能容忍的云安全性指标，并次第排序。在一般情况下，数据完整性>数据保密性>应用可用性，比如我能容忍宕机一个小时，但绝不容忍丢掉十分钟的数据。对于关键的应用，租户可以考虑采用跨区域甚至跨云部署。跨区域就是把应用冗余部署在同一家云公司的不同区域，比如在亚马逊云的北京区域和广州区域同时部署，并且形成热灾备，这样就算火灾或地震毁了一个区域，部署在另一个区域的应用也能使用。跨云部署会带来更好的可靠性，就是把同一个核心应用部署到不同公司提供的云上，比如同时部署在微软云和阿里云上，这样即使一家公司因某种全局操作导致所有的宿主机宕机，也不会中断租户的应用。因此站在租户的角度考虑，可以选择单节点和多节点冗余部署应用，多节点冗余部署又可以进一步分为跨宿主机、跨机柜、跨机房、跨区域、跨云部署。显然，云上的单节点比线下单节点要可靠得多，比如对中小型企业的门户网站来说，跑在云上的一台虚拟机里基本就能满足可靠性要求（一年中不可用的时间在十分钟内）。通过增加冗余数可以进一步提高可靠性，比如说某个应用太重要了，不能宕机，宕机了就会产生很严重的后果，我就做三分以上冗余，并且部署在不同云服务商的不同区域，比如部署在阿里云的西安区域、亚马逊云的北美区域、微软云的伦敦区域，然后通过负载均衡器把用户请求分流到 3 个区域，除非发生核大战或者外来天体撞击地球，否则应用不可用的概率几乎可以忽略。

为了弄清楚一家云服务公司的产品线，我们首先要理解一个传统数据中心的组成，否则很难弄清楚一家云服务提供商提供的众多产品线的作用和它们之间的关系。传统的数据中心由若干个局域网、一定数量的服务器、若干存储设备、一些负载均衡器、入侵检测设备、域名服务、数据库服务、DNS 服务、DHCP 服务、邮箱系统、门户网站、目录服务、用户身份认证和权限管理服务、文件服务、虚拟办公桌面等组成。如果一家云服务公司能全面接管一家企业的数据中心，而这家企业只需要摆放云终端和出口网络设备，那么这家云服务公司的产品线是最全面的。

截止到 2022 年，云服务提供商以美国企业为主、中国云服务提供商发展迅速，根据 Gartner 报告，2021 年世界前五大云服务公司及市场占有率依次为亚马逊（38.92%）、微软（21.07%）、阿里云（9.55%）、谷歌云（7.08%）和华为云（4.61%）。亚马逊的市场占有率一直在下降，微软的市场占有率快速增长，谷歌云的增长速度紧随微软之后，而阿里云和华为云在国内市场迅速崛起。长期来看，后台服务上云之后，桌面办公也将上云。目前绝大多数的云服务提供商提供 IaaS 和 PaaS 类型的云服务，而紧贴人们生活的 SaaS 类型的云应用不多，未来 SaaS 是以桌面云、浏览器、vAPP 还是其他目前还未出现的方式交付，现在还不明朗。作者认为，将来文件、硬盘、办公桌面等会从人们的眼里消失，人们只关心自己的照片、音乐、视频、个人简历、订单、资金、文章等，而不用操心文件复制、硬盘分区和格式化、Word 排版、安装软件……SaaS 将是云计算的终极战场。

目前，各大云公司提供的云计算产品主要有以下几类。

（1）计算：CPU、GPU 和内存是其资源偏好，产品形式为虚拟机、裸金属主机、容器、Lambda 函数等。裸金属主机就是直接出租物理机，用户通过物理机上的远程管理卡来开关机、配置磁盘阵列、安装操作系统等。容器比虚拟机更轻量，因为共享宿主机操作系统的内核，一个容器一般只运行一至两个服务，比如创建一个只运行 Nginx 网站服务的容器。Lambda 函数就是用户把程序代码和依赖的库打包上传到云端，当发生某个事件时就会执行这些代码，云端只根据运行时消耗的资源计费，至于代码如何执行，不同的公司采用的方法有所不同，比如亚马逊在 Firecracker 中运行 Lambda 函数，Firecracker 是亚马逊开发的轻量虚拟机。

（2）存储：磁盘资源偏好，产品形式为块存储、文件存储和对象存储。块存储就是磁盘，可以作为虚拟机的硬盘，租户一般不直接租用块存储，而是租用虚拟机从而间接使用块存储。文件存储类似于 Windows 10 中的文件和目录，可以创建、删除、复制、编辑等。目前使用最广泛的是对象存储，通过 URL 定位并使用存储的数据，比如百度网盘和 Amazon S3 就是对象存储，我们可通过浏览器上传和下载对象。这 3 种存储的详细介绍请参考 5.3 节。

（3）数据库：磁盘资源偏好（磁盘的 IOPS 指标很关键），产品形式为关系型数据库、非关系型数据库和内存数据库等。一般采用开源的数据库，如 MariaDB/MySQL、PostgreSQL、MongoDB、Cassandra、Redis 等。

（4）网络：网络资源偏好，产品形式为云上私有网络环境（VPC）、内容分发网络（CDN）、弹性负载均衡（ELB）、弹性公网 IP（EIP）等。利用 VPC，我们可以在云上组建自己的私有网络，而且完全与其他租户隔离，这就是软件定义网络技术（即 SDN），网络设备全部采用软件定义，比如网卡、交换机、路由器、防火墙等都是用软件实现的。CDN 就是把内容分发到离用户最近的地方，这得益于云厂家分布全球的基础设施，显然国内的云厂家提供的 CDN 产品体验要比国外的厂家差，比如 Netflix 把一部热门的电影通过亚马逊的 CDN 分发到世界各地，这样人们就能从附近的内容站点观看视频，从而大大提升了用户体验。前面讲过采用冗余部署提高应用的可靠性，那么 ELB 就能把流量分摊到应用的各个副本。

（5）AI 和机器学习：CPU、GPU 和内存资源偏好，产品形式为语言识别和翻译、机器学习、AI 训练、内容情感分析和分类、客服机器人、语音与文本互转等。在这一方面，谷歌是领导者。

4.2 5大供应商

4.2.1 亚马逊

亚马逊刚开始是做电商的，购买了一堆服务器搭建电商平台，由于服务器具备富余的计算资源，尤其是在购物淡季，设备闲置严重，所以考虑对外出租这些资源，从此开展了云计算业务并越做越大。现在，亚马逊算是世界上最大的云计算服务公司，产品线丰富，涵盖了IT系统架构的各个层次，加上另外几个部署和运维产品，一个企业的数据中心可以采用亚马逊云计算服务产品完全替换。

4.2.2 微软

微软云端的技术绝大多数是自己的，如Windows操作系统、SQL Server数据库、Office办公软件、活动目录等等。优点是架构简洁、综合成本低，但是互操作性和可移植性有待进一步提高，虽然目前已经引入了Linux、Hadoop、Eclipse等开源产品，但还不够。微软虽然诞生于传统“闭源”时代，但是能与时俱进以开放的心态走进当今共享的互联时代，实属难能可贵。虽然微软的云计算业务起步较晚，但是当下其云计算产品线极其丰富，是亚马逊的主要竞争对手，在这方面的收入也占据公司总收入的一大部分。微软的云端分布在全球各地，不过官网对云产品的介绍有些凌乱。

4.2.3 谷歌

2017年，谷歌公司将之前各种零散的云产品整合，正式推出云平台。谷歌的云服务产品线非常丰富，而且在大数据和人工智能方面存在优势。谷歌云平台的安全性是有目共睹的，服务器、网络设备都是自己定制的，而且开发了一系列的安全芯片，提供从硬件到软件，从启动到运行全方位安全保障。凭借自己的技术和雄厚的资金，可以肯定，谷歌在云计算市场会迅速发展，很快就会与亚马逊和微软形成三足鼎立之势。但是截至2022年7月，谷歌云计算业务还未能进入中国，不过谷歌正在努力契合中国的法律法规，相信中国大陆的用户很快就能使用谷歌优秀的云服务产品了。谷歌公司的云端分布在全球各地，用户的关键数据可以以多副本的方式保存在地球的各大洲，真正能做到地球在数据就在。

4.2.4 阿里云

阿里云拥有如虚拟主机、存储和虚拟网络等核心云服务产品，经过最近几年的快速发展，产品线越来越丰富，出口带宽和稳定性在国内的云服务公司中相当不错。凭借国内的独特环境，阿里云已经成长为国内最大的云服务提供商。

4.2.5 华为云

2017 年，华为的云服务产品还很少，如今，华为推出云服务产品的数目和种类令人吃惊，几乎与亚马逊相当，不过在保障可靠性的方面需要投入巨大的时间和精力。虽然华为具备硬件上的技术优势和底蕴，几乎覆盖了产业链的“云、管、端”，但是因其技术的保守和封闭与当今这个开放的互联网时代并不契合，而又恰恰成了劣势。

4.3 云服务提供商的产品

时至今日，每家公司的云服务产品都非常多，产品名称存在差别，但基本覆盖这几大类：计算、存储、网络、数据库、AI 和机器学习、物联网、安全、应用服务、媒体服务、数据迁移、运维、大数据、中间件、移动应用。主要云服务提供商的产品比较如表 4-1 所示，一些次要的非主流产品并没有列出来。

表 4-1 主要云服务提供商的产品比较

云 产 品		提 供 商				
		亚马逊	微软	谷歌	阿里云	华为云
计算	虚拟主机	√	√	√	√	√
	VPS				√	
	裸金属主机		√	√	√	√
	容器	√	√	√	√	√
	无服务器计算	√	√	√	√	√
	加固虚拟机			√		
	云桌面		√		√	
	高性能计算		√	√	√	

续表

云产品		提供商				
		亚马逊	微软	谷歌	阿里云	华为云
存储	块存储	√	√	√		√
	文件存储	√	√	√	√	√
	对象存储	√	√	√	√	√
	备份	√	√	√	√	√
	CDN	√	√	√	√	√
	存档存储	√	√			
	数据迁移设备	√	√	√	√	√
网络	VPC	√	√	√	√	√
	专线	√	√	√	√	√
	VPN		√		√	√
	公网 IP	√	√	√	√	√
	负载均衡	√	√	√	√	√
	DNS 服务	√	√	√	√	√
数据库	SQL 关系数据库	√	√	√	√	√
	NoSQL 数据库	√	√	√	√	√
	分布式内存数据库	√	√	√	√	√
	时序数据库			√	√	
	数据仓库	√	√	√		√
	图数据库	√				√
AI 和机器学习	机器学习模型	√	√	√	√	√
	视频分析	√	√	√	√	
	图片分析	√	√	√	√	√
	自然语言理解	√	√	√		√
	语音识别	√	√	√		√
	人脸识别	√	√			√
	文本朗读（多国语音）	√		√		
AI 和机器学习	语音对话	√		√		
	深度学习	√		√		
物联网	IoT 中心	√	√	√	√	√
	IoT 边缘	√	√	√		√
	小硬件设备	√		√		

续表

云产品		提供商				
		亚马逊	微软	谷歌	阿里云	华为云
安全	DDOS保护	√	√	√	√	√
	应用防火墙	√	√	√	√	√
	IAM	√	√	√		√
	密钥管理	√	√	√	√	
	入侵检测	√	√	√		
应用服务	API网关		√	√	√	√
	协作&生产力	√	√+	√+		√
	区块链					√
	微服务					√
	地图&位置服务			√+		
	云桌面	√+				√
媒体服务		√++	√	√		√+
数据迁移		√+	√	√		√+
运维	资源预置	√				
	配置管理	√			√	√
	监控	√	√	√	√	√
	管理与合规性	√	√			
	资源优化	√		√		
大数据	Hadoop平台	√	√		√	√
	数据流处理	√	√	√		√
	ETL	√		√		
	BI	√	√	√	√	
	BigQuery			√		
中间件	消息服务	√			√	√
	SNS	√				
移动应用		√++	√	√-		√-
云端分布（区域个数）	北美洲	39(83)	16	19	4	
	南美洲	3(10)	1	3		6
	亚洲	29(78)	15	18	73	13
	欧洲	20(102)	14	18	2	2

续表

云产品		提供商				
		亚马逊	微软	谷歌	阿里云	华为云
云端分布（区域个数）	非洲	4(3)	1			1
	大洋洲	3(11)	4	3	2	

关于此表的一些说明如下。

（1）此表中的信息来源于各个云服务提供商的官方网站。

（2）“AI 和机器学习”大类的评价指标特别多，比如准确度、语言种类数量、响应时间、学习速度、抗干扰性等等，尽管国内的云服务提供商官网也列举了一些产品，但是综合评价不佳，最好的是谷歌，其次是亚马逊、微软等。

（3）亚马逊云端分布标注的 $x(y)$中，x 表示可用区域的个数，y 表示边缘网络站点的个数。

（4）“√”号后有“+”号，表示相应的云服务产品包含更多的子项目，“++”表示子项数目更多，“-”表示更少的子项目。

（5）很多云服务产品采用公开的技术和开源产品来实现，所以云服务产品的类型和数目各个公司大致相同。亚马逊、谷歌和微软是开源技术的重要贡献者，所以这 3 家公司的云服务产品大部分是原生的。在选择云服务提供商时，提供商的技术实力和云端全球布局情况是两个非常重要的指标，让用户分布在云端 100 毫秒的时延半径之内，这很重要。

（6）非洲、俄罗斯几乎没有云端。

第5章

“云”技术

5.1 服务器

前面讲过，云计算的精髓就是把有形的产品（如网络设备、服务器、存储设备、各种软件等）转化为服务产品，并通过网络让人们远距离在线使用。而计算资源主要是指服务器（CPU、内存）、存储和网络。服务器主要给云端供应内存和CPU，但服务器中不一定有磁盘。服务器的硬件不同于普通计算机的硬件，必须具备更高的可靠性以保证长时间运行而不死机，比如带纠错功能的内存（ECC）、至强CPU（Xeon）、能插多个CPU的主板（多路主板）、SAS/NVMe磁盘、双电源等，另外还会集成远程管理卡，因此服务器的价格比个人计算机高很多。

服务器厂商不同，远程管理卡的名字也不同，例如惠普服务器的远程管理卡称为iLO，戴尔服务器的远程管理卡称为iDRAC，联想服务器的远程管理卡称为BMC。远程管理卡是一块嵌入式电路板，能插网线。只要服务器插上电源插头，不用开机，远程管理卡就已经上电启动，这时我们就可以通过IP地址访问远程管理卡（使用浏览器或命令）。登录远程管理卡后，用户就可以管理这台服务器了，如开关机、配置磁盘阵列、安装操作系统等。惠普服务器远程管理卡的网口如图5-1所示。

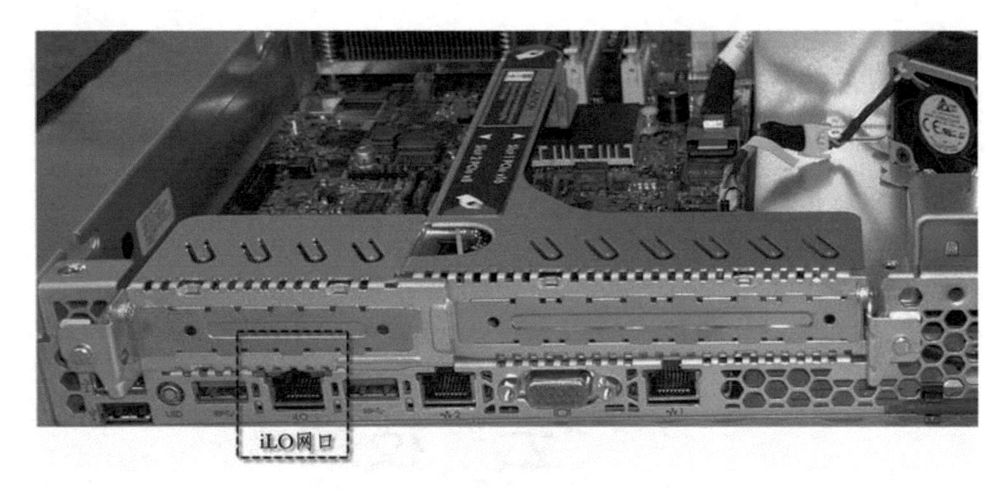

图 5-1 惠普服务器远程管理卡的网口

硬件服务器的用户就是通过远程管理卡来使用自己租用的硬件服务器的。

Open Compute Project 是一个开放计算项目，它是由 Facebook 公司主导，众多 IT 巨头公司参与的针对数据中心定制的硬件设计规范（图纸、CAD 线路板等），包括机房、机柜、服务器、存储、网络设备的定制设计规范，以及云端硬件的管理规范的项目。Penguin Computing 公司根据这些规范生产出了一系列的产品，感兴趣的读者可以去该公司的官网了解更详细的信息，此公司生产的双路主板如图 5-2 所示。

图 5-2 双路主板

服务器从外形上看可以分为机架式、塔式和刀片式三大类，如图 5-3 所示，每一块刀片就是一台服务器，显然刀片服务器密度更高，在机房这个“寸土寸金”的地方，刀片服务器被大量采用。

图 5-3 三大类服务器

5.2 操作系统

操作系统的核心功能是管理进程，计算机安装了操作系统之后，我们就可以同时运行很多程序(即进程)。目前针对服务器的操作系统主要有各种 Linux 发行版本、Windows Server 系列、FreeBSD 以及 UNIX 系列（AIX、Solarix、HP-UX……）等，其中 AIX 是专门运行在 IBM 机型上的。现在 Linux 是主流，而且看起来将来也是如此。

Linux 是开源的（源代码公开，在遵循开源协议的前提下，可以自由使用），它相当于汽车的发动机，各种 Linux 发行版本相当于汽车，可以安装使用。目前最流行的 Linux 发行版本有 Debian、Red Hat、SUSE、Ubuntu、Android、CentOS 等，其中 Red Hat、SUSE 需要购买服务。而 FreeBSD 号称是世界上最稳定、最高效的操作系统，它不是 Linux 版本，但使用方法差不多。FreeBSD 的协议条款非常宽松——很多公司（如深信服）在修改其代码后集成到自己的产品中而不公开源代码，这是合法的。最后总结一下各种发行版本的使用建议。

（1）如果不懂 Linux，就使用 Windows Server 系列。

（2）如果精通 Linux，就使用 Debian。

（3）如果要集成到自己的产品中，就使用 FreeBSD。

（4）如果更在乎可靠性，就使用 Red Hat 并购买服务。

（5）如果要处理机密数据资料，就使用 Qubes OS。

（6）如果要定制自己的发行版本，就参考 Linux From Scratch 网站。

作者在读书时曾参考此网站提供的书籍，制作了一个 Linux 操作系统，很多云服务提供商会定制自己的操作系统，有的云服务提供商连硬件都是定制的。

5.3 存储

存储一方面是虚拟内存的组成部分，另一方面也是软件、数据的存放场所，如图 5-4 所示。

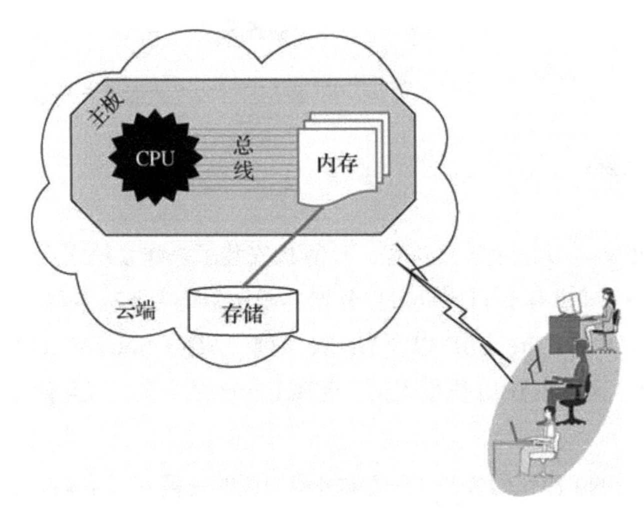

图 5-4 存储

CPU 和内存通过主板紧密地捆绑在一起，二者利用主板上的高速并行总线进行通信，目前的技术还不能使它们分离。存储与 CPU 分离（不直接通过主板连在一起）会有很多好处，比如可以共享存储、计算机可以无状态、便于计算资源横向伸缩等。目前使存储与 CPU 分离的技术有很多，如 FC、FCoE、iSCSI、NFS、CIFS 等，前三个是磁盘块共享技术，后两个是文件共享技术。此外，目前还出现了块共享的 SAN 产品和文件共享的 NAS 产品。一个磁盘块等于整数个磁盘扇区，一个磁盘扇区能储存 0.5KB 的数据（现在大容量硬盘是 4KB 扇区），而扇区是读/写硬盘的最小单位，也就是说，一次不能从硬盘读/写小于一个扇区的数据。直接读取磁盘块不需要操作系统参与，但是读取硬盘上的文件需要操作系统配合。

根据存储与 CPU 分离的程度，存储可划分为以下 3 种类型。

（1）外部存储：存储和 CPU 不在同一台计算机上，如 SAN 和 NAS 是单独的存储设备，它们通过以太网线或者光纤与计算机连接。专门的存储网络设备很贵，随着以太网速度越来越快，基于以太网的存储技术逐渐流行起来，如 iSCSI，10Gbit/s 的网卡能提供 1GB/s 的理论速度。注意，这里的单位 Gbit/s 和 GB/s，前者表示每秒多少比特，1 比特就是一位二进制数字，要么是 0，要么是 1；后者表示每秒多少字节，1 字节等于 8 比特。计算机里的 1 字节先要加上 1 位校验位和 1 位停止位，再通过网卡传递出去，所以 1 字节传递到网络上就占据了 10 比特。外部存储如图 5-5 所示。

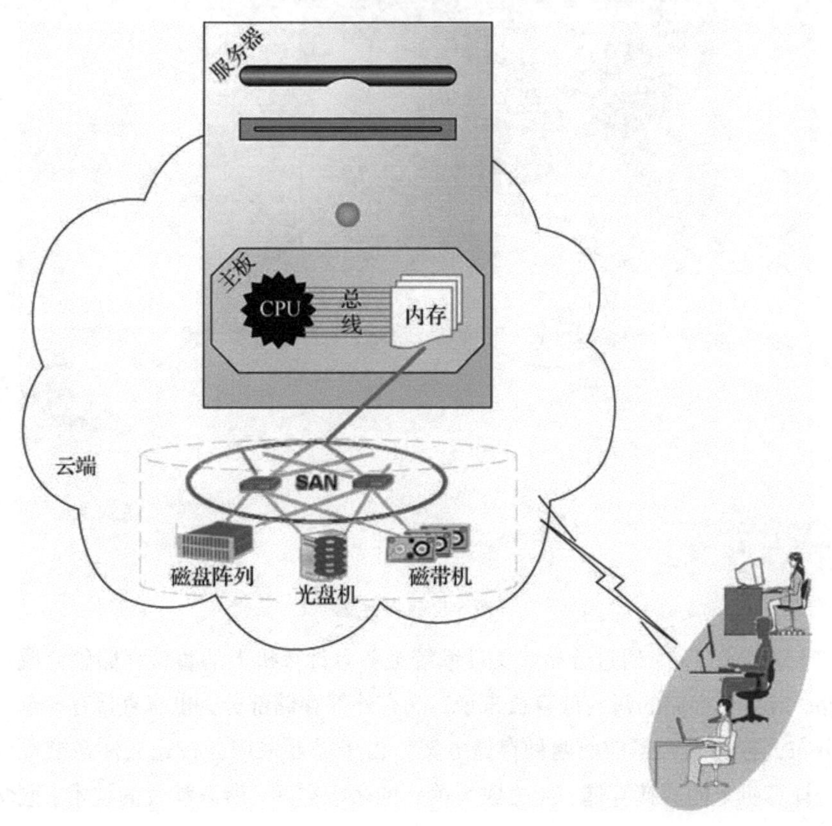

图 5-5 外部存储

（2）直接存储：存储直接接插到主板上，通过 PATA、SATA、mSATA、SAS、SCSI 或 PCI-E 接口总线通信。传统的机械硬盘一般采用 PATA、SATA、SAS、SCSI 接口，相对于外部存储，直接接插主板的机械硬盘的速度优势越来越不明显，但是固态硬盘（如 mSATA、PCI-E）的速度优势还是比较明显的，尤其是使用 PCI-E 接口的固态硬盘。直接存储如图 5-6 所示。

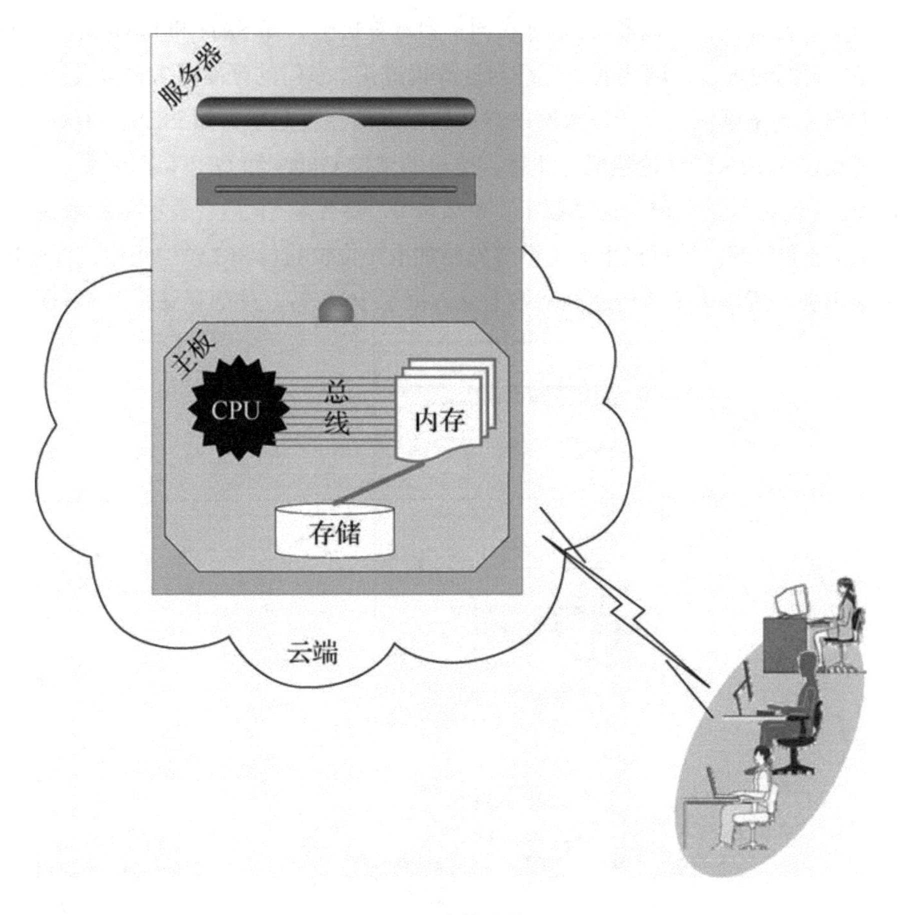

图 5-6 直接存储

（3）分布式存储：通过分布式文件系统把各台计算机上的直接存储整合成一个大的存储，对参与存储的每台计算机来说，既有外部存储部分，也有直接存储部分，所以说分布式存储融合了前面两种存储方案。由于需要采用分布式文件系统整合分散于各台计算机上的直接存储，使之成为单一的名字空间，所以涉及的技术、概念和架构非常复杂，而且还要消耗额外的计算资源。服务器存储局域网（Server SAN）逐渐被数据中心采用，而且发展很快，Ceph 就属于 Server SAN，被很多云中心采用。目前的软件定义存储（SDS）概念就是分布式存储。分布式存储如图 5-7 所示。

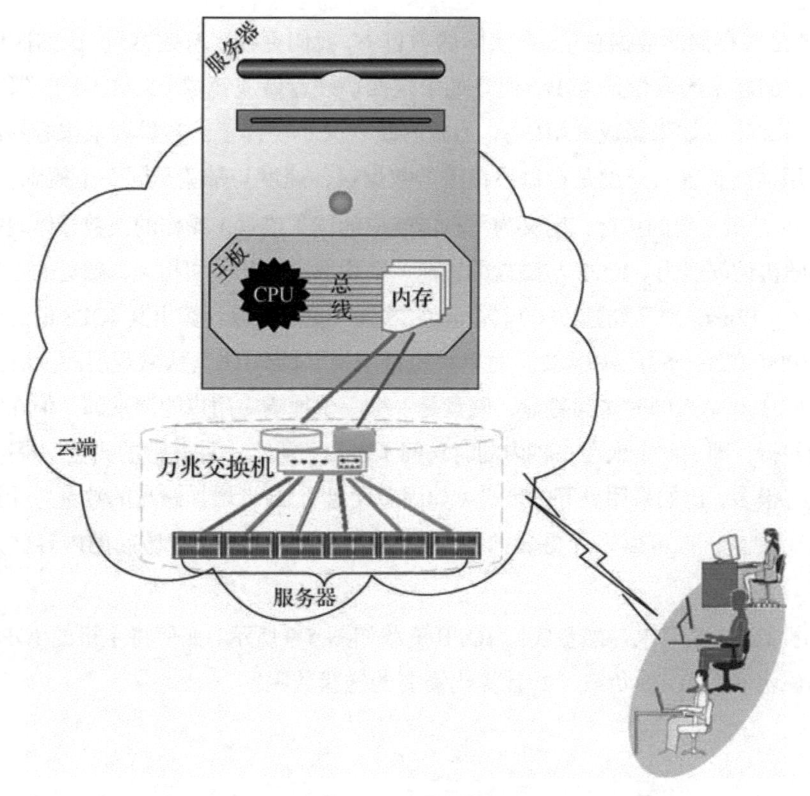

图 5-7 分布式存储

根据访问方式不同，存储又可以分为以下 3 类。

（1）块存储：直接访问磁盘上的扇区（如使用 dd 命令直接读磁盘扇区）。

（2）文件存储：访问文件系统上的文件或目录（如复制 Windows 中 D 盘上的文件）。

（3）对象存储：访问网络上的对象（如从网盘下载电影）。

存储的 3 种访问方式如图 5-8 所示。

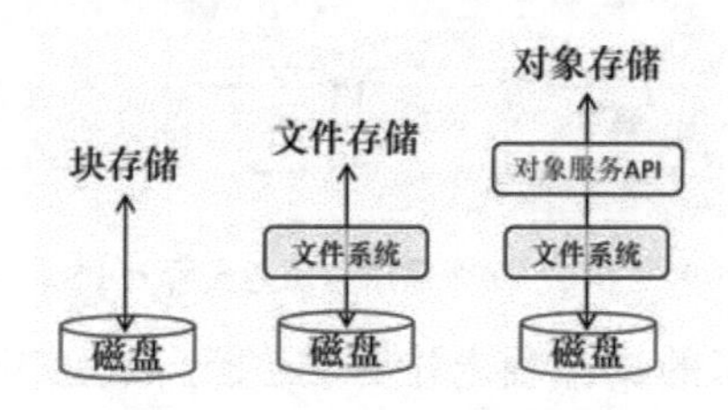

图 5-8 存储的 3 种访问方式

存储的评价指标有容量、速度、每秒读写次数（IOPS）、可用性。容量比较容易理解，就是能存储的数据总量。在实际的项目中，我们更在乎有效容量，比如四块 1TB 的硬盘，加起来的容量是 4TB，但是如果这四块硬盘做成镜像（RAID-1），那么有效容量就是 2TB。如果做成 RAID-5，有效容量就又不一样了。容量要求很容易满足，一般采用横向扩容。速度是指每秒传输的数据量，速度与带宽是同一个概念。

IOPS 是最重要的指标，定义为每秒能响应的读（或写）操作的次数，体现的是并发性和随机访问能力。IOPS 与磁盘的转速、平均寻道时间密切相关，磁盘的平均寻道时间为 4～12ms，对于转速 7200 转/min 的磁盘，我们可以计算出其 IOPS 的近似值：1000÷[1000÷(7200÷60)÷2+8]≈82。对单块磁盘来说，读/写磁盘从微观层面上看是串行的，比如 100 个人同时访问磁盘，磁盘是一个一个地响应用户的请求的，但在宏观上表现为并行，即 100 个人在一秒内同时访问了磁盘，给人一种并行的错觉。提高 IOPS 的方法有很多，比如采用更好的硬盘（如固态硬盘），或者增加磁盘的数量并让访问分散到各个硬盘，也可以采用更多的缓存（Cache），从而让经常访问的内容驻留在缓存中。

主机的 IOPS 需求与磁盘实际 IOPS 负载如图 5-9 所示，如何将主机的 IOPS 需求转换为磁盘实际 IOPS 负载，并计算出需要的磁盘数呢？

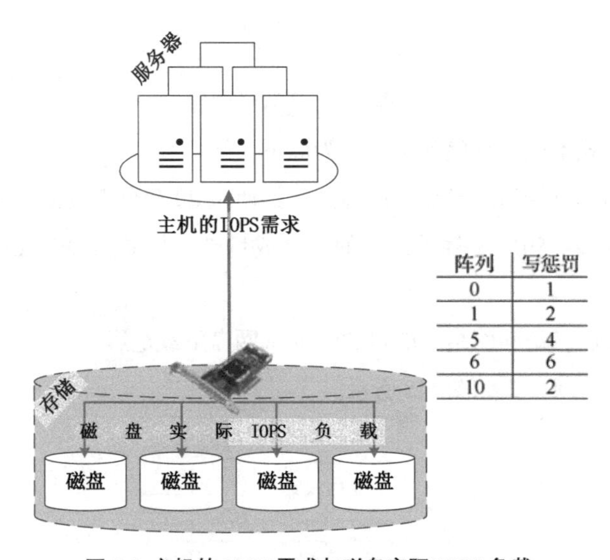

阵列	写惩罚
0	1
1	2
5	4
6	6
10	2

图 5-9 主机的 IOPS 需求与磁盘实际 IOPS 负载

首先我们要明白，主机的 IOPS 需求并不一定等于磁盘实际 IOPS 负载。比如 RAID-1，主机写一次，磁盘实际要写两次（镜像的两个磁盘各写一次）；再比如 RAID-5，主机写一次，磁盘要读两次、写两次。主机写一次对应磁盘实际发生的读/写次数称为写惩罚（Write Penalty），阵列类型不同，写惩罚也不同，如图 5-9 所示。RAID-5 写操作如图 5-10 所示。

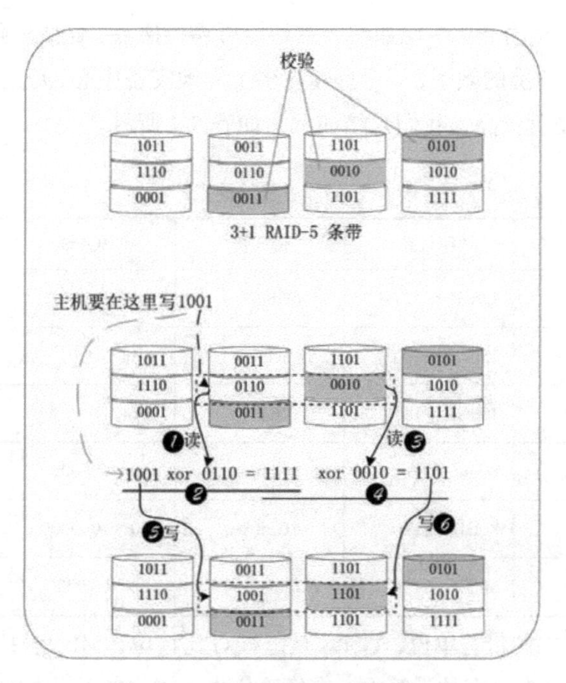

图 5-10 RAID-5 写操作

在图 5-10 中，主机向 RAID-5 写 1001，存储中实际发生的步骤如下。

（1）读取原始数据 0110 并与新的数据 1001 做异或操作：0110 xor 1001=1111。

（2）读取原有的校验位 0010，并将第一步算出的数值 1111 与原校验位再做一次异或操作：0010 xor 1111=1101。

（3）将 1001 写入数据磁盘，将第二步中计算出来的新校验位 1101 写入校验盘。

现在假设主机的 IOPS 需求是 x，读/写比率为 2∶1，存储为 RAID-5，那么可以算出磁盘实际的 IOPS 负载 y：$y = x \times \frac{2}{3} + x \times \frac{1}{3} \times 4$

例如 $x = 360$，则计算得出 $y = 720$。假设一个 7200 转/min 的 SATA II 硬盘的 IOPS 为 90，那么需要 $\frac{720}{90} = 8$ 个磁盘，8 个磁盘做成 7+1 RAID-5。在上述公式中，“$x \times \frac{2}{3}$”表示每秒磁盘的读次数，“读”不存在惩罚，也就是说，主机的一次读对应磁盘的一次读。

存储的可用性指标关乎数据的安全性，是指保存在存储设备上的数据不会丢失的概率。磁盘故障而导致用户数据丢失，是一件非常糟糕的事情。通常用几个 9 来衡量可用性，比如 3 个 9 的可用性，意思是一年之中 99.9%的时间内数据不会丢失。提高存储可用性的方法有很多，比如购买更稳定可靠的磁盘、做成多路镜像、采用不间断电源供电、提高备份的频率，甚至是建立多个异地灾备中心，乃至部署双活中心等。对于当前主流的硬盘产品，我们总结如下，如表 5-1 所示。

表 5-1 当前主流的硬盘产品

<table>
<tr><th>硬盘产品</th><th>容　量</th><th>带　宽</th><th>IOPS</th><th>可用性</th></tr>
<tr><td>5400 转 SATA 硬盘</td><td>128GB～12TB</td><td>1～6Gbit/s</td><td>≈40</td><td rowspan="3">即使损坏，也可以恢复大部分数据</td></tr>
<tr><td>7200 转 SATA 硬盘</td><td>250GB～20TB</td><td>3 或 6Gbit/s</td><td>≈68</td></tr>
<tr><td>15000 转 SAS 硬盘</td><td>100GB～1TB</td><td>3～12Gbit/s</td><td>≈142</td></tr>
<tr><td>SATA SSD</td><td>8GB～2TB</td><td>3～6Gbit/s</td><td>400～100000</td><td rowspan="3">如果损坏，则整块硬盘上的数据全部丢失</td></tr>
<tr><td>NVMe SSD</td><td>80GB～2TB</td><td>4～8Gbit/s</td><td>400～1000000</td></tr>
<tr><td>PCI-E SSD</td><td>60GB～2TB</td><td>>8Gbit/s</td><td>12 万～1000</td></tr>
</table>

注意，表 5-1 中的带宽单位，Gbit/s 是每秒 G 比特位，MB 是每秒多少兆的字节，1 字节等于 8 比特。在带宽的计算中，有经验公式：1B≈10bit，因为要加上一个校验位和一个停止位。比如你家里申请了 100 兆的宽带上网，那么在网络通畅的情况下，下载文件的速度约等于 10MB，即 100MB÷10=10MB。各种硬盘的外观如图 5-11 所示。

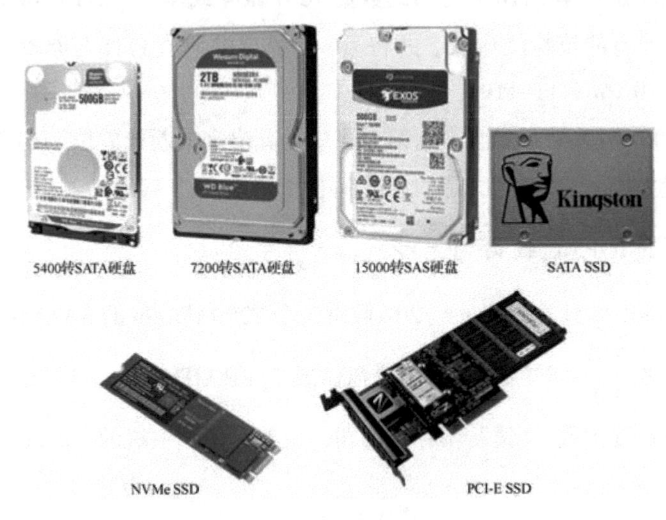

图 5-11 各种硬盘的外观

在云端，往往设计两个层次的存储，一个是物理机器访问的存储，一个是虚拟机访问的存储。

采用 Ceph 搭建分布式存储请参考 7.1 节。

5.4 虚拟化

前面讲过，软件是让 CPU 完成某项任务的步骤，云端是软件运行的场所，因此可以这样说：云端是运行各种软件来完成相应任务的地方。云端采用的技术与任务的大小有关，大型任务（如核爆模拟、天气预报）和小型任务（如四则运算计算器、文字编辑等）采用的技术明显不同，前者很难用一台物理机按时完成任务，所以需要联合多台计算机（称为集群）共同完成任务；而后者占用一台物理机就浪费了资源，所以需要对单台物理机进行分割（称为主机虚拟化或容器化）。将单台物理机分割成多台虚拟机，每台虚拟机完成一个任务，这意味着一台物理机并行执行多个任务。如果一个任务需要由一台物理机来完成，就直接分配一台物理机给此任务，这样的任务就是中型任务。技术与任务的关系如图 5-12 所示。

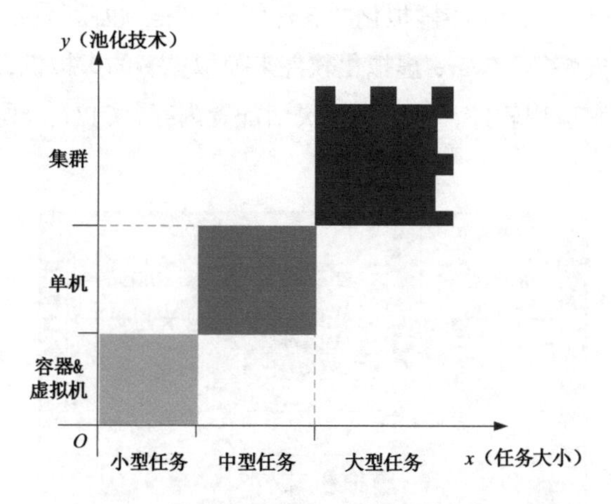

图 5-12 技术与任务的关系

对一台物理机进行分割（虚拟出很多更小的计算机），然后给小型任务分配一台虚拟机，从而充分利用资源。虚拟机的大小是由 CPU 速度、内存大小、硬盘容量和每月的网络带宽定义的，虚拟机越大，租金就越高。采用一台物理机无法完成的大型任务，就要采用多台物理机组成分布式系统。分布式系统还涉及任务的划分与分配、多机协同工作的问题，后面会做进一步阐述。

在多台虚拟机之间组网需要采用各种网络设备，为了快速响应组网需求，需要对网络进行虚拟化——采用软件定义网卡、交换机、路由器等设备。下面我们重点谈谈主机虚拟化和网络虚拟化。

5.4.1 主机虚拟化

虚拟化技术是云计算的重要技术，主要用于物理资源的池化，从而弹性地将物理资源分配给用户。物理资源包括服务器、网络和存储。但是计算机池化不一定使用虚拟化技术，金属裸机也能池化，比如 IBM 的 SoftLayer 就是直接使用物理机来实现云计算的。

1. 虚拟机

主机虚拟化的思想可以追溯到 IBM 机器的逻辑分区，即把一台 IBM 机器划分为若干台逻辑服务器，每台逻辑服务器拥有独占的计算资源，可以单独安装和运行操作系统。IBM 机器价格昂贵，相对于当时的计算任务，机器的计算能力太过强大，所以需要划分为更小的计算单元。随着个人计算机处理能力的不断发展，1998 年，VMware 公司成立，这家公司专注于机器虚拟化的软件解决方案。也就是说，不支持逻辑分区的计算机可以通过安装 VMware 虚拟化软件来模拟更多的虚拟机，然后在这些虚拟机里安装操作系统和应用软件，给虚拟机灵活配置内存、CPU、硬盘和网卡等资源，如图 5-13 所示。

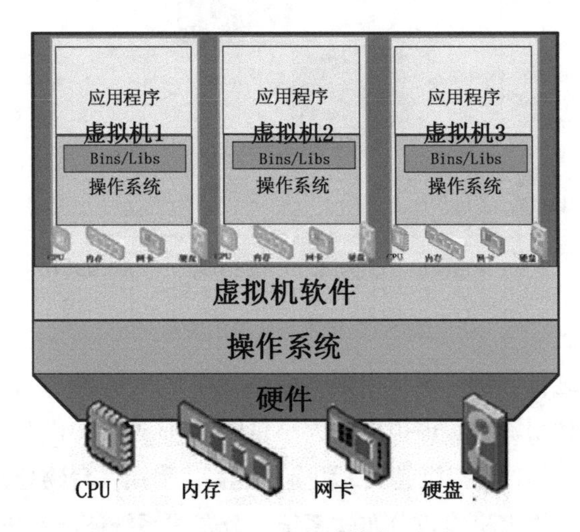

图 5-13 主机虚拟化

在一台物理机上可以创建很多虚拟机，虚拟机里允许安装不同的操作系统，配置不同的网络 IP 地址。

近几年，很多大公司不断加入主机虚拟化软件市场，主机虚拟化软件市场竞争异常激烈。排名靠前的有 EMC（收购 VMware）、微软、思杰、Red Hat、Oracle、Parallels。微软把虚拟机集成在操作系统里；Red Hat 携 KVM 开源虚拟机一路攻城略地；Oracle 的虚拟机算是小字辈；Parallels 公司的产品既支持虚拟机，也支持容器；VMware 的虚拟化产品受到微软的 Hyper-V、Red Hat 的 KVM 及思杰的 Xen 的强大冲击，其市场开始出现萎缩。

目前 CPU 发展到多核，本身就支持虚拟化。虚拟化软件厂商直接推出了能在裸机上运行的虚拟化软件层，如微软的 Windows Hyper-v 2019、EMC 的 ESXi 6、思杰的 XenServer、Red Hat 的 RHEV-H 等。在虚拟化软件层上直接创建更多的虚拟机，如图 5-14 所示。

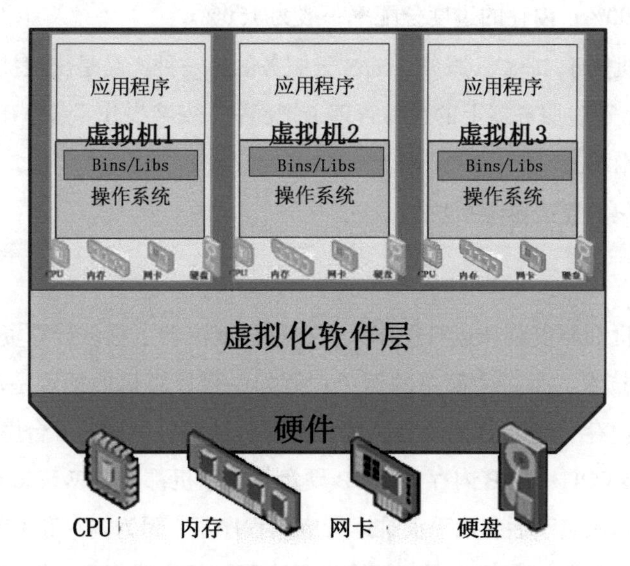

图 5-14 在虚拟化软件层上直接创建更多的虚拟机

虚拟化软件层消耗的计算资源很少，一般在 10%以内，与前面的方法相比，同一台物理机可以运行更多的虚拟机。针对云计算方案，各虚拟化软件厂商还推出了云端虚拟机管理工具，实现统一管理虚拟机的创建、删除、复制、备份、恢复、热迁移和监控等。其中，热迁移就是在不关闭虚拟机的情况下，把虚拟机从一台物理机转移到另一台物理机，而正在使用虚拟机的租户感觉不到虚拟机被转移了。

目前，一台虚拟机不能跨越多台物理机（只能在一台物理机上运行），这意味着虚拟机的运算能力不会超过一台物理机的运算能力，以后的技术能不能突破还很难下定论。通过集群联合多台物理机，对外呈现一致的寻址空间，对用户来说，似乎在使用一台超级计算机，但这是虚幻的，集群与虚拟化具有本质的不同。

但是目前主流的主机虚拟化技术都支持过度分配资源，即分配给同一台物理机上的虚拟机的资源之和大于物理机本身的资源数。比如物理机的计算资源是内存4GB、CPU 8 核、磁盘 100GB，在这台物理机上创建 5 台虚拟机，每台虚拟机分配资源如下：内存 1GB、CPU 2 核、磁盘 30GB，显然 5 台虚拟机资源之和是内存 5GB、CPU 10 核、磁盘 150GB，超过了物理机的资源总数。在虚拟机运行时，按其实际的消耗动态分配资源，但是不超过管理员给其分配的上限，一般计算机在正常运行时资源耗费不会超过其总资源的 75%，这样过度分配资源就容易理解了。CPU 的过度分配率一般为 1600%，内存的过度分配率一般为 150%。

出租虚拟机属于 IaaS 云服务，IaaS 云服务的另一种产品是出租裸机，即直接出租硬件服务器，通过服务器上的远程管理卡把配置、安装操作系统、开关机等功能整合到租户自助网站上。

主机虚拟化实战请参考 7.2 节。

2．容器

每台虚拟机都要安装和运行操作系统，这样就浪费了很多计算资源，为此，人们推出了容器技术。举一个简单的例子：假如一台计算机的配置是双核 3GHz 的CPU、8GB 的内存、500GB 的硬盘，现在在这台计算机上创建 6 台虚拟机，每台虚拟机分配 1GHz CPU、1GB 内存、64GB 硬盘，虚拟机都安装 Windows 7 操作系统。那么当全部虚拟机启动后，几乎很难运行应用程序了，因为内存和 CPU 资源都被操作系统消耗了。为此，有的公司专门推出了应用软件容器产品，即在操作系统层上创建一个个容器，这些容器共享下层的操作系统内核和硬件资源，但是每个容器可以单独限制 CPU、内存、硬盘和网络带宽容量，并且拥有单独的 IP 地址和操作系统管理员账户，可以关闭和重启。与虚拟机最大的不同是，容器里不用安装操作系统，因此浪费的计算资源也就大大减少了，这样，一台计算机就可以服务于更多的租户，如图 5-15 所示。

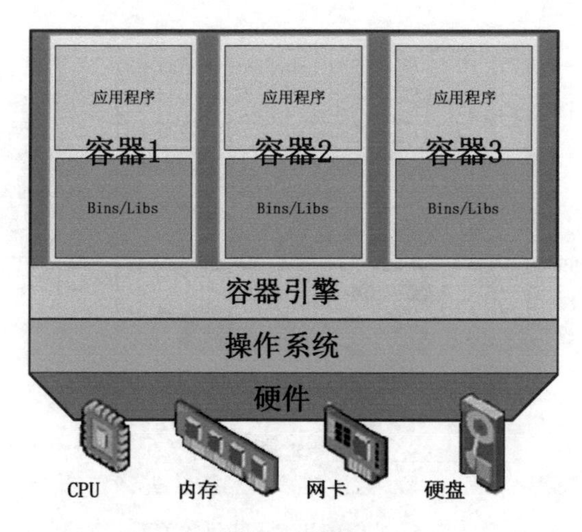

图 5-15 容器

容器的隔离效果比虚拟机差，在安全性要求高的场合（比如公有云）中，虚拟机的使用率远远高于容器，而在安全性要求不高的场合（比如私有云、公司内部 IT 环境）中，容器的使用率会越来越高。谷歌云目前的做法是在虚拟机里跑容器，并把 Kubernetes 交给租户使用。开源产品 Kata 和 gVisor 以及微软的闭源产品 Hyper-V Container 都是跨界产品——既接近于容器的轻量性，又接近于虚拟机的安全性。

一个容器原则上只运行一至两个应用，比如网站服务、邮件等。使用容器的目的是方便开发、测试、发布、隔离和在集群中迁移应用程序，使同一台计算机上跑很多应用程序而互不干扰，有点类似人们常说的绿色软件。所以说容器不是虚拟机的替代品，它们有自己应用的领域，虚拟机里可以跑容器，但是反过来就不行。

目前有很多技术可以在 Linux 操作系统中实现容器，比如 OpenVZ、Linux-VServer、LXC、Docker、FreeBSD jail、Solaris Containers、Podman 等，其中，Docker 几年前在谷歌公司的大力推动下发展迅速，而且谷歌发布了构建于 Docker 之上的开源的 Kubernetes 管理平台，这个平台使管理运行在成千上万台计算机上的数十万个 Docker 容器变得异常轻松和简单。而由 Red Hat 推出的 Podman 是后起之秀，它不用守护进程，也可以在非 root 用户下运行，Podman 与 Docker 基本兼容。

在 Docker 中，没有启动的容器称为镜像，从一个镜像可以启动若干个容器实例，每一个容器具有唯一的 ID。镜像相当于磁盘里的软件，容器实例相当于内存中的进程，同一个软件可以产生多个进程，每一个进程也有一个唯一的 ID。修改容器实例不会影响产生它的镜像，但是可以从一个容器实例创建新的镜像，镜像和容器实例的关系如图 5-16 所示。

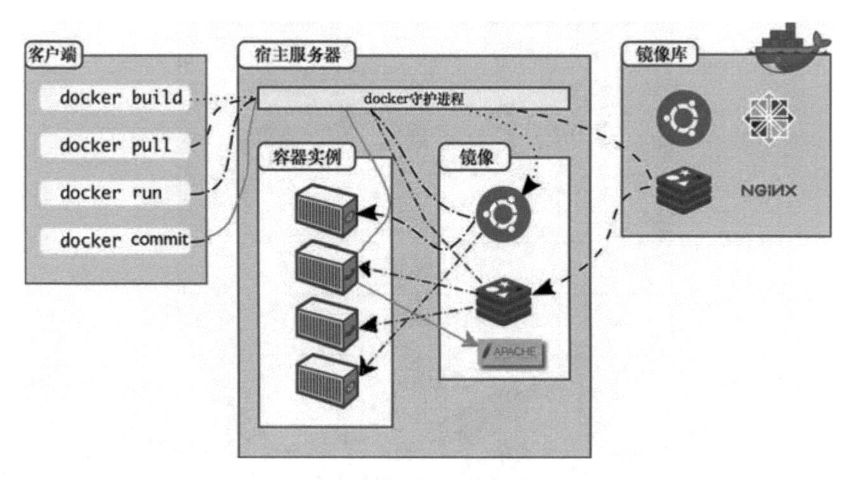

图 5-16 镜像和容器实例的关系

镜像库一般位于公网，用户可以把镜像下载到本地（即上图中的宿主服务器，使用“docker pull”命令），或者自己创建镜像（使用“docker build”命令），或者从容器实例产生镜像（使用“docker commit p命令）。

Kubernetes 和 OpenStack 类似于 Windows 和 Linux 操作系统，操作系统管理进程，OpenStack 管理虚拟机，而 Kubernetes 管理容器。

关于容器的实战，请参考 7.4 节。

3．vAPP

vAPP 就是应用软件虚拟化，这是站在用户的角度看的——用户感觉运行的软件就像安装在本地似的，而实际上，软件被安装在其他计算机上。但是软件可以在本地运行（代码临时加载），也可以在其他计算机上运行，用户只要双击计算机桌面上的快捷方式就可以启动程序，但是这个快捷方式实际上指向另外一台计算机上的软件。公司内部大部分员工需要使用的软件（比如 Office 办公软件、CAD 制图工具等）集中部署在机房的服务器上，然后采用软件虚拟化技术，映射到每个员工的计算机桌面上（快捷方式）。

目前有不少公司推出了的应用软件虚拟化产品，如微软的 App-V、思杰的 XenAPP、VMware 的 ThinAPP、Parallels 的 RAS 等。

应用软件虚拟化有一个好处：使计算服务器按应用分工。比如使用一台服务器专门运行 Word 软件，第二台专门运行 Excel 软件，第三台专门运行 QQ，第四台专门运行 Photoshop，通过应用软件虚拟化技术把 Word、Excel、QQ、Photoshop 整合到用户的桌面上。用户桌面环境与应用软件分离有以下好处。

（1）可以根据应用软件专门定制服务器硬件。不同的应用软件对机器配置的侧重点不同，比如图形处理软件对显卡要求较高，QQ 对网络要求较高，根据应用软件定制的服务器的运行效率自然会提高不少。

（2）节约更多的资源。一台服务器只运行一个应用软件，但同时服务多个用户，这种方式可以节约硬盘资源、内存资源、CPU 资源，具体原因可以参考操作系统原理和计算机体系结构方面的图书。

（3）提高生产效率。运行同一个软件等于执行一份相同的软件代码，从而大大提高了各级缓存的命中率，也提高了进程的切换速度，提高了虚拟内存的换入、换出效率。

（4）大大降低了软件采购的费用。

（5）便于运维。

（6）适应更广泛的客户端设备和桌面环境，比如可以在苹果笔记本计算机中使用 Windows 上的软件。

vAPP 比虚拟桌面更轻量化。

最后，对主机虚拟化技术进行总结，如图 5-17 所示。

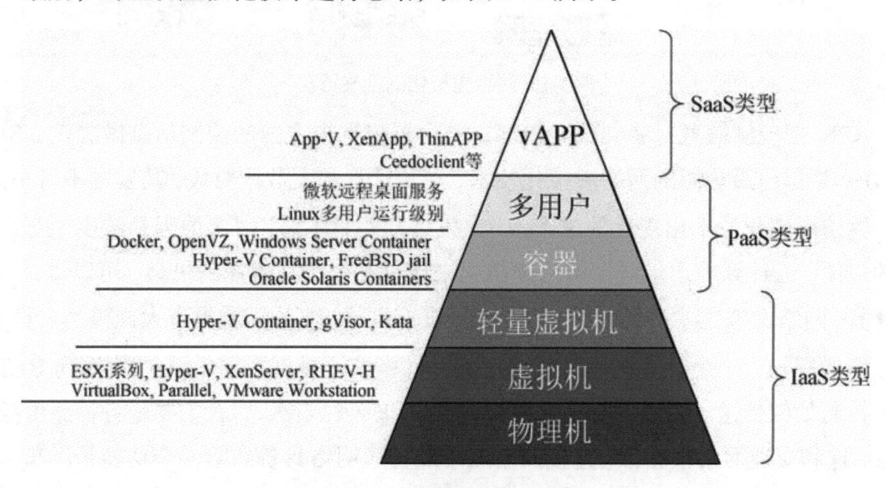

图 5-17 主机虚拟化技术总结

在图 5-17 中，“多用户”是实现远程桌面最轻量化的方案，即在操作系统里创建多个用户账号，然后让这些用户登录使用计算机。目前微软的远程桌面服务和 Linux 多用户运行级别都是实现“多用户”的方法。

图 5-17 中的“物理机”（也称为裸金属机）是最重型化的方案。同一台计算机上的租户数越多，表明相应方案越轻量化，反之则越重型化。在实际方案中，要根据租户的需求来确定轻重级别。

5.4.2 网络虚拟化

网络虚拟化技术主要用来对物理网络资源进行抽象并池化，以便于分割或合并资源来达到共享的目的。人们很早就意识到了网络服务与硬件解耦的必要性，先后诞生了许多过渡技术，其中最重要的 6 种分别是虚拟局域网络（VLAN）、虚拟专用网络（VPN）、主动可编程网络（APN）、叠加网络（Overlay Network）、软件定义网络（SDN）和网络功能虚拟化（NFV），网络虚拟化的发展历程如图 5-18 所示。

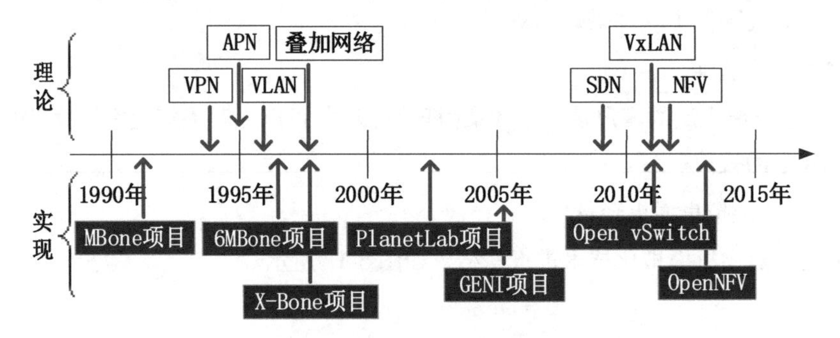

图 5-18 网络虚拟化的发展历程

APN 把控制信息封装到报文内部，路由器根据报文内的控制信息做决策。SDN 和 NFV 是目前最热门的网络虚拟化技术，在云计算和大数据时代，其发展不可小觑。

网络虚拟化技术出现后的二十多年，发展却一直不温不火，原因是缺少一个杀手级的应用。云计算的出现对于网络虚拟化来说是一个千载难逢的机会，可以说，有了云计算，网络虚拟化才变得如此热门，如果没有网络虚拟化，就没有大规模的云计算。

众所周知，一个计算机网络必须完成两件事，一是把数据从 A 点传送到 B 点，二是控制如何传送。前者主要包括接收、存储和转发数据，后者主要是各种路由控制协议。这和交通网络很相似，连接两个城市的交通网络具备的第一个功能是汽车从一个城市到达另一个城市，第二个功能是控制到底走哪条线路最好。前者是由公路组成的交通网络，后者是交通控制系统。

下面我们再来看看传统网络设备（比如一台路由器）的逻辑分层结构，如图 5-19 所示。

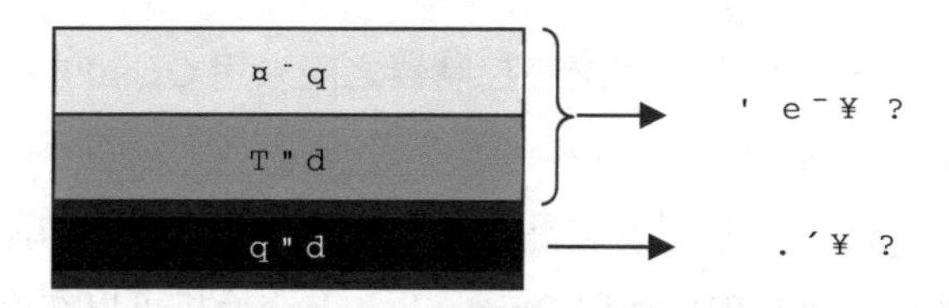

图 5-19 传统网络设备的逻辑分层结构

传统的网络设备包含了完整的 3 层，由厂商统一捆绑销售，第三方很难修改里面的软、硬件结构，因此对用户来说存在几个明显的缺点：一是很容易被网络设备厂商绑定；二是不能快捷地满足业务的需求；三是成本高；四是无法实现网络虚拟化；五是数据传送的路径不能保证全局最优。

如今，SDN 是网络虚拟化技术当中最热门的技术之一。SDN 技术通过分离网络控制部分和封包传送部分来规避传统网络设备的缺点，在数据通路上的网络设备蜕化为准硬件设备，网络中的所有网络设备的网络控制部分独立出来由一台服务器单独承担，SDN 的原理如图 5-20 所示。

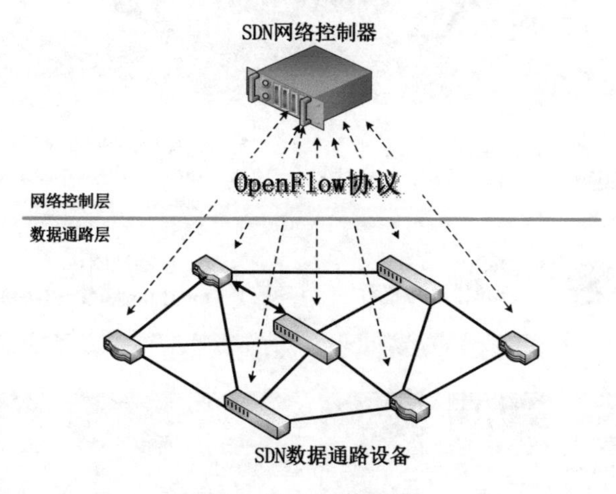

图 5-20 SDN 的原理

把网络控制部分从各个网络设备中独立出来，统一由 SDN 网络控制器承担，这样做的最大好处是数据传送的路径是全局最优的。SDN 网络控制器类似于 GPS 导航卫星，它存储了全局的网络拓扑图，“俯视”着整张网络，精确导航着每个数据包的流向。当某台路由器收到一个数据包时，就会询问网络控制器：“这个包要从哪个口送出去？”SDN 网络控制器可能回答：“从 2 端口送出去。”为了加快转发速度，SDN 网络设备会存储答案，即属于同一个会话的数据包直接从之前的出口送走，类似于现实生活中完成同一个运输任务的车队，在每个交叉路口，GPS 卫星只导航第一辆车，后面的车跟着行驶即可。SDN 网络设备和网络控制器之间采用 OpenFlow 协议进行通信。

云端一般采用 Open vSwitch 交换机，它是一款开源的网络虚拟化产品，是二层交换机，性能可以与硬件交换机媲美。利用 Open vSwitch 交换机可以在虚拟机的下面构筑虚拟网络层，通过实时修改配置，可以组建变化灵活的局域网，使一台虚拟机能快速地从一个局域网迁移到另一个局域网中，这是物理交换机无法实现的，如图 5-21 所示。

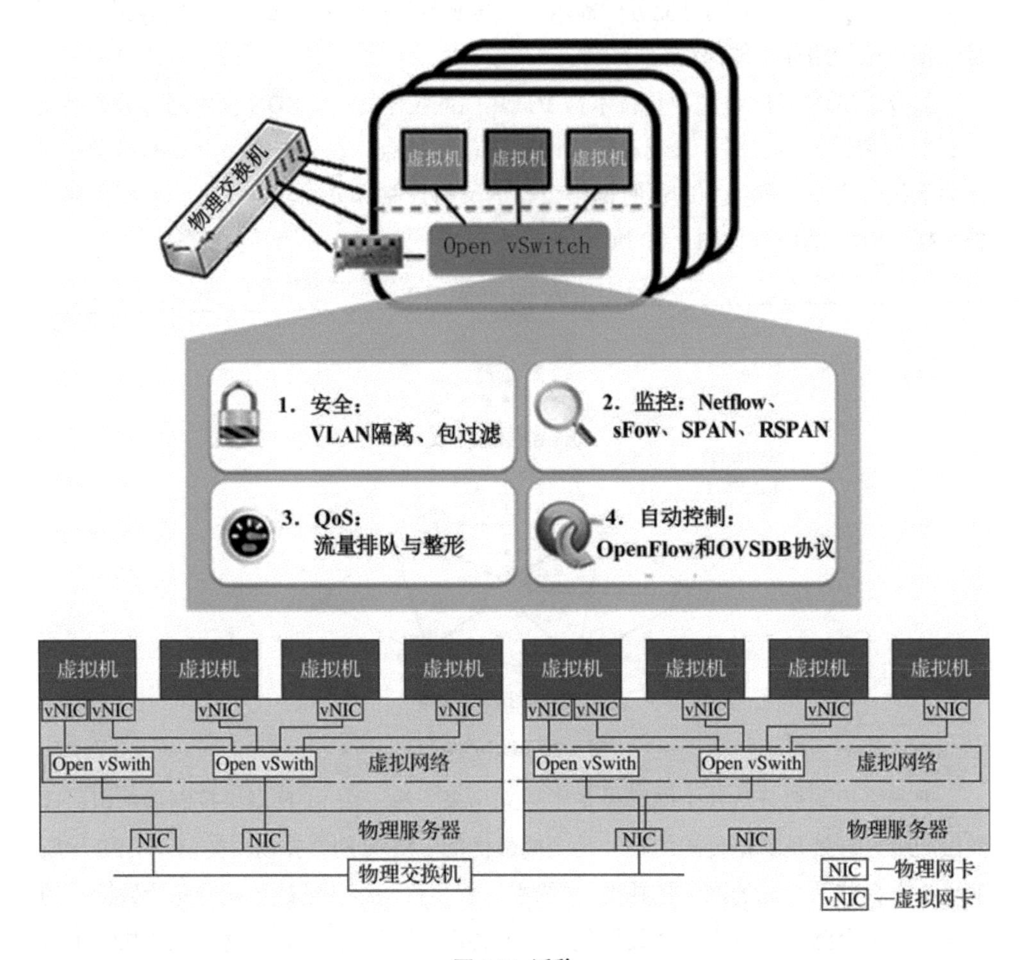

图 5-21 迁移

不同物理机上的两台虚拟机之间的网络通路如图 5-22 所示。

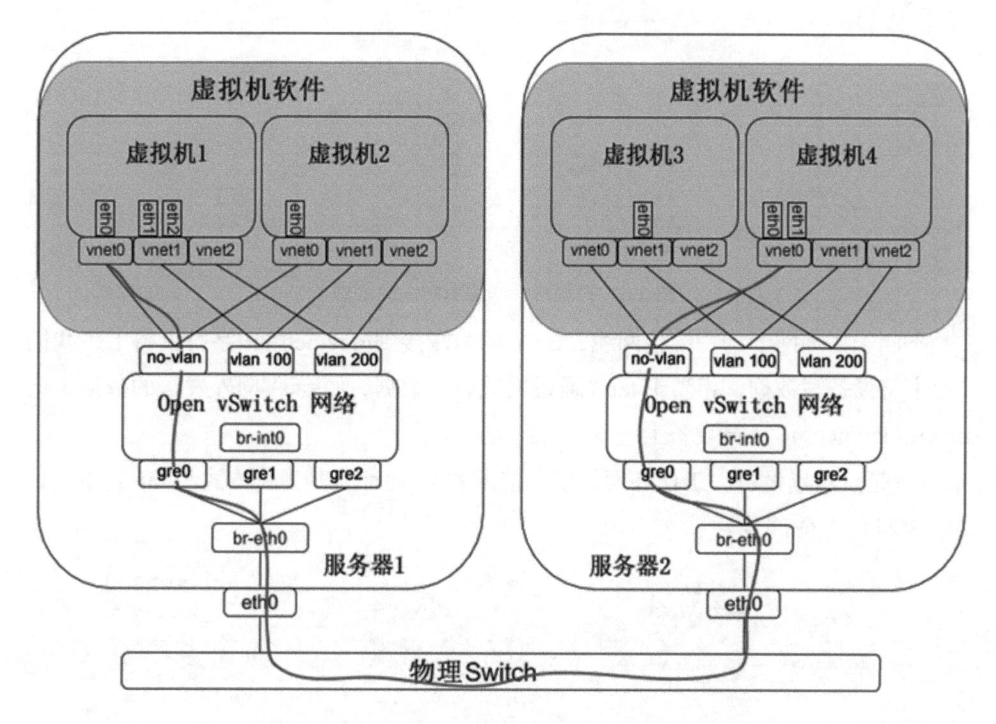

图 5-22 不同物理机上的两台虚拟机之间的网络通路

Open vSwitch 社区针对 OpenStack 云平台专门开发了 OVN（Open Virtual Network）子项目，用来替代 Neutron 原来二层和三层的网络插件，具有明显的性能提升。OVN 具备如下功能。

（1）Logical switches：逻辑交换机，用来做二层组网。

（2）L2/L3/L4 ACLs：二到四层的 ACL，可以根据报文的 MAC 地址、IP 地址和端口号来进行访问控制。

（3）Logical routers：分布式逻辑路由器，用来做三层转发。

（4）Multiple tunnel overlays：支持多种隧道封装技术，比如 Geneve、STT、VXLAN。

5.4.3 虚拟网元

虚拟网元包括 tap、tun、veth、bridge、namespace 等。其中，tap 是虚拟网卡，具有 MAC 和 IP 地址，在数据链路层工作，而物理网卡工作在物理层，它们的区别如图 5-23 所示。

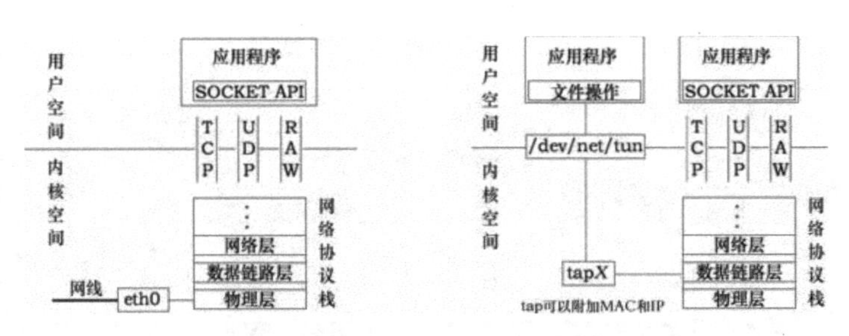

图 5-23 物理网卡和虚拟网卡的区别

不同于物理网卡的一端接网线，tap*X* 的一端接到/dev/net/tun 字符设备上，我们往此字符设备写数据，相当于 tap*X* 通过网线收到数据，而 tap*X* 向外发送的数据也会出现在/dev/net/tun 字符设备上。

tun 是点对点设备，工作在网络层，能配置 IP 地址，其工作方式与 tap 差不多，如图 5-24 的左侧部分。

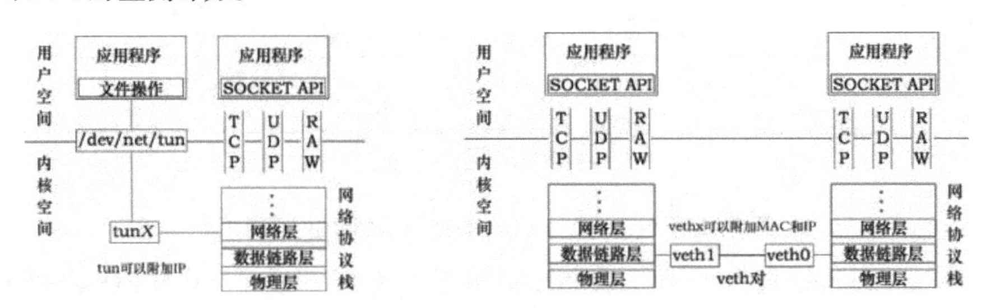

图 5-24 tun 和 veth 网元

veth 就是一对 tap，相当于用网线直接连接的两块网卡，主要用于连接两个网络名字空间，如图 5-24 的右侧部分。

namespace 就是网络名字空间，一个网络名字空间相当于一台独立的计算机，但是共享文件系统，一个具体的网络名字空间具有自己的网卡名称、路由表、DNS、防火墙规则和 ARP 表等，如图 5-25 的左侧部分。

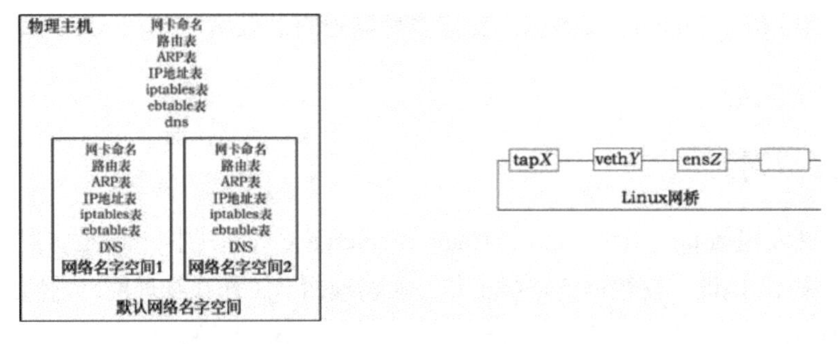

图 5-25 网络名字空间和网桥

bridge就是网桥，相当于交换机，组建星形局域网，网桥上允许附加tap、veth和物理网卡。被附加到网桥上的设备称为端口，所以不需要IP地址，且工作于混杂模式。但网桥本身可以配置IP地址，这点又与交换机不同，如图5-25的右侧部分。

虚拟机就是使用这些网元组网的，如图5-26所示。

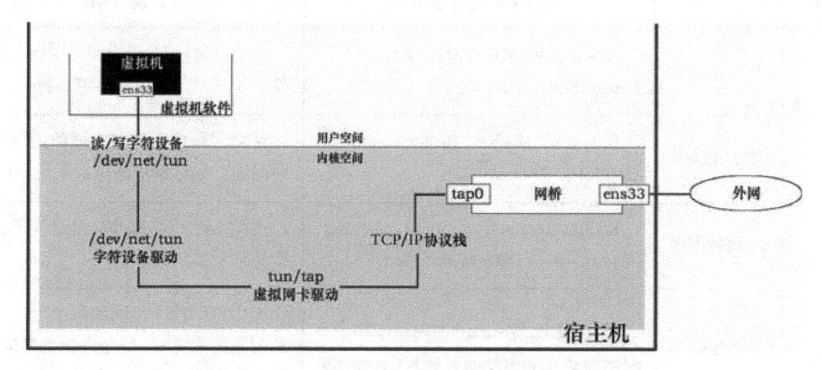

图5-26 虚拟机的组网

虚拟机里看到的网卡的MAC地址等于宿主机里tap0的MAC地址。采用tun实现VPN如图5-27所示。

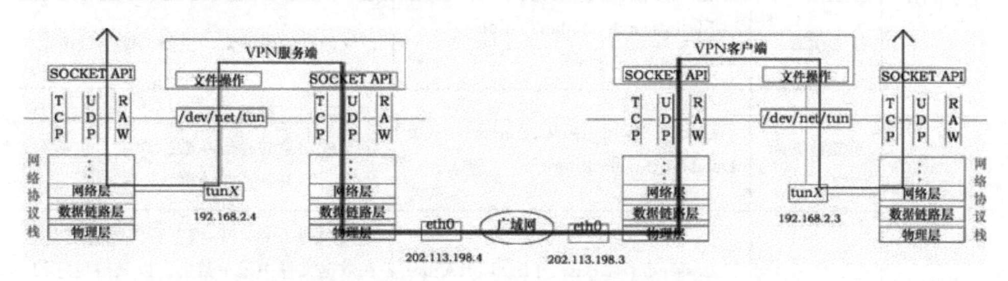

图5-27 采用tun实现VPN

在7.4节我们以具体实战进一步理解这些网元。

5.5 数据库

在SQL关系数据库之后，陆续诞生了NoSQL和NewSQL两大类数据库，SQL数据库具有良好的ACID特性同时兼容SQL标准，但是不易被扩展，NoSQL具有很好的扩展性但是缺少实时一致性和SQL标准，而NewSQL是二者的折中，是后起之秀，在大数据领域被广泛应用。

各类数据库的前 4 名或前 5 名如表 5-2 所示，排名会不断变化，实时排名结果参见 DB-Engines 网站。

表 5-2 各类数据库排名

大 类	类 别	前 4 名或前 5 名	说 明
SQL	关系数据库	Oracle、MySQL、SQL Server、PostgreSQL、DB2	遵循“表–记录”模型。按行存储在文件中（先第 1 行，然后第 2 行……）
NoSQL	时序数据库	InfluxDB、Kdb+、Prometheus、Graphite、TimescaleDB	存储时间序列数据，每条记录都带有时间戳，如存储从感应器采集到的数据
	键/值数据库	Redis、Amazon DynamoDB、Microsoft Azure Cosmos DB、Memcached	遵循“键–值”模型，是最简单的数据库管理系统
	文档数据库	MongoDB、Amazon DynamoDB、Microsoft Azure Cosmos DB、Couchbase	无固定结构，不同的记录允许有不同的列数和列类型。列允许包含多值，记录允许嵌套
	图数据库	Neo4j、Microsoft Azure Cosmos DB、Virtuoso、ArangoDB、OrientDB	以“点–边”组成的网络（图结构）来存储数据
	搜索引擎	Elasticsearch、Splunk、Solr、MarkLogic、Algolia	存储的目的是搜索，主要功能也是搜索
	对象数据库	Caché、IRIS、Db4o、Actian NoSQL Database、ObjectStore	受面向对象编程语言的启发，把数据定义成对象并存储在数据库中，包括对象之间的关系，如继承
	列数据库	Cassandra、HBase、Microsoft Azure Cosmos DB、Datastax Enterprise、Microsoft Azure Table Storage	按照列（由“键–值”对组成的列表）在数据文件中记录数据，以获得更好的请求及遍历效率。一行中的列数允许动态变化，且列的数目可达数百万，每条记录的关键码也不同，支持多值列
NewSQL		CockroachDB、Altibase、NuoDB、VoltDB	SQL 和 NoSQL 的折中，同时具备良好的 ACID，兼容 SQL 标准，容易大规模扩展

下面对排名靠前的开源数据库进行简单的介绍。

5.5.1 MySQL/MariaDB

2008 年，美国的 Sun 公司花费 10 亿美元收购了 MySQL，一年后，Oracle 公司又花费 60 亿美元收购了 Sun 公司，从此，Sun 公司的服务器、操作系统、MySQL 等产品线全部归属 Oracle 公司。Larry Ellison 奉行的经营哲学是“竞争不过它，我就买了它”。竞争不过，说明竞争对手的产品更具优势，所以收购它，从而变成自己的优势。经过几十年，Oracle 从一家小型数据库公司发展为现在覆盖硬件、平台软件、数据库、中间件、应用软件各个层次产品线的 IT 巨无霸。

MySQL 数据库占据中小型数据库应用市场的半壁江山，在这块市场，Oracle 数据库明显处于下风，巅峰时，世界上超过 70%的网站后台采用 MySQL 数据库。但是自从被 Oracle 公司收购后，MySQL 的发展明显变缓，是继续开源还是闭源，Oracle 公司一直没下定论。于是 MySQL 的原班人马陆续离开 Oracle 公司，另起炉灶，推出了 MariaDB 开源数据库。

MariaDB 继承了 MySQL 小巧精悍、简洁高效、稳定可靠的特点，并与 MySQL 保持兼容。时至今日，谷歌、Facebook 等知名企业已经把应用从 MySQL 切换到了 MariaDB 上，各种 Linux 发行版本的操作系统的默认数据库都开始采用 MariaDB。苹果公司反应更快，当 Oracle 公司收购 Sun 公司时，就切换到了 PostgreSQL 数据库。截至 2022 年 7 月的数据库综合排名，MySQL 位居第二，但是其表现出来的颓势较明显，而 MariaDB 却具备强劲的生命力。

MariaDB 是一个开源的免费的关系数据库，安装包可从其官网下载，几乎能在所有的操作系统上安装和运行，与 Oracle、SQL Server、DB2 等商业数据库相比，算是短小精悍了。另外，也可以从官网下载数据库的源代码。对于非数据库型的 SaaS 云服务提供商来说，云端采用 MariaDB 是最好的选择，采用 MariaDB 还可以轻松搭建数据库集群。

5.5.2 InfluxDB

InfluxDB 是一个开源的时序数据库，能应付极高的写和查询并发数，主要用于存储大规模的时间戳数据（每条记录自动附加时间戳），如 DevOps 监控数据、应用系统运行指标数据、物联网感应器采集的数据及实时分析的结果数据等。InfluxDB 具有以下特征。

（1）全部使用 Go 语言编写，并被编译成单一运行程序，无须第三方依赖。

（2）简洁、高效地写和查询 HTTP(S) 编程接口（API）。

（3）通过插件能与其他的数据采集工具集成，如 Graphite、collectd、OpenTSDB。

（4）可以搭建高可用性的 InfluxDB 环境。

（5）量身定制化的类 SQL 语言。

（6）允许给序列数据附加标签来创建索引，以便快速、高效的查询。

（7）通过定义策略轻松实现自动失效过时的数据。

（8）基于 Web 的管理界面。

对于一个具体的时间序列应用来说，除存储外，还需要集成数据采集、可视化和告警功能。为此，InfluxData 社区相应提供了 Telegraf（数据采集）、Chronograf（数据可视化）、Kapacitor（告警）三个开源项目，再加上 InfluxDB，能部署一个完整的时间序列应用系统（简称 TICK）。这四者的关系如图 5-28 所示。

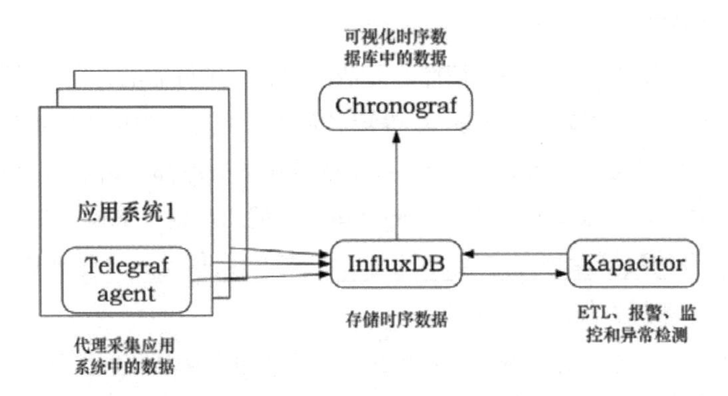

图 5-28 Telegraf、Chronograf、Kapacitor、InfluxDB 的关系

5.5.3 Redis

Redis 是遵循 BSD 开源协议的存储系统，数据存储在内存中，因此具备极高的性能，可用作数据库、缓存和消息中间件。Redis 支持多种类型的数据结构，如字符串、哈希、列表、集合、带范围查询的有序集合、位图、HyperLogLogs 和带半径查询的地理空间索引。Redis 内置了复制、脚本语言编程、最近最少使用（LRU）淘汰、事务以及不同级别的磁盘持久化等功能，通过 Redis Sentinel 和集群自动分区机制实现高可用性。Redis 采用 C 语言编写，能在 Windows、macOS X、Linux、Solaris 等操作系统上运行，不过 Linux 是其最佳的运行平台，无须第三方依赖，它提供了最广泛的编程语言接口。

5.5.4 MongoDB

MongoDB 是排名第一的文档数据库，属于 NoSQL 大类，诞生于 2009 年，正好是云计算兴起的前夜。MongoDB 采用 C++语言开发，能在 Windows、macOS X、Linux、Solaris 操作系统上运行，提供了绝大部分计算机语言的编程接口。保存在 MongoDB 中的一条记录称为一个文档，类似 JSON 语法，例如：

```
{
    name: "张三",
    age: 26,
    address: "科发路 1 号",
    groups: ["新闻","体育"]
}
```

从上面的例子可以看出，一个文档就是“键:值”对的集合。MongoDB 的主要优势有：高性能、富查询语言（支持 CRUD、数据聚合、文本搜索和地理空间查询）、高可靠性、自动伸缩架构、支持多存储引擎。MongoDB 适合文档存储、检索和加工的应用场合，如大数据分析。

5.5.5 Cassandra

Cassandra 是在谷歌的 Bigtable 基础上发展起来的 NoSQL 数据库，由 Facebook 于 2008 年使用 Java 语言开发，之后被贡献给 Apache 基金会。Cassandra 被称为“列数据库”，这里的“列”不是指关系数据库的一个表中的列，而是由“键:值”对组成的列表（语法与 Python 语言中的列表相同），如图 5-29 所示。

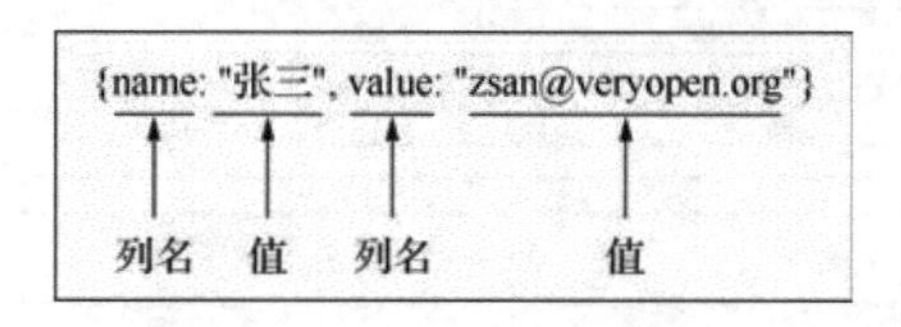

图 5-29 Cassandra 中的列

在 Cassandra 中，一行数据的语法是“行的键={列,列,⋯}”，一行可以包含上百万列，如图 5-30 所示。

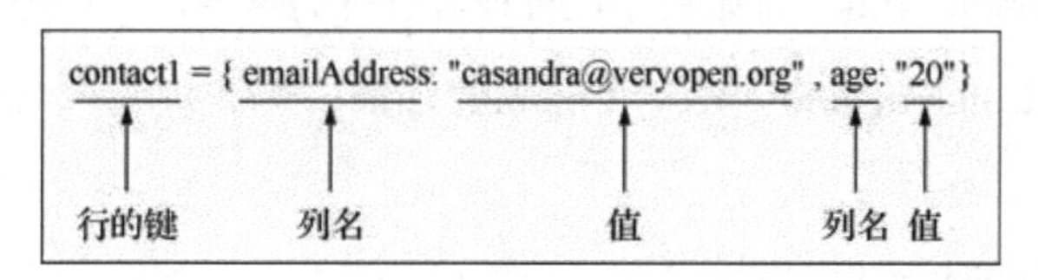

图 5-30 Cassandra 中的行

Cassandra 中的列族（ColumnFamily）格式是“列族名={若干行}”，一个列族可以包含几十亿行，例如：

```
Userprofile = {
    wlm = { emailAddress: "casandra@veryopen.org", age: "20" }
    TerryCho = { emailAddress: "terry.cho@veryopen.org",gender: "男" }
    John = { emailAddress: "cath@veryopen.org",aget: "20", gender: "女", address: "中山" }
}
```

一个 Cassandra 运行实例管理很多键空间（Keyspace），键空间相当于关系型数据库管理系统中的数据库，一个键空间包含很多列族。键空间、列族、行、列的关系如图 5-31 所示。

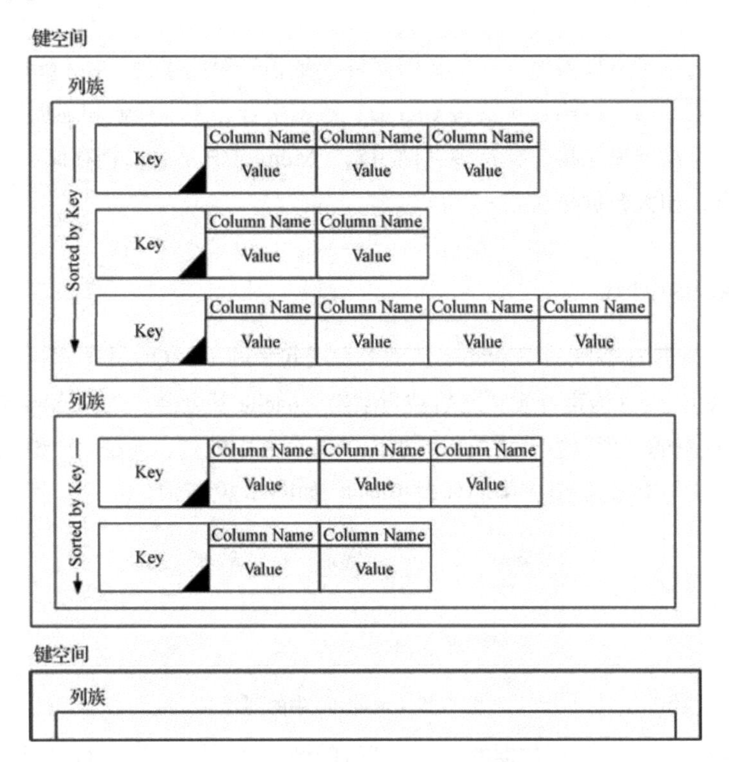

图 5-31 键空间、列族、行、列的关系

所以，Cassandra 中的寻址是一个四维或者五维的哈希表：

[Keyspace][ColumnFamily][Key][Column Name]

比如：

[gdpi][computer][zsan][age]

返回广东理工职业学院（gdpi）计算机系（computer）张三（zsan）这个学生的年龄（age）。

OpenStack 生态中的 HBase 也是列数据库，目前排名第二。

5.6 云管理工具

首先我们看看一个基于虚拟机的 IaaS 云端的形成过程。

虚拟机要在虚拟机软件里运行，而虚拟机软件运行在物理机上。一台物理机通过虚拟机软件可以创建多个虚拟机，先在虚拟机里安装 Windows 或 Linux 操作系统及各种应用软件，然后用户通过远程桌面等方式连接虚拟机并使用虚拟机中的应用软件。如果一个云中心只有一台物理机，那么只需要一个虚拟机软件即可，至此，一个最小的准云端就创建完成了。

接下来继续增加物理机，每台物理机上运行多个虚拟机，这样，云端的虚拟机的数量就增加了很多。但是问题来了，如何避免因为一些物理机故障导致部分云终端用户不能使用虚拟机的问题？为了解决这个问题，人们引入了集群技术，允许虚拟机在集群中的任何一台机器上运行，这样，故障机器上的虚拟机就能“漂移”到其他机器上继续运行。但是这样又产生了一个新的问题，那就是如何保存虚拟机本身（虚拟机就是对应宿主机上的若干文件）才能确保既快速又正确地完成“漂移”动作呢？对此，人们又引入了中央存储技术，即把全部的虚拟机镜像文件保存在中央存储设备上，让集群里的物理机都能共享访问。这样，一个由多台物理机组成集群、由多个集群组成的云端的雏形就形成了。

然后我们又会自然而然地想到其他问题。第一，如何管理云端众多的虚拟机？于是人们开发了云端管理工具，使用此工具可以很轻松地创建、删除、迁移、启动、关闭、冻结和备份虚拟机。第二，如何给多台虚拟机组建网络？为此，人们又发明了虚拟网卡、虚拟交换机、网络功能虚拟化和软件定义网络技术。

云端最核心的部分就是虚拟化软件、中央存储设备和虚拟机管理工具（有的人喜欢称为云管理平台，甚至直接称为云计算操作系统）。称其为云计算操作系统是有一定道理的，与计算机操作系统（如 Windows、Linux 等）类似，计算机操作系统的核心功能是管理进程，只有进程才能申请资源（CPU、内存、打印机等）。而在云端，虚拟机是申请资源的主体，管理虚拟机是云计算操作系统最核心的功能。但是云计算操作系统远没有计算机操作系统那么复杂，称其为操作系统有些夸张。

云管理工具分为 IaaS、PaaS 和 SaaS 三种类型，SaaS 类型的云管理工具和网店差不多，主要管理租户注册、自助、购买、结算等，与业务关联性大，所以目前没有标准版产品。比如，针对一个大型可靠性软件系统的云化项目，作者设计的 SaaS 云管理软件包含两大部分，一是 SaaS 业务门户，二是 SaaS 管理门户，如图 5-32 所示。

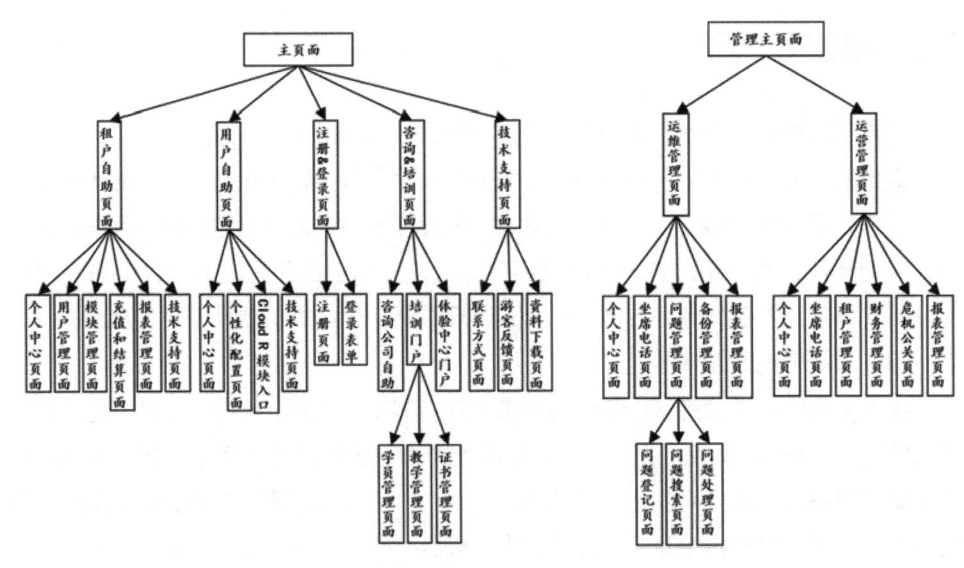

图 5-32 SaaS 云管理软件

尽管框架类似，但由于 SaaS 云计算与具体的应用软件紧密相关，所以截至目前，还没有出现通用的开源或者商业化的 SaaS 云计算管理工具。目前的 SaaS 云服务提供商都是自己开发自己使用。PaaS 管理工具有 Red Hat 的 OpenShift 和 Cloud Foundry 社区的 Cloud Foundry，两者都是开源的，在 FinancesOnline 网站上，OpenShift 的得分要高于 Cloud Foundry。

事实上，OpenStack 已经成为 IaaS 云管理工具的标杆，就像 Hadoop 是大数据平台的标杆一样。OpenStack 是一套开源的使用 Python 语言开发的 IaaS 云管理工具，由六大核心组件加上周边数十个组件组成，这些组件之间通过 RESTful API 和消息通信。除 Swift 外的其他五个核心组件必须安装，以组成一个最简云端，其他的周边组件是可选的，而且各个组件可以运行在同一台计算机上，也可以运行在不同的计算机上，前提是互相能通信。

有不少厂家在 OpenStack 的基础上定制了自己的版本，比如 Red Hat OpenStack Platform、CloudStack 和 Oracle Cloud OMP。

第 6 章

OpenStack

6.1 OpenStack 简介

OpenStack 是当今最具影响力的 IaaS 云计算管理工具——通过命令或者 Web 页面来管理 IaaS 云端的资源池（服务器、存储和网络）。它最先由美国国家航空航天局（NASA）和 Rackspace 在 2010 年合作研发，现在参与的人员和组织汇集了来自 100 多个国家的超过 9500 名个人和 850 多个世界上赫赫有名的企业，如 NASA、谷歌、惠普、Intel、IBM、微软等。OpenStack 或其各种定制版本目前被广泛应用于各行各业，涵盖私有云、公共云和混合云，重量级用户包括欧洲核子研究中心、思科、贝宝、英特尔、IBM、99Cloud、希捷、中国移动、银联、邮政储蓄等，具体名单请参考 OpenStack 官方网站。

OpenStack 使用 Python 语言开发，遵循 Apache 开源协议，每半年发行一个新版本。不同于采用数字点分编码的传统版本命名方式，OpenStack 使用一个单词来描述不同的版本，其中单词首字母指明版本的次序，比如版本 Yoga 的上一个版本是 Xena，再上一个版本是 Wallaby，字母 Y 在 26 个字母中排行第 25，所以称为第 25 版。从 2023 年开始，OpenStack 重新使用 A 版，而且版本中包含年份。不建议在生产环境中使用最新的版本，因为每个版本需要经过一定的时间之后才能更加稳定可靠。各个版本的发行时间表请参考 OpenStack 官网。

OpenStack 的核心任务是管理众多的对外出租的虚拟机，次级任务是网络管理、镜像管理、统一身份认证、计算资源管理等，正如 Kubernetes 的核心任务是管理容器，计算机操作系统的核心任务是管理进程一样，它们都被称为“操作系统”，只不过“操作”的对象分别是虚拟机、容器和进程。当然，OpenStack 也能管理物理服务器和容器，从而出租它们。

围绕 OpenStack 发展起来的企业有很多，这些企业为客户提供 OpenStack 实施、培训、运维、定制等业务，之前企业总是或多或少地加入自己的一些封闭技术，从而导致 OpenStack 的互操作性降低。为此，2015 年 OpenStack 基金会在温哥华峰会上正式推出互操作性认证，通过认证的产品被贴上“OpenStack Powered”标识。虽然第一批只有 14 家厂商经过认证测试，但这却是一个里程碑事件，基金会已经拿出足够的诚意来解决问题，并且众多厂商也开始真正跟进。对用户而言，选择经过认证的云服务提供商能够实现在不同 OpenStack 云计算之间的自由迁移。

前面讲过，OpenStack 是一套软件（称为组件）——包括七个基本组件（Nova、Neutron、Placement、Keystone、Glance、Cinder、Horizon）和数十个可选组件，每个组件对外提供若干个 RESTful API 服务，组件之间通信就是调用对方的 RESTful API 服务。一个组件由若干个进程组成，这些进程之间使用消息队列通信，组件的状态数据被保存在数据库中，而且同一个组件内的进程允许跑在不同的计算机上。当一个组件的 API 服务进程收到外面发来的请求后，先做一些预处理，然后构建相应的消息体并推送到消息队列中，消息的接收者（本组件中的另一个进程）获取消息后做相应的处理，然后可能再次往消息队列中推送消息。消息队列就像飞机场的环形行李传送带，一个请求过来就会先后产生一系列的消息，直到请求被完成为止。

图 6-1 列出了当前版本的七个基本组件和部分被大量使用的可选组件，不同版本中的组件可能会有所不同。

图 6-1 中标注①～⑤的组件是搭建最小 IaaS 云的必需组件，比如在教培场所学生做实验搭建一个最小的云端，当然，在生产环境中，这是远远不够的。

一个云端往往包含几十乃至上百万台服务器，机房还可能分布在世界各地，分别服务一定的网络延时半径范围内的用户，OpenStack 中的 Region（地区）就是指位于不同地理位置的机房，如中国北京、美国纽约、英国伦敦等。在一个 Region 内部，还可能包含成千上万台服务器，这时消息队列和数据库就有了性能瓶颈，因此，需要把一个 Region 划分成多个 cell（cell0、cell1、cell2……），其中，cell0 不包含计算节点

（用来跑虚拟机的物理服务器），只有控制节点（跑数据库、Keystone 等的物理服务器）、网络节点（跑 Neutron 的服务进程）、存储节点（跑 Swift）等，nova-api 和 nova-scheduler 进程一般在控制节点上运行。其他的 cell 可以包含计算节点，运行各自的数据库、消息队列和 nova-conductor 进程，并且这些 cell 都是平级的，如图 6-2 所示。

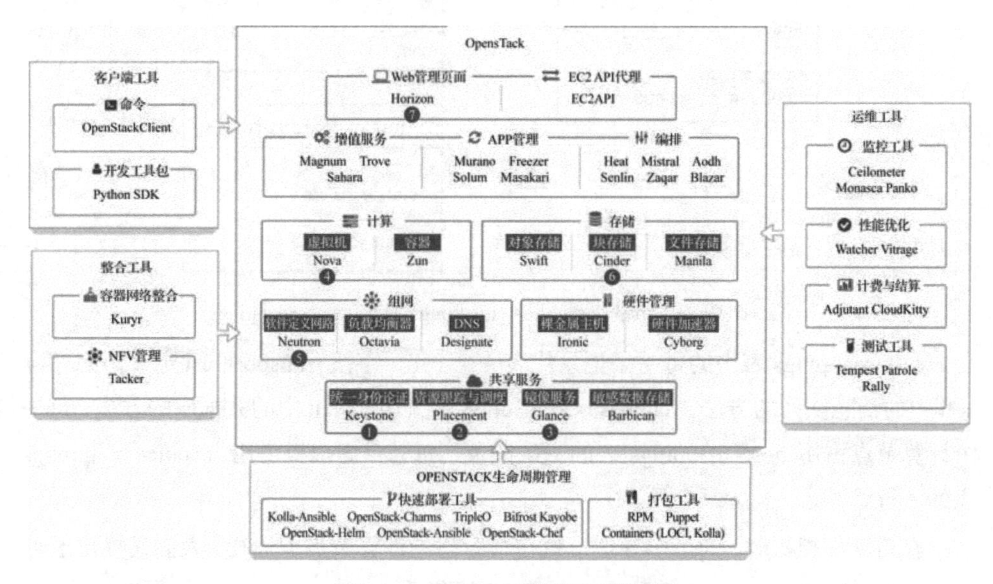

图 6-1 OpenStack 当前版本的组件

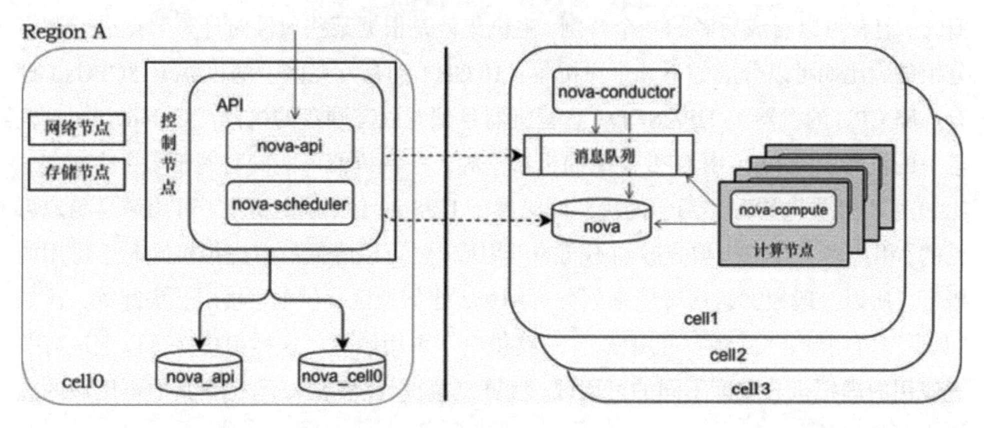

图 6-2 一个 Region 中的 cell

由此可见，一个云端至少需要一个 Region，Region 内部至少包含 cell0 和 cell1，因为 cell0 中不能放计算节点。cell0 中的 nova_cell0 数据库与其他 cell 中的 nova 数据库完全一样，只是保存的是运行异常的虚拟机信息，因为异常的虚拟机不属于任何 cell，而正常运行的虚拟机的信息保存在本宿主机所在的 cell 的 nova 数据库中。cell0

中的 nova_api 数据库登记本 Region 的全局信息，其中表 cell_mappings、host_mappings 和 instance_mappings 登记 cell、计算节点和虚拟机的关系，如图 6-3 所示。

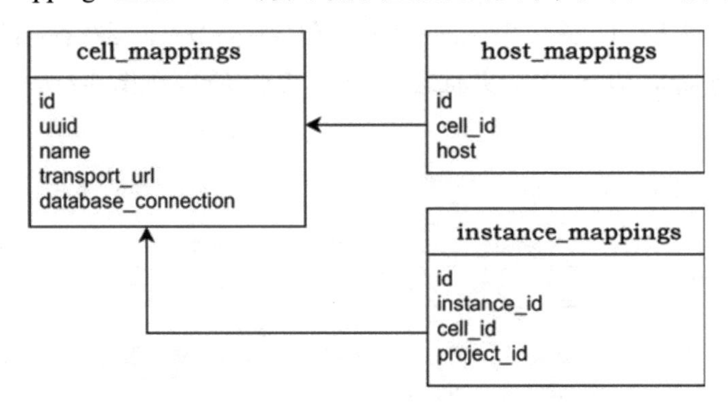

图 6-3 表 cell_mappings、host_mappings 和 instance_mappings

cell_mappings 表中的每一条记录代表一个 cell，字段 transport_url 定义访问相应 cell 中的消息队列的方法，database_connection 定义访问 cell 中的数据库的方法。每一个计算节点占用 host_mappings 表的一条记录，每一台虚拟机占用 instance_mappings 表的一行。

在启动虚拟机时，为了引导虚拟机在最合适的计算节点上运行，人们又提出了可用域（Availability Zones，简称为 AZ）和主机集（Host Aggregates，简称为 HA）的概念，前者可以看成后者的一个特例。主机集就是根据某些属性对计算节点进行逻辑分组的，比如可以分成如下几个主机集：10 GB（拥有万兆网卡的机器）、8CPUs（拥有八路 CPU 的机器）、HP&SDD（惠普机器且配置固态硬盘的机器)、CabinetA（A 机柜里的机器）、UPS（由 UPS 供电的机器）等。一台机器可能同时属于多个主机集，比如由 UPS 供电的万兆网卡的机器同时属于 UPS 和 10 GB 主机集。可用域是租户可见的，租户多个虚拟机被分散到不同的可用域中，可以降低所有虚拟机同时不可用的概率，所以一般根据机房环境来划分可用域，比如地区、供电、楼层、房间等，比如"北京"可用域、"二楼"可用域、"三路供电"可用域等，这样租户就可以把运行关键应用的虚拟机分散到不同的可用域，就算二楼被焚烧殆尽，运行在其他可用域的虚拟机还是好的。

租户在自主页面上创建一台虚拟机时，一般会选择多少个 CPU、多少内存、是否固态盘、什么地区的机房等，后台会根据租户选定的地区确定可用域，根据其他选择项确定主机集，只要主机集上的机器不同时出故障，那么虚拟机就能一直正常运行（但每一时刻只能在一台机器上运行，只有当运行的那台机器出现故障时，才会"漂移”到其他机器上继续运行）。

Region、cell、AZ和HA的关系如图6-4所示。

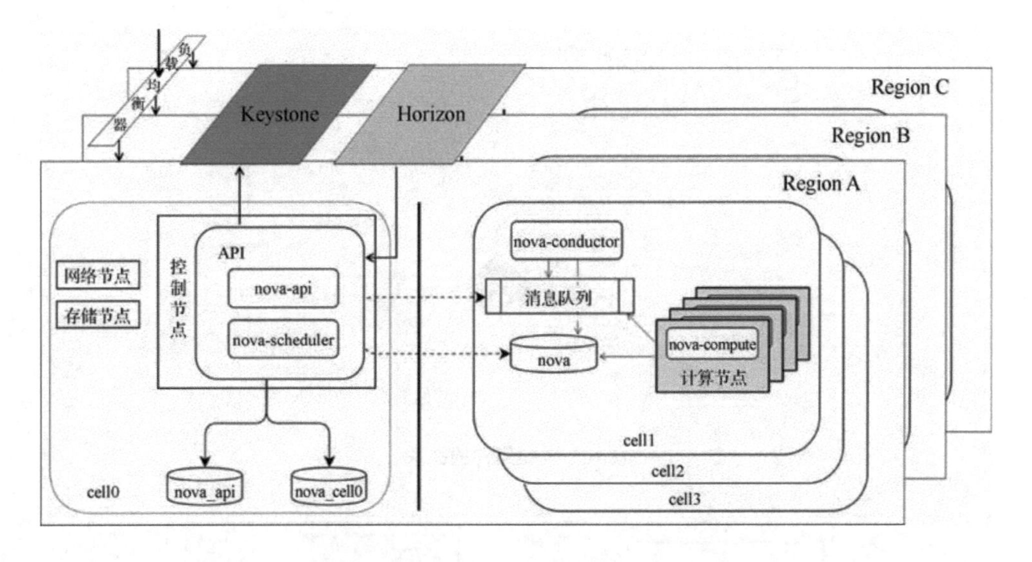

图6-4 Region、cell、AZ和HA的关系

从图6-4可以看出，多个地区共享Keystone和Horizon，每个地区基本上是一个完整的OpenStack集群（除Keystone和Horizon外），一个地区又把计算节点划分成多个cell，每个cell里有自己的消息队列、数据库。

6.2 常用组件介绍

几个关键组件的关系如图6-5所示，关键组件基本上是围绕服务虚拟机这个中心任务的，比如在创建并启动一台虚拟机时，虚拟机需要连网，就向Neutron组件要；需要硬盘，就由Cinder组件提供；需要CPU和内存，就问Nova组件；虚拟机中需要安装操作系统，就由Glance组件提供操作系统的ISO镜像文件；一个组件请求另一个组件的服务时需要证明身份，就由Keystone组件完成身份认证。

几个关键组件的请求关系及各个组件内部进程的通信如图6-6所示，其中数据库、消息队列、LDAP、后端存储和虚拟化软件不属于OpenStack，它们是由第三方实现的，比如数据库采用MariaDB，消息队列采用RabbitMQ，虚拟化软件采用KVM等。

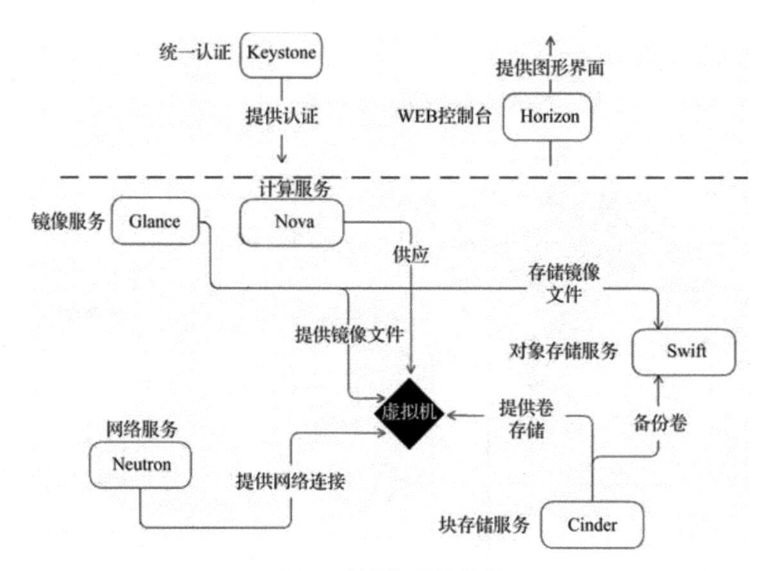

图 6-5 关键组件的关系

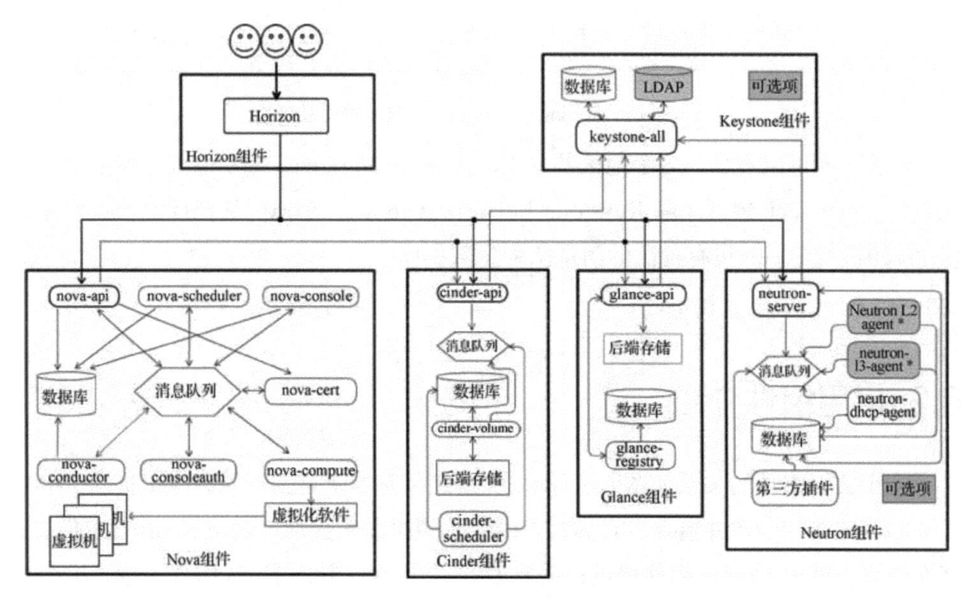

图 6-6 关键组件的请求关系及各个组件内部进程的通信

从图 6-6 可以看出，每个组件都有一个对外接口进程，如 Nova 组件的 nova-api、Cinder 组件的 cinder-api、Neutron 组件的 neutron-server 等。

Neutron 组件包含一个 neutron-server 进程、neutron-dhcp-agent 进程、neutron-metadata-agent 进程和若干插件和代理，neutron-server 对外提供 RESTful API 服务，充当一个对外“接口人”的作用，neutron-dhcp-agent 会建立一个 qdhcp-xxx 网络名字

空间，用于隔离 dhcpd 服务，此空间中配置了 IP 地址 169.254.169.254，由 neutron-metadata-agent 监听此 IP 地址，把虚拟机获取元素数据的请求转发给 nova-api-metadata 服务。其他的插件和代理与第三方网络设备存在对应关系，当使用某个厂家的网络设备时，就要安装相应的插件。目前针对主流厂家的网络设备（如 Cisco 公司的虚拟和物理交换机、NEC 公司的 OpenFlow 产品，Open vSwitch 交换机、Linux 网桥及 VMware 公司的 NSX 产品等），OpenStack 提供了相应的插件。如果你自己开发了一款很好的虚拟网络设备，那么同时你要提供插件才能让 Neutron 组件使用自己开发的这款网络设备。

Horizon 组件基于 Web 的图形化云管理页面，管理云的另一个方法是命令，所以 Horizon 组件是可选的。

OpenStack 的大部分组件只是充当中间人，比如 Glance 组件对外提供镜像服务，但它本身并不存储镜像文件，镜像文件被存放在如 Ceph 的第三方实现的存储中，Glance 组件相当于仓库管理员。再比如 Neutron 组件提供组网服务，但它并不实现具体的虚拟网元，虚拟网卡、虚拟交换机、虚拟路由器等由第三方独立的软件或者插件实现，在本书的实战部分，我们使用 Open vSwitch 开源软件实现虚拟交换机。Nova 组件提供计算服务，但是虚拟化软件使用 KVM 等。

接下来我们介绍一些重点组件。

6.2.1 身份服务：Keystone

1. 重要概念介绍

Keystone 主要完成 3 个任务：身份验证、权限控制和服务目录管理。已经启用的 OpenStack 服务都要登记在服务目录中。用户 A 访问服务 B 的过程是这样的：向 Keystone 提交身份凭证（比如用户名和密码）→Keystone 验证身份（核对用户名和密码）→用户 A 获得通行证（比如令牌）→在服务目录中查询服务 B 的调用端点（RESTful API）→访问端点→服务 B 征询 Keystone（用户 A 是否有权访问服务 B 的端点）→服务 B 向用户 A 返回结果。

Keystone 涉及很多概念，理解它们很重要。

（1）endpoint：意为“端点”，是 OpenStack 服务对外暴露的 RESTful API，类似于银行的服务窗口。请求服务的唯一办法就是调用它的端点，端点的格式为一个 URL（即网址），如 http://10.10.10.11:5000/v3。OpenStack 的每个组件会暴露 3 个端点并登记在服务目录中，以便更安全地服务于 3 类用户：管理员（admin）、内部用户（internal）和大众（public），其中，内部用户是指其他的 OpenStack 组件。这 3 类用户的网络流量分别来自管理网、内部网和公共网，所以端点中的 IP 属于不同的网络。当然也允许 3 个端点完全一样，这在教培实验场所经常采用。

（2）user：意为"用户"，是指消耗资源的任何实体，这些资源是由 OpenStack 中的各个组件提供的。OpenStack 的默认管理员为 admin。

（3）project：意为"项目"，用于组织、隔离云上的资源（主要是虚拟机）和 Keystone 中的实体对象的容器，一般对应租户的一个部门。对资源和实体对象划分 project 的目的是方便权限管理。

（4）domain：意为"域"，一般对应一个租户，用于名字隔离——允许不同域中出现相同的名字，域中包含项目、用户、角色、组等实体，算是一个更大的特殊的项目。例如，我们学校租用了阿里云，算是阿里云的一个租户，阿里云管理员就给我们学校创建一个域 gdpi，中山大学也是阿里云的租户，阿里云给中大创建域 sysu。域管理员在自己管理的域内随便创建实体，而不用担心与其他域中的实体名字冲突。

（5）group：意为"用户组"，用来在域中对用户进行分组，分组的目的是方便授权。一个用户允许归属于多个组。

（6）role：意为"角色"，是权限的集合，目的也是方便授权，角色之间存在隐含关系，比如 role1 隐含了 role2，这样被授予了 role1 权限的用户自动具备了 role2 的权限。默认存在 admin、member 和 reader 三个全局角色。

（7）token：意为"令牌"或"通行证"，是由字母、数字、-和_组成的长度小于 255 的字符串，里面编码了用户的身份和权限信息。令牌的颁发、回收和验证均由 Keystone 完成，令牌具有有效期（默认 24 小时）。Rocky 版本之后，OpenStack 开始采用 Fernet 类型的令牌（早期版本先后采用过 UUID 和非对称加密的 PKI/PKIZ 类型的令牌，由于存在不足，被弃用了）。Fernet 令牌有下面几个优点。

- 令牌不保存在数据库中，因此大大减轻了数据库的压力。
- 令牌的长度不会很长，一般小于 255 个字符，便于请求服务时携带。
- 采用 AES-CBC 对称加密算法加密令牌，并且使用散列函数 SHA256 签名。相比于非对称加密算法，对称加密算法执行的效率更高。
- 令牌验证需要 Keystone 参与，不能本地验证。
- 为了安全，对称加密的密码需要定期轮换（Rotate）。

OpenStack 访问控制（OSAC）模型如图 6-7 所示。

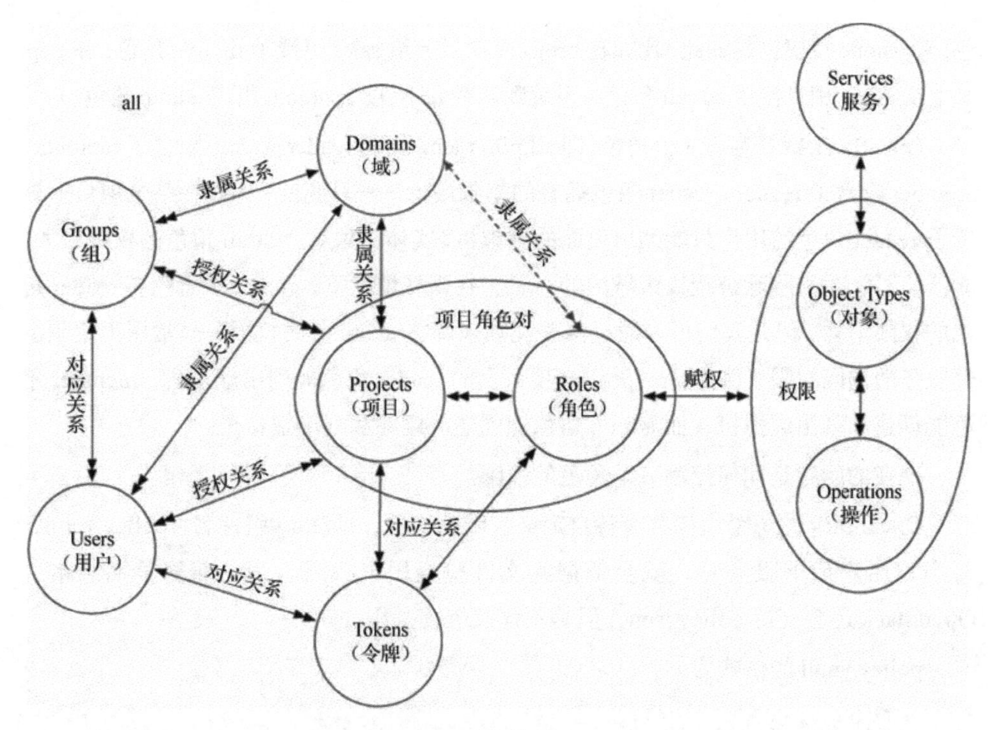

图 6-7 OpenStack 访问控制（OSAC）模型

单箭头表示对一的关系，双箭头表示对多的关系，比如一个组只能隶属于一个域，但一个域可以拥有多个组。再比如一个用户可以被赋予多个项目角色对，同一个项目角色对可以赋予多个用户。图中域和角色之间用虚线连接，表示角色允许不在任何域中，不属于任何域的角色称为全局角色，全局角色其实是属于 all 的，比如默认的 3 个角色 admin、member 和 reader 就是全局角色。一个 OpenStack 组件的服务对外提供多种资源（对象），而一种资源只能由一个服务提供。对对象的操作主要有查询、创建、修改和删除等，从图 6-7 中可以看出，一种对象允许施行多种操作，同一个操作可以针对多种对象，权限表示为若干“对象:操作”对，而角色就是权限的集合。

2．权限管理

OpenStack 采用基于角色的访问控制（Role-Based Access Control，RBAC）来管理权限，即在什么区域（system、domain、project）给谁（user、group）授予什么角色（admin、member、reader 等）。区域 system 是指整个 OpenStack 集群，名字是 all，all 中包含若干 domain，一个 domain 包含若干 project、user、group 等。比如在广东省给张三授予省长角色（通俗讲就是任命张三为广东省的省长），这里的省长就是角色，Keystone授权也是如此，比如在project1项目上给sales组授予myrole角色，在gdpi域上给Alice用户授予admin角色，系统默认在all上授予admin用户admin角色。

OpenStack默认存在3个角色，即admin、member和reader。admin隐含了member，member隐含了reader。reader角色拥有的权限最少——只能读，比如在某个项目上被授予reader角色的用户只能列出里面的虚拟机、实体对象等。admin角色的权限最大，能读、写、改和删除被授权区域内的对象，在默认情况下，member角色与reader角色的权限一样，但是我们可以通过修改规则来调整member的权限——常用于定制组件服务的访问权限。例如：myproject项目上的reader角色能列出虚拟机，member角色能创建和列出虚拟机，而admin角色能创建、删除和列出虚拟机。

现在的问题是如何控制一个角色的权限。

OpenStack的每个组件都有各自定义权限的文件，即/etc/<组件名>/policy.yaml，每当有用户请求服务时，就会依据此文件检查用户权限。为了兼容早期版本，OpenStack还会支持policy.json，但是不建议继续采用。

policy.yaml的格式为：

```
# 这是注释行
"alias 1" : "definition 1"
"alias 2" : "definition 2"
...
"target 1" : "rule 1"
"target 2" : "rule 2"
...
```

最重要的是规则行“"target" : "rule"”表示当满足条件rule时执行target动作。

target的语法是“"对象:操作"”，即对“对象”施行“操作”，OpenStack的每个组件都有各自一系列的对象，每个对象能施行的操作不尽相同，比如虚拟机对象的操作有启动、关闭、重启等，磁盘卷对象的操作有创建、删除等。OpenStack的每个组件都有各自的policy.yaml文件，比如要编写Nova组件的policy.yaml文件，就要了解Compute服务提供了哪些对象，各个对象又能施行什么操作。

rule的可取值有以下几种。

（1）""或[]或@ —— 恒真，即总是会执行target。

（2）! —— 恒假，永远不会执行target。

（3）role:<role name>——检查用户是否被赋予某个角色。

（4）rule:<rule name> —— 引用规则别名。

（5）http:<target URL> —— 委托其他服务器检查。

（6）value1:value2 —— 比较两个值。value1、value2 可以是常量（字符串、数字、true、false）、API 属性（project_id、user_id、domain_id）、目标对象属性、is_admin。目标对象属性就是对象在表中的某个字段，例如在请求启动虚拟机的服务时，%(project_id)s 以字符串形式返回虚拟机所在的项目的 ID，%(user_id)s 返回用户的 ID，%(domain_id)s 返回域的 ID。is_admin 表示用户拥有管理员权限的令牌。

（7）基于更简单规则的布尔表达式。

policy.yaml 中的“"alias" : "definition"”是对复杂的且又常用的规则条件定义别名，方便一次定义多处，类似于函数。

我们在部署的计算机上并没有发现 policy.yaml 文件，只有一个空文件 policy.json，这时各个组件采用默认的权限规则。可以使用如下命令查看组件的默认的权限规则：

```
oslopolicy-policy-generator --namespace keystone          #Keystone 组件的默认规则
oslopolicy-policy-generator --namespace nova              #Nova 组件的默认规则
oslopolicy-policy-generator --namespace neutron           #Neutron 组件的默认规则
```

下面是 Keystone 组件的一些权限规则：

```
{
#下面是别名定义
    "admin_required": "role:admin or is_admin:1",
    "service_role": "role:service",
    "service_or_admin": "rule:admin_required or rule:service_role",
    "owner" : "user_id:%(user_id)s",
    "admin_or_owner": "rule:admin_required or rule:owner",
    "token_subject": "user_id:%(target.token.user_id)s",
    "admin_or_token_subject": "rule:admin_required or rule:token_subject",
    "service_admin_or_token_subject": "rule:service_or_admin or rule:token_subject",
    "default": "rule:admin_required",

#下面是规则定义
    "identity:get_region": "",
    "identity:list_regions": "",
    "identity:create_region": "rule:admin_required",
    "identity:update_region": "rule:admin_required",
    "identity:delete_region": "rule:admin_required",

    "identity:get_service": "rule:admin_required",
    "identity:list_services": "rule:admin_required",
    "identity:create_service": "rule:admin_required",
```

```
    "identity:update_service": "rule:admin_required",
    "identity:delete_service": "rule:admin_required",

    "identity:get_endpoint": "rule:admin_required",
    "identity:list_endpoints": "rule:admin_required",
    "identity:create_endpoint": "rule:admin_required",
    "identity:update_endpoint": "rule:admin_required",
    "identity:delete_endpoint": "rule:admin_required",
    ......
}
```

字体加重部分说明只有管理员或者持有管理员令牌的人才能操纵 Keystone 中的端点，其中 get_endpoint 显示一个端点的详细信息，list_endpoint 列出全部的端点。

可以使用下面的命令产生 Keystone 组件的样本文件：

```
oslopolicy-sample-generator --format yaml --namespace keystone \
  --output-file policy.yaml
```

举例：角色 PowerUsers 能启动和关闭虚拟机，能管理附加在虚拟机上的磁盘，只要新建文件/etc/nova/policy.d/poweru.json，输入如下内容即可：

```
{
    "os_compute_api:servers:start": "role:PowerUsers",
    "os_compute_api:servers:stop": "role:PowerUsers",
    "os_compute_api:servers:create:attach_volume": "role:PowerUsers",
    "os_compute_api:os-volumes-attachments:index": "role:PowerUsers",
    "os_compute_api:os-volumes-attachments:create": "role:PowerUsers",
    "os_compute_api:os-volumes-attachments:show": "role:PowerUsers",
    "os_compute_api:os-volumes-attachments:update": "role:PowerUsers",
    "os_compute_api:os-volumes-attachments:delete": "role:PowerUsers"
}
```

6.2.2 组网服务：Neutron

由于涉及大量的网络专业知识，Neutron 组件不管是在理解还是在部署上都存在一定的难度。部署 OpenStack 时涉及两类网络。

（1）外部网络：各节点之间互连的网络，以及连通因特网的网络。在生产环境中，一般就是指机房内的物理网络。节点就是运行各个 OpenStack 组件的计算机——既可以是物理机，也可以是虚拟机。OpenStack 不会管理外部网络。外部网络可能包含多个网络平面。

（2）内部网络：IaaS 云上的虚拟机接入的网络，内部网络由 OpenStack 管理（创建、确定 IP 池等）。部署 OpenStack 的目的是搭建一个 IaaS 云来运行众多的虚拟机并对外出租，这些虚拟机可以通过内部网络互连，并且经过路由器到达外部网络，进而连通因特网。当然虚拟机也可以直接桥接到外部网络而到达因特网。

注意：这里的“内”和“外”是对能否被 OpenStack 管辖而言的，能被 OpenStack 管理的网络就是内部网络，否则就是外部网络。

根据 OpenStack 构建的 IaaS 云上的虚拟机连通外部网络的方式，内部网络又分为 Provider 网络和 Self-Service 网络。Provider 网络与 Keystone 组件中 project 的概念一样，理解起来很费劲，其本质上就是 OpenStack 管理的外部网络的片段（外部网络中走虚拟机流量的那个网络平面上的一段连续的 IP 地址），云上的虚拟机被桥接到 Provider 网络，等于接入了外部网络。Provider 网络有自己的 DHCP 服务——在管理员指定的 IP 池中给虚拟机分配 IP 地址，显然 IP 池必须落在外部网络的静态 IP 区。由于 Provider 网络上的 DHCP 服务处在一个单独的网络名字空间内，所以不用担心与外部网络上的 DHCP 服务冲突。Provider 网络是二层网（允许开启 VLAN），组网方式简单，适合虚拟机数量不多的小型 IaaS 云，比如私有办公云。Provider 网络译成中文就是提供商网络，意思是由 OpenStack 管理的云服务供应商的机房局域网，此局域网走虚拟机的进出流量。虚拟机连接 Provider 网络如图 6-8 所示。

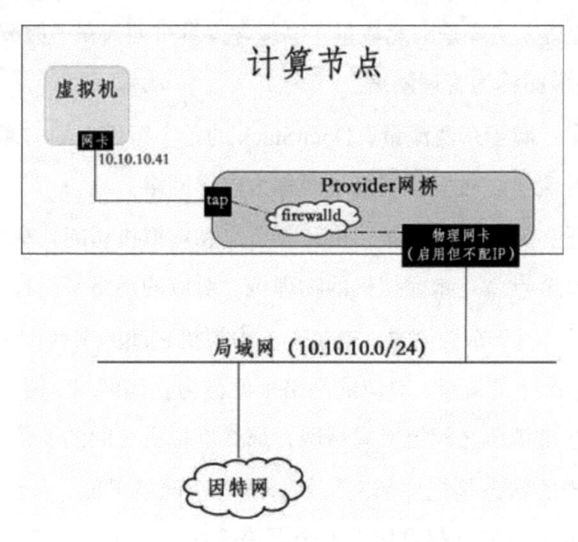

图 6-8 虚拟机连接 Provider 网络

Self-Service 网络就是租户自助网络，即由租户自己创建和管理的内部网络，是完全虚拟化的三层网络，引入了路由、NAT、防火墙、VPN 和负载均衡等，允许 VXLAN 分片和各种叠加协议。Self-Service 网络隶属租户所在的域，所以不同租户创建的内部网络是被域隔离的，租户不用担心 IP 地址是否与其他租户的 IP 地址冲突等问题。Self-Service 网络通过虚拟路由器连通 Provider 网络，进而到达外部网络，并最终抵达因特网。公共云这种大型 IaaS 云都采用 Self-Service 网络。

前面讲过，节点之间通过外部网络互连，但是外部网络不一定就是一个网络平面（单个网络平面是指各个节点使用一块网卡接入同一个局域网），最理想的状态就是把进出节点的不同类型的信息流分摊到不同的网络平面上，这样做有两个好处，一是通过信息流隔离提高了网络安全性，二是通过流量分摊降低了网络拥堵。

那么进出节点的信息流类型有哪些呢？只按传统方法分成南北流量和东西流量是不够的，需要进一步细分，细分后的信息流类型如下。

（1）虚拟机流量：属于南北流量，是因特网上的租户与云上的虚拟机通信产生的流量。对应的网络平面称为提供商网络（有时也叫外网），OpenStack 管理的 Provider 网络就是本网的一个片段。

（2）管理流量：因运维、管理活动产生的流量，比如安装和升级软件、备份、时间同步、性能监控等。主要是南北流量，也包含少量东西流量（如节点之间的时间同步）。对应的网络平面称为管理网络。

（3）内部流量：属于东西流量，OpenStack 的各个组件之间的通信、访问数据库和收发消息产生的流量。对应的网络平面称为内部网络。

（4）存储流量：属于东西流量，由计算节点和虚拟机访问共享存储产生的流量，流量非常大。计算节点就是跑虚拟机的物理机。对应的网络平面称为存储网络。

（5）叠加流量：属于东西流量，也是云上虚拟机之间的东西流量，是叠加网络数据帧，即包中之包产生的流量。对应的网络平面称为叠加网络。例如某个租户租了十几台虚拟机，这些虚拟机之间组成局域网，那么虚拟机之间的通信就走叠加网络。

因此，最理想的状态是把外部网络划分成五个网络平面，分别走上面列举的五种流量，但不一定每个节点都要接入五个网络平面，比如网络节点和控制节点一般不接入存储网络，控制节点和存储节点不接入叠加网络，流量分摊的网络拓扑如图 6-9 所示。

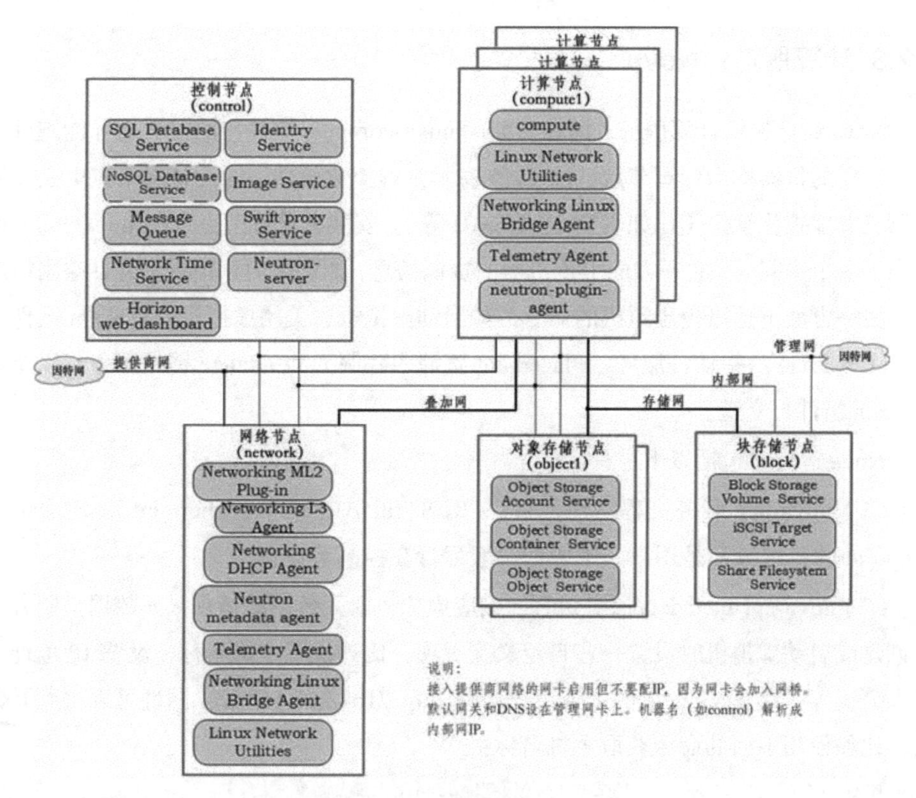

图 6-9 流量分摊的网络拓扑

教培场所由于条件限制，学生在做实验时可以把内部网络和叠加网络合并到管理网络上，不要存储网络。如果实验场所只有一个物理局域网，那么提供商网卡和管理网卡可以接入同一个局域网中。

如果采用 VMware 虚拟机进行实验，建议接入管理网络的网卡采用桥接模式，提供商网卡采用 NAT 模式，其他网卡采用主机模式。

提供商网络、Provider 网络和 Self-Service 网络的关系如图 6-10 所示。

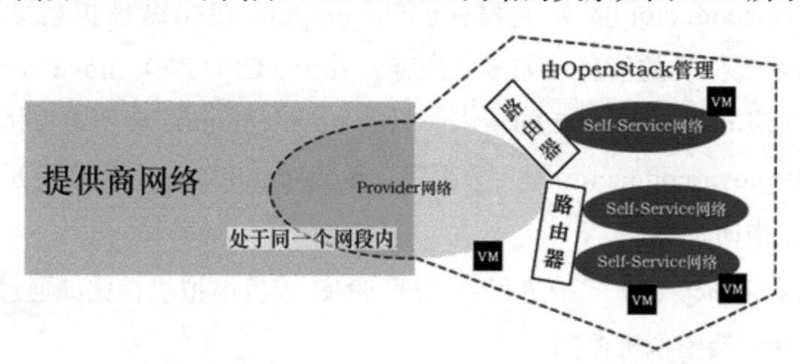

图 6-10 提供商网络、Provider 网络和 Self-Service 网络的关系

6.2.3 计算服务：Nova

Nova 组件提供计算服务，即在安装了 nova-compute 软件包的机器上才能跑虚拟机，这样的机器称为计算节点。Nova 本身不是虚拟化软件，因此计算节点上必须安装第三方虚拟化软件（比如 KVM、QEMU 等）。安装在计算节点上的 nova-compute 相当于一个中间人，它一方面上传机器的资源信息，如剩余内存情况、CPU 空闲情况等，另一方面下达操控虚拟机的命令，如启动虚拟机、关闭虚拟机等。Nova 组件需要与 Keystone 身份认证服务、Placement 资源跟踪服务和 Glance 镜像服务，以及与 Horizon 组件打交道。

Nova 运行时包括以下进程。

（1）nova-api 服务进程：对外提供 RESTful API 端口（endpoint），前面讲过 endpoint 的请求者都是用户。本服务一般运行在控制节点上。

（2）nova-api-metadata 服务进程：响应虚拟机对元数据的请求。元数据机制方便在创建或启动虚拟机时设置一些自定义配置项，比如设置主机名称、设置 IP 地址、注入公钥等。在 IaaS 云上的虚拟机里访问 http://169.254.169.254 网址可以得到元数据，比如使用下面的命令获取主机名称：

```
curl http://169.254.169.254/2009-04-04/meta-data/hostname
```

元数据服务既可以在每个 cell 中独立运行，也可以全局运行。元数据在全局运行时是由 nova-api 服务进程承担元数据服务的。

（3）nova-compute 服务进程：接受操纵虚拟机的请求，然后通过虚拟化软件（如 KVM）操纵虚拟机（启动、关闭、迁移等），本服务进程必须运行在计算节点上。

（4）nova-scheduler 服务进程：从消息队列中获取操纵虚拟机的请求，然后确定在哪台计算节点上启动虚拟机。

（5）nova-conductor 服务进程：nova-compute 在操纵虚拟机之前向 nova-conductor 请求虚拟机的信息（如多少内存，几个 vCPU 等），nova-conductor 查询数据库，并响应 nova-compute 的请求。另外 nova-compute 会把虚拟机的状态信息传过来，并由 nova-conductor 写入数据库。nova-conductor 进程不要运行在计算节点上，允许做横向扩展。

（6）nova-novncproxy 守护进程：代理 VNC 连接虚拟机，比如通过浏览器这种 noVNC 客户端连接虚拟机控制台。

（7）nova-spicehtml5proxy 守护进程：代理客户端使用 SPICE 协议连接虚拟机，支持基于浏览器的 HTML5 客户端。

除 nova-compute 运行在计算节点之外，其他的进程一般都运行在控制节点上。

6.2.4 资源服务：Placement

在早期的版本中，资源跟踪的任务由 Nova 组件完成，现在独立为 Placement 组件，它跟踪资源提供者（比如计算节点提供内存和 CPU 等计算资源，共享存储提供存储资源，IP 池提供 IP 资源）的使用情况，响应 nova-schduler 操纵虚拟机时对资源的查询请求，以及反馈给 Horizon 组件，并在 Web 页面上显示各种资源的使用状况。

osc-placement 是 OpenStack 客户端插件，以命令行操纵 Placement 组件跟踪的资源，这在排错时比较有用。安装 python3-osc-placement，在使用命令“export OS_PLACEMENT_API_VERSION=1.28”定义 Placement 组件的版本后，就可以使用命令“openstack resource provider list”查看资源提供者。

6.2.5 镜像服务：Glance

运行虚拟机的计算机称为宿主机，一台虚拟机一定对应宿主机上的若干文件，我们把这些文件复制到其他计算机上，就能在其他计算机上启动虚拟机。虚拟机在宿主机上的文件称为镜像文件。IaaS 云上存在大量的虚拟机，而且允许虚拟机热迁移——在不关闭虚拟机的情况下，把一台虚拟机移到另一台宿主机上，而正在使用虚拟机的租户感知不到虚拟机被移动了。因此虚拟机的镜像文件不能存储在宿主机上，而是存储在共享存储上。Glance 组件的任务就是管理虚拟机的镜像文件，并对外提供镜像文件的信息：文件存放的路径、文件名、大小、类型、对应的虚拟机名称等。比如 Nova-compute 要启动虚拟机×××时，会询问 Glance：“请把×××虚拟机的镜像文件的存放位置发给我，谢谢。”然后访问共享存储并正式启动虚拟机。描述镜像文件的信息称为元数据，被 Glance 组件保存在数据库中，而镜像文件本身被保存在后端存储中，Glance 组件支持的后端存储非常广泛，包括本地文件系统、Swift、Ceph 等，后端存储是第三方厂家的产品，不属于 Glance 组件。Glance 组件就像现实生活当中的仓库管理员。Glance 组件的逻辑架构如图 6-11 所示。

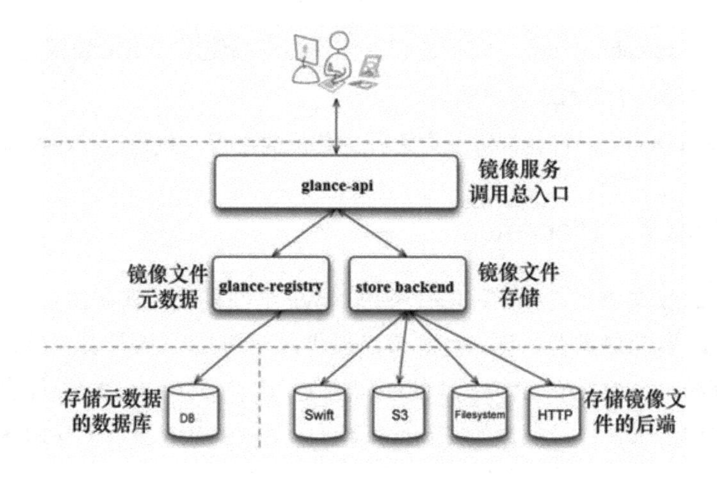

图 6-11 Glance组件的逻辑架构

6.2.6 块存储服务：Cinder

Cinder组件为虚拟机提供块存储设备（在虚拟机里看到的就是磁盘）服务。Cinder组件收集第三方提供的块存储信息，并登记在册，当 nova-compute 操纵（如创建）虚拟机时，就会询问 Cinder 组件："我需要 64GB 的固态硬盘，请告诉我哪里有？"得到反馈之后，就正式访问块存储后端，把磁盘附加到虚拟机。Cinder 组件支持的第三方块存储后端有 NAS/SAN、NFS、iSCSI、Ceph 等。每一种后端都需要给 Cinder 组件提供相应的驱动。与 Glance 组件一样，Cinder 组件也类似于仓库管理员，只不过管理的物品不同。Cinder 组件的逻辑架构如图 6-12 所示。

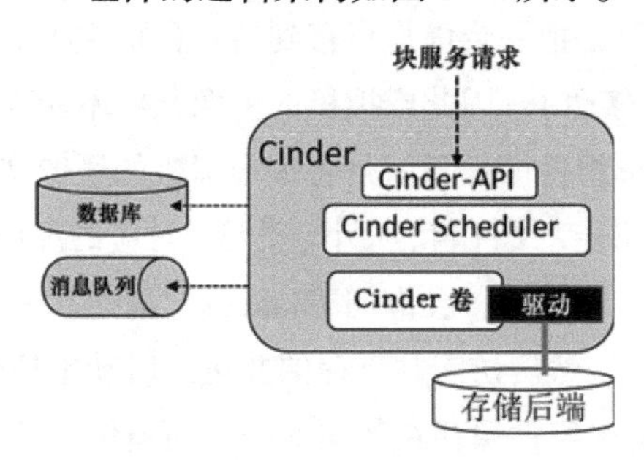

图 6-12 Cinder组件的逻辑架构

第 7 章

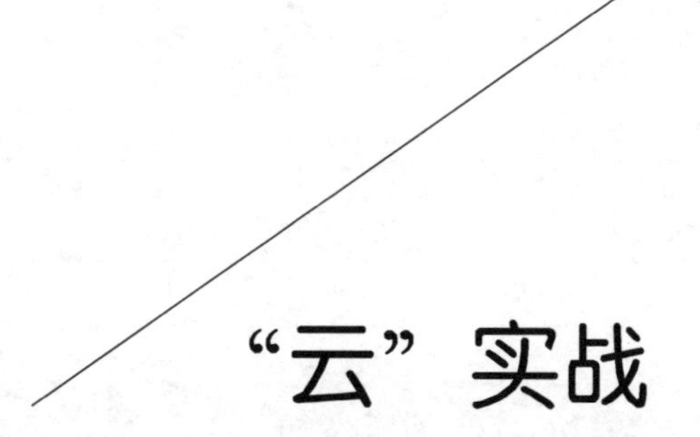

“云”实战

7.1 Ceph 实战

7.1.1 Ceph 系统设计

Ceph 是一个 SDS，它提供块存储、文件存储和对象存储（通过 RESTful 调用）。Ceph 的逻辑架构如图 7-1 所示。

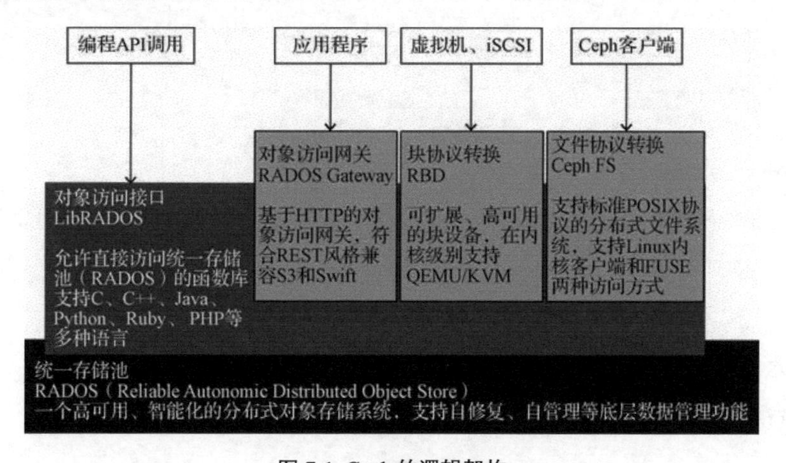

图 7-1 Ceph 的逻辑架构

Ceph 的物理结构如图 7-2 所示。

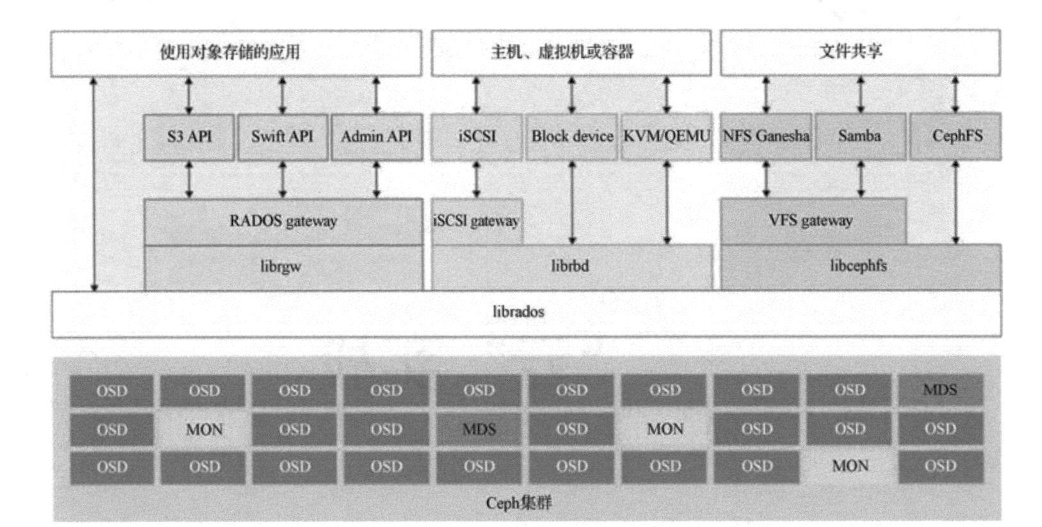

图 7-2 Ceph 的物理结构

为了增加可靠性，在生产环境中，一般会使用多台管理节点（MDS）和多台监控节点（MON），而存储节点（OSD）的数量和总的存储容量有关，存储容量越大，OSD 的数量就越多。

做实验时采用 3 台虚拟机，系统架构如图 7-3 所示。

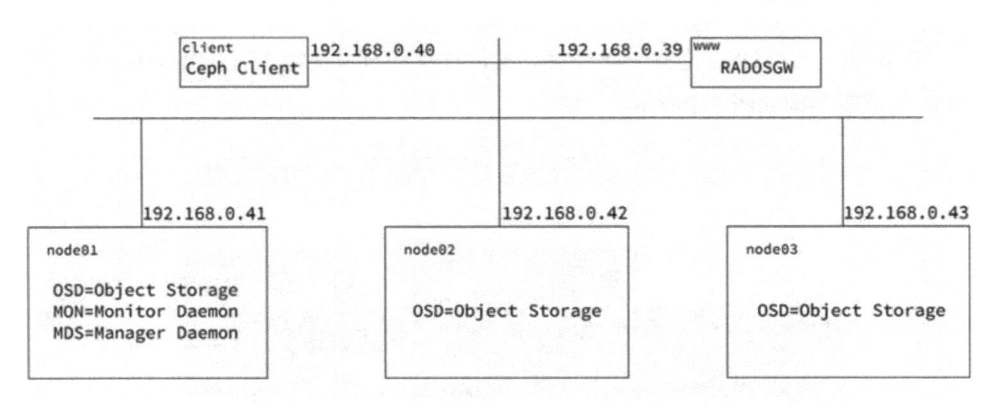

图 7-3 系统架构

注意：可以使用 node02 或 node03 充当 client 和 www 的角色。

每台虚拟机的配置如图 7-4 所示。

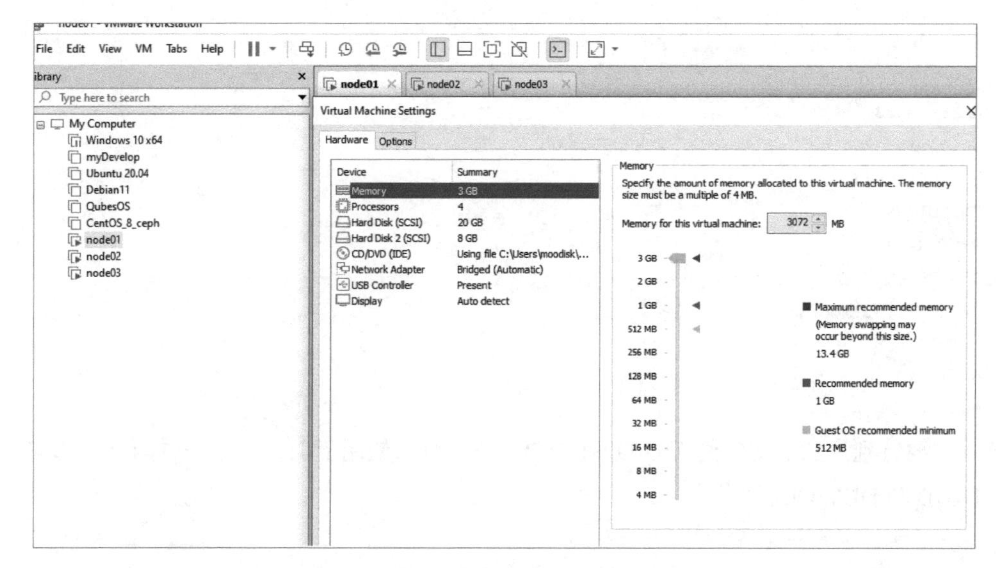

图 7-4 每台虚拟机的配置

7.1.2 部署实战

1. 准备环境

1）安装 CentOS 操作系统

在第一台计算机上安装 CentOS 8，关闭防火墙和 SELinux 安全系统，设置机器名和网卡 IP，并将机器名称解析成本机的 IP 地址。

（1）设置主机名：

```
[root@host1 ~]# hostnamectl set-hostname node01
[root@host1 ~]# su -
Last login: Tue Mar 22 09:01:33 CST 2022 from 192.168.0.10 on pts/0
[root@node01 ~]#
```

（2）设置网卡的 IP 地址：

```
[root@host1 ~]# vim /etc/sysconfig/network-scripts/ifcfg-ens33
TYPE=Ethernet
PROXY_METHOD=none
BROWSER_ONLY=no
BOOTPROTO=static
DEFROUTE=yes
IPV4_FAILURE_FATAL=no
IPV6INIT=yes
IPV6_AUTOCONF=yes
```

```
IPV6_DEFROUTE=yes
IPV6_FAILURE_FATAL=no
NAME=ens33
UUID=0f51d264-ca5d-434f-894f-2988c959c9af
DEVICE=ens33
ONBOOT=yes
PREFIX=24
IPADDR=192.168.0.41
GATEWAY=192.168.0.1
NETMASK=255.255.255.0
DNS1=202.96.128.86
DNS2=9.9.9.9
```

要特别注意上文中的 UUID 和 DEVICE，可以使用下面的命令查看网卡的真实 UUID 和 DEVICE：

```
[root@host1 ~]# nmcli c
NAME   UUID                                  TYPE      DEVICE
ens33  0f51d264-ca5d-434f-894f-2988c959c9af  ethernet  ens33
```

（3）对主机名称进行解析：

```
[root@node01 ~]# vim /etc/hosts
......
192.168.0.39    www
192.168.0.40    client
192.168.0.41    node01
192.168.0.42    node02
192.168.0.43    node03
```

如果使用 node02 充当 client，node03 充当 www，那么请使用下面的解析：

```
[root@node01 ~]# vim /etc/hosts
......
192.168.0.41    node01
192.168.0.42    node02 client
192.168.0.43    node03 www
```

（4）关闭防火墙和 SELinux 安全系统：

```
[root@node01 ~]# systemctl --now disable firewalld.service
Removed /etc/systemd/system/multi-user.target.wants/firewalld.service.
Removed /etc/systemd/system/dbus-org.fedoraproject.FirewallD1.service.

[root@node01 ~]# vim /etc/sysconfig/selinux
......
SELINUX=disabled
......
```

（5）升级操作系统：

```
[root@node01 ~]# dnf upgrade -y
[root@node01 ~]# poweroff
```

2）克隆虚拟机并创建快照

克隆出另外两台虚拟机，并修改它们的 IP 和主机名，然后给 3 台虚拟机分别创建快照，如图 7-5 和图 7-6 所示。

Windows 自带了 ssh 命令，允许登录虚拟机，如图 7-7 所示。如果是第一次登录，需要输入“yes”确定指纹数据。

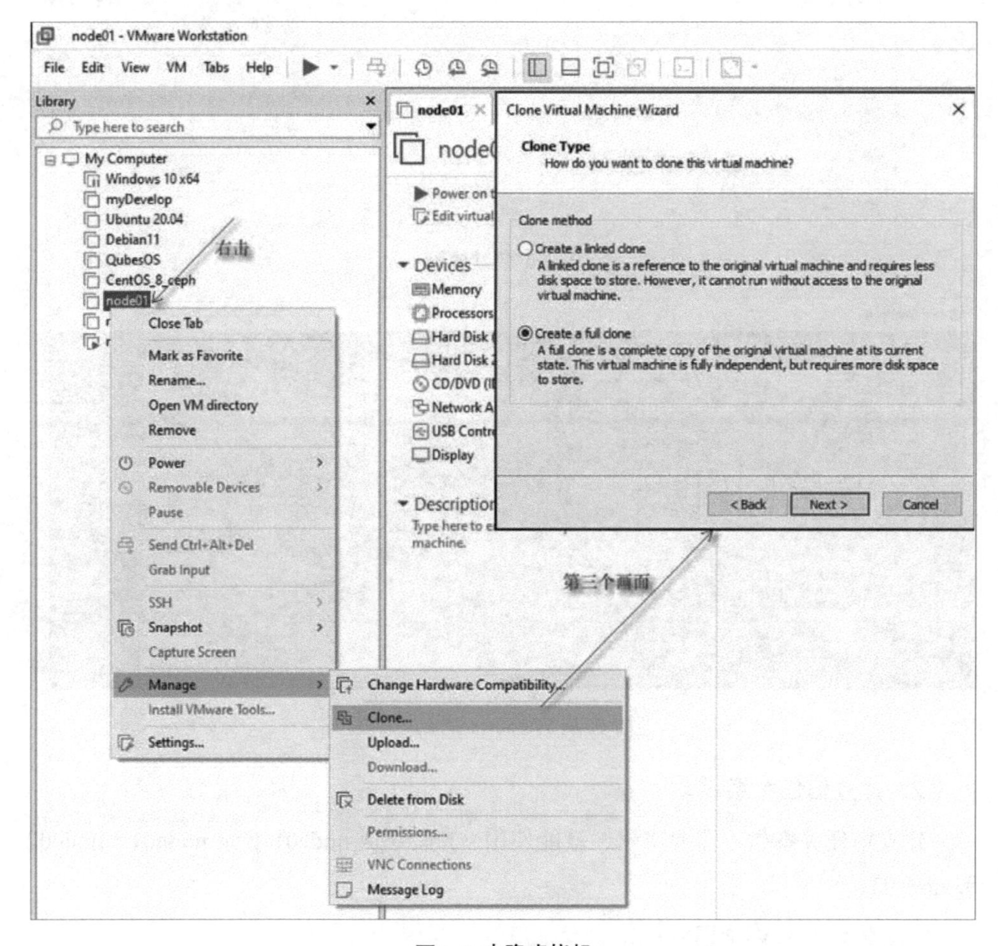

图 7-5 克隆虚拟机

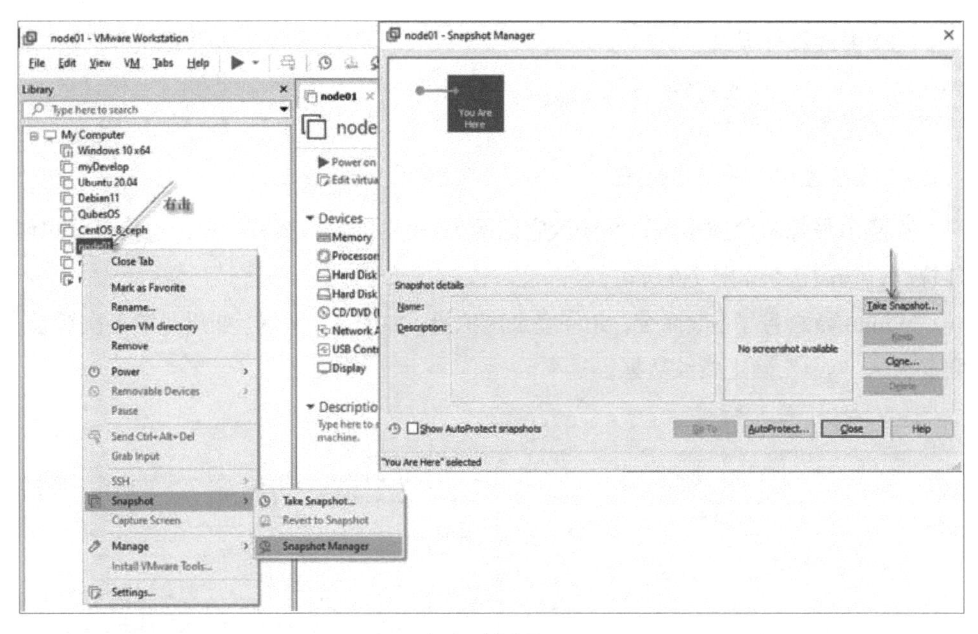

图 7-6 创建快照

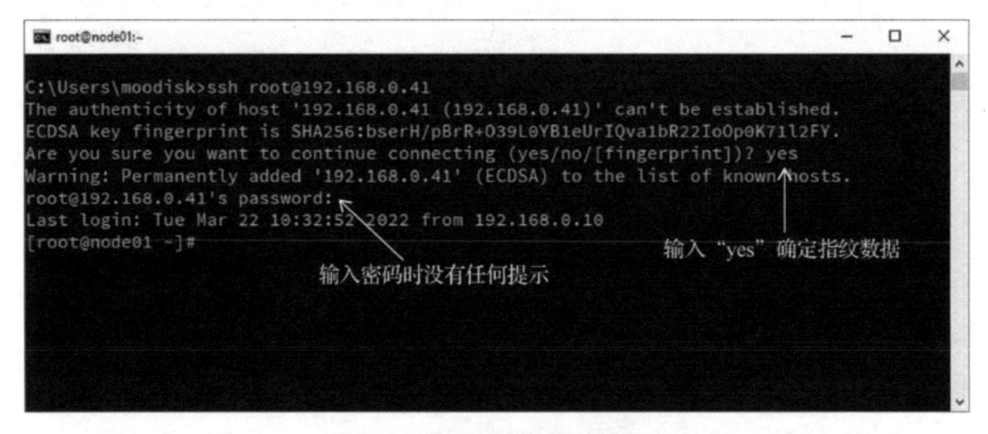

图 7-7 从 Windows 登录虚拟机

2. 建立信任关系

建立信任关系指不需要密码，就能使用 ssh 命令从 node01 登录 node01、node02 和 node03。

（1）创建非对称密钥对：

```
[root@node01 ~]# ssh-keygen -q -N ""
Enter file in which to save the key (/root/.ssh/id_rsa):<直接按回车键>
```

（2）创建文件~/.ssh/config：

```
[root@node01 ~]# vim ~/.ssh/config
Host node01
    Hostname node01
    User root
Host node02
    Hostname node02
    User root
Host node03
    Hostname node03
    User root

[root@node01 ~]# chmod 600 ~/.ssh/config
```

（3）传播公钥：

```
[root@node01 ~]# ssh-copy-id node01
[root@node01 ~]# ssh-copy-id node02
[root@node01 ~]# ssh-copy-id node03
```

（4）测试无密码登录：

```
[root@node01 ~]# ssh root@node02
```

如果直接登录了 node02 说明建立了信任关系，同样你可以测试登录 node01 和 node03。

3．安装 Ceph

在 3 个节点上安装 Ceph：

```
[root@node01 ~]# ssh node01 "dnf -y install centos-release-ceph-pacific \
  epel-release; dnf -y install ceph"
[root@node01 ~]# ssh node02 "dnf -y install centos-release-ceph-pacific \
  epel-release; dnf -y install ceph"
[root@node01 ~]# ssh node03 "dnf -y install centos-release-ceph-pacific \
  epel-release; dnf -y install ceph"
```

这 3 条命令都是先登录对方，然后执行引号里的命令。因为建立了信任关系，所以登录时不需要输入密码。

4．配置 node01 上的监控和管理服务

（1）产生 UUID：

```
[root@node01 ~]# uuidgen
946f2552-23a1-4066-82f3-1c57a2dfed92
```

（2）创建配置文件：

```
[root@node01 ~]# vim /etc/ceph/ceph.conf
[global]
# 定义监控的网段
cluster network = 192.168.0.0/24
# 定义公网
public network = 192.168.0.0/24
# 定义 UUID（上面产生的）
fsid = 946f2552-23a1-4066-82f3-1c57a2dfed92
# 监控服务运行的主机 IP
mon host = 192.168.0.41
# 监控机器名列表（我们只用一台）
mon initial members = node01
osd pool default crush rule = -1

# 配置第一台监控节点
[mon.node01]
# 定义节点的名称
host = node01
# 指定监控节点的 IP
mon addr = 192.168.0.41
# allow to delete pools
mon allow pool delete = true
```

（3）创建各种密钥。

创建集群监控需要的密钥：

```
[root@node01 ~]# ceph-authtool --create-keyring /etc/ceph/ceph.mon.keyring \
  --gen-key -n mon. --cap mon 'allow *'
creating /etc/ceph/ceph.mon.keyring
```

创建集群管理需要的密钥：

```
[root@node01 ~]# ceph-authtool --create-keyring \
  /etc/ceph/ceph.client.admin.keyring --gen-key -n client.admin \
  --cap mon 'allow *' --cap osd 'allow *' --cap mds 'allow *' \
  --cap mgr 'allow *'
creating /etc/ceph/ceph.client.admin.keyring
```

创建 bootstrap 的密钥：

```
[root@node01 ~]# ceph-authtool --create-keyring \
  /var/lib/ceph/bootstrap-osd/ceph.keyring --gen-key -n client.bootstrap-osd \
  --cap mon 'profile bootstrap-osd' --cap mgr 'allow r'
creating /var/lib/ceph/bootstrap-osd/ceph.keyring
```

导入上面产生的密钥：

```
[root@node01 ~]# ceph-authtool /etc/ceph/ceph.mon.keyring \
```

```
  --import-keyring /etc/ceph/ceph.client.admin.keyring
importing contents of /etc/ceph/ceph.client.admin.keyring into /etc/ceph
/ceph.mon.keyring
[root@node01 ~]# ceph-authtool /etc/ceph/ceph.mon.keyring \
  --import-keyring /var/lib/ceph/bootstrap-osd/ceph.keyring
importing contents of /var/lib/ceph/bootstrap-osd/ceph.keyring into /etc/ ceph/ceph.mon.keyring
```

（4）生成监控“地图”：

```
[root@node01 ~]# FSID=$(grep "^fsid" /etc/ceph/ceph.conf | awk {'print $NF'})
[root@node01 ~]# NODENAME=$(grep "^mon initial" /etc/ceph/ceph.conf | \
  awk {'print $NF'})
[root@node01 ~]# NODEIP=$(grep "^mon host" /etc/ceph/ceph.conf | \
  awk {'print $NF'})
[root@node01 ~]# monmaptool --create --add $NODENAME $NODEIP --fsid $FSID \
  /etc/ceph/monmap
monmaptool: monmap file /etc/ceph/monmap
monmaptool: set fsid to 946f2552-23a1-4066-82f3-1c57a2dfed92
monmaptool: writing epoch 0 to /etc/ceph/monmap (1 monitors)
```

（5）为监控服务进程建立目录：

```
[root@node01 ~]# mkdir /var/lib/ceph/mon/ceph-node01
```

（6）将密钥和监控“地图”关联到监控服务进程：

```
[root@node01 ~]# ceph-mon --cluster ceph --mkfs -i $NODENAME \
  --monmap /etc/ceph/monmap --keyring /etc/ceph/ceph.mon.keyring
[root@node01 ~]# chown ceph. /etc/ceph/ceph.*
[root@node01 ~]# chown -R ceph. /var/lib/ceph/mon/ceph-node01 \
  /var/lib/ceph/bootstrap-osd
[root@node01 ~]# systemctl enable --now ceph-mon@node01
```

（7）启用 Messenger v2 协议：

```
[root@node01 ~]# ceph mon enable-msgr2
[root@node01 ~]# ceph config set mon auth_allow_insecure_global_id_reclaim false
```

（8）启用归置组（Placement Groups）自动缩放模块：

```
[root@node01 ~]# ceph mgr module enable pg_autoscaler
```

（9）为管理服务进程建立目录：

```
[root@node01 ~]# mkdir /var/lib/ceph/mgr/ceph-node01
```

（10）创建认证密钥：

```
[root@node01 ~]# ceph auth get-or-create mgr.node01 mon \
  'allow profile mgr' osd 'allow *' mds 'allow *'
[mgr.node01]
        key = AQCYUDliLFlCMBAAVG/nhuiFoGyhwhZ4zQwsQQ==


[root@node01 ~]# ceph auth get-or-create mgr.node01 > \
```

```
  /etc/ceph/ceph.mgr.admin.keyring
[root@node01 ~]# cp /etc/ceph/ceph.mgr.admin.keyring \
  /var/lib/ceph/mgr/ceph-node01/keyring
[root@node01 ~]# chown ceph. /etc/ceph/ceph.mgr.admin.keyring
[root@node01 ~]# chown -R ceph. /var/lib/ceph/mgr/ceph-node01
[root@node01 ~]# systemctl enable --now ceph-mgr@node01
```

（11）查看集群状态：

```
[root@node01 ~]# ceph -s

  cluster:
    id:     946f2552-23a1-4066-82f3-1c57a2dfed92
    health: HEALTH_OK
            OSD count 0 < osd_pool_default_size 3

  services:
    mon: 1 daemons, quorum node01 (age 8m)
    mgr: node01(active, since 7m)
    osd: 0 osds: 0 up, 0 in

  data:
    pools:   0 pools, 0 pgs
    objects: 0 objects, 0 B
    usage:   0 B used, 0 B / 0 B avail
    pgs:
```

管理服务进程启动慢，所以上面显示可能是没有管理服务进程，即显示“mgr: no daemons active”，再过一些时间执行“ceph –s”命令就好了。

5. 配置 OSD 服务进程

现在最好给 3 台虚拟机创建一个快照，因为接下来的操作很可能会不顺利，如果实在排错不了，就可以回滚到现在。

（1）确保每台虚拟机有两块硬盘：

```
[root@node01 ~]# lsblk
NAME          MAJ:MIN RM  SIZE RO TYPE MOUNTPOINT
sda             8:0    0   20G  0 disk
├─sda1          8:1    0    1G  0 part /boot
└─sda2          8:2    0   19G  0 part
  ├─cs-root 253:0    0   17G  0 lvm  /
  └─cs-swap 253:1    0    2G  0 lvm  [SWAP]
sdb             8:16   0    8G  0 disk
sr0            11:0    1  852M  0 rom
```

```
[root@node02 ~]# lsblk
NAME        MAJ:MIN RM  SIZE RO TYPE MOUNTPOINT
sda           8:0    0   20G  0 disk
├─sda1        8:1    0    1G  0 part /boot
└─sda2        8:2    0   19G  0 part
  ├─cs-root 253:0    0   17G  0 lvm  /
  └─cs-swap 253:1    0    2G  0 lvm  [SWAP]
sdb           8:16   0    8G  0 disk
sr0          11:0    1  852M  0 rom

[root@node03 ~]# lsblk
NAME        MAJ:MIN RM  SIZE RO TYPE MOUNTPOINT
sda           8:0    0   20G  0 disk
├─sda1        8:1    0    1G  0 part /boot
└─sda2        8:2    0   19G  0 part
  ├─cs-root 253:0    0   17G  0 lvm  /
  └─cs-swap 253:1    0    2G  0 lvm  [SWAP]
sdb           8:16   0    8G  0 disk
sr0          11:0    1  852M  0 rom
```

即/dev/sdb用于Ceph的存储磁盘。

（2）在node01上操作（命令中的sdb要用实际的磁盘文件替换）：

```
#针对node01
[root@node01 ~]# chown ceph. /etc/ceph/ceph.* /var/lib/ceph/bootstrap-osd/*
[root@node01 ~]# parted --script /dev/sdb 'mklabel gpt'
[root@node01 ~]# parted --script /dev/sdb 'mkpart primary 0% 100%'
[root@node01 ~]# ceph-volume lvm create --data /dev/sdb1

#针对node02
[root@node01 ~]# scp /etc/ceph/ceph.conf node02:/etc/ceph/
[root@node01 ~]# scp /etc/ceph/ceph.client.admin.keyring node02:/etc/ceph/
[root@node01 ~]# scp /var/lib/ceph/bootstrap-osd/ceph.keyring \
  node02:/var/lib/ceph/bootstrap-osd/
[root@node01 ~]# ssh node02 \
  "chown ceph. /etc/ceph/ceph.* /var/lib/ceph/bootstrap-osd/*"
[root@node01 ~]# ssh node02 "parted --script /dev/sdb 'mklabel gpt'"
[root@node01 ~]# ssh node02 "parted --script /dev/sdb 'mkpart primary 0% 100%'"
[root@node01 ~]# ssh node02 "ceph-volume lvm create --data /dev/sdb1"

#针对node03
[root@node01 ~]# scp /etc/ceph/ceph.conf node03:/etc/ceph/
[root@node01 ~]# scp /etc/ceph/ceph.client.admin.keyring node03:/etc/ceph/
[root@node01 ~]# scp /var/lib/ceph/bootstrap-osd/ceph.keyring \
  node03:/var/lib/ceph/bootstrap-osd/
```

```
[root@node01 ~]# ssh node03 \
  "chown ceph. /etc/ceph/ceph.* /var/lib/ceph/bootstrap-osd/*"
[root@node01 ~]# ssh node03 "parted --script /dev/sdb 'mklabel gpt'"
[root@node01 ~]# ssh node03 "parted --script /dev/sdb 'mkpart primary 0% 100%'"
[root@node01 ~]# ssh node03 "ceph-volume lvm create --data /dev/sdb1"
```

任何一条命令出错，都要查清并处理了之后才能执行下一条命令。

（3）查看集群状态：

```
[root@node01 ~]# ceph -s
  cluster:
    id:     6b1fe73c-1c24-4794-9db9-834bd1b215f9
    health: HEALTH_OK

  services:
    mon: 1 daemons, quorum node01 (age 8m)
    mgr: node01(active, since 7m)
    osd: 3 osds: 3 up (since 2s), 3 in (since 10s)

  data:
    pools:   1 pools, 1 pgs
    objects: 0 objects, 0 B
    usage:   9.8 MiB used, 16 GiB / 16 GiB avail
    pgs:     1 active+clean

[root@node01 ~]# ceph osd tree
ID  CLASS  WEIGHT   TYPE NAME        STATUS  REWEIGHT  PRI-AFF
-1         0.02339  root default
-3         0.00780      host node01
 0    hdd  0.00780          osd.0        up   1.00000  1.00000
-5         0.00780      host node02
 1    hdd  0.00780          osd.1        up   1.00000  1.00000
-7         0.00780      host node03
 2    hdd  0.00780          osd.2        up   1.00000  1.00000

#查看原始的存储容量
[root@node01 ~]# ceph df
--- RAW STORAGE ---
CLASS    SIZE    AVAIL     USED  RAW USED  %RAW USED
hdd    24 GiB  24 GiB  15 MiB    15 MiB       0.06
TOTAL  24 GiB  24 GiB  15 MiB    15 MiB       0.06

--- POOLS ---
POOL                   ID  PGS  STORED  OBJECTS  USED  %USED  MAX AVAIL
device_health_metrics   1    1     0 B        0   0 B      0    7.6 GiB
```

```
[root@node01 ~]# ceph osd df
ID CLASS WEIGHT REWEIGHT SIZE     RAW USE DATA    OMAP META      AVAIL     %USE
0  hdd    0.0078 1.00000  8.0 GiB  5.0 MiB 152 KiB 0 B  4.9 MiB   8.0 GiB   0.06
1  hdd    0.0078 1.00000  8.0 GiB  5.0 MiB 152 KiB 0 B  4.8 MiB   8.0 GiB   0.06
2  hdd    0.0078 1.00000  8.0 GiB  5.0 MiB 152 KiB 0 B  4.8 MiB   8.0 GiB   0.06
               TOTAL 24 GiB   15 MiB 456 KiB 0 B   14 MiB    24 GiB   0.06
```

6. 使用 Ceph 块设备

（1）把公钥传送到客户机：

```
[root@node01 ~]# ssh-copy-id client
```

（2）客户机上安装相应的软件：

```
[root@node01 ~]# ssh client \
  "dnf -y install centos-release-ceph-pacific epel-release"
[root@node01 ~]# ssh client "dnf -y install ceph-common"
```

（3）传送有关文件给客户机：

```
[root@node01 ~]# scp /etc/ceph/ceph.conf client:/etc/ceph/
[root@node01 ~]# scp /etc/ceph/ceph.client.admin.keyring client:/etc/ceph/
[root@node01 ~]# ssh client "chown ceph. /etc/ceph/ceph.*"
```

（4）创建磁盘并挂载（在 client 上操作）。

创建默认的 RDB 池：

```
[root@client ~]# ceph osd pool create rbd 64
```

启用归置组（Placement Groups）自动缩放模块：

```
[root@client ~]# ceph osd pool set rbd pg_autoscale_mode on
set pool 2 pg_autoscale_mode to on
```

初始化池：

```
[root@client ~]# rbd pool init rbd
[root@client ~]# ceph osd pool autoscale-status
POOL                         SIZE TARGET SIZE RATE RAW CAPACITY RATIO TARGET RATIO......
device_health_metrics        0                3.0      24564M  0.0000      ......
rbd                          19               3.0      24564M  0.0000      ......
```

创建块设备（4GB 容量）：

```
[root@client ~]# rbd create --size 4G --pool rbd rbd01
[root@client ~]# rbd ls -l
NAME   SIZE    PARENT  FMT  PROT  LOCK
rbd01  4 GiB            2
```

块设备映射：

```
[root@client ~]# rbd map rbd01
/dev/rbd0
```

```
[root@client ~]# rbd showmapped
id  pool  namespace  image  snap  device
0   rbd              rbd01  -     /dev/rbd0
```

格式化磁盘为 xfs 文件系统：

```
[root@client ~]# mkfs.xfs /dev/rbd0
meta-data=/dev/rbd0              isize=512    agcount=8, agsize=131072 blks
         =                       sectsz=512   attr=2, projid32bit=1
         =                       crc=1        finobt=1, sparse=1, rmapbt=0
         =                       reflink=1    bigtime=0 inobtcount=0
data     =                       bsize=4096   blocks=1048576, imaxpct=25
         =                       sunit=16     swidth=16 blks
naming   =version 2              bsize=4096   ascii-ci=0, ftype=1
log      =internal log           bsize=4096   blocks=2560, version=2
         =                       sectsz=512   sunit=16 blks, lazy-count=1
realtime =none                   extsz=4096   blocks=0, rtextents=0
Discarding blocks...Done.
```

将磁盘挂载到/mnt 目录：

```
[root@client ~]# mount /dev/rbd0 /mnt
[root@client ~]# lsblk
NAME          MAJ:MIN   RM  SIZE  RO   TYPE MOUNTPOINT
sda           8:0       0   20G   0    disk
├─sda1        8:1       0    1G   0    part /boot
└─sda2        8:2       0   19G   0    part
  ├─cs-root 253:0       0   17G   0    lvm  /
  └─cs-swap 253:1       0    2G   0    lvm  [SWAP]
sr0           11:0      1  852M   0    rom
rbd0          252:0     0    4G   0    disk /mnt
```

如果要删除块设备，请使用下面的命令：

```
[root@client ~]# umount /mnt                                  #卸载
[root@client ~]# rbd unmap /dev/rbd/rbd/rbd01                 #取消块设备映射
[root@client ~]# rbd rm rbd01 -p rbd                          #删除块设备

#删除 OSD 池（RBD 两次以表示确定要删除）
[root@client ~]# ceph osd pool delete rbd rbd --yes-i-really-really-mean-it
```

7．使用 Ceph 文件系统

（1）把公钥传送到客户机：

```
[root@node01 ~]# ssh-copy-id client
```

（2）安装有关软件：

```
[root@node01 ~]# ssh client \
  "dnf -y install centos-release-ceph-pacific epel-release"
```

```
[root@node01 ~]# ssh client "dnf -y install ceph-fuse"
```

（3）配置 MDS 元数据服务器：

```
[root@node01 ~]# mkdir -p /var/lib/ceph/mds/ceph-node01
[root@node01 ~]# ceph-authtool --create-keyring \
  /var/lib/ceph/mds/ceph-node01/keyring --gen-key -n mds.node01
creating /var/lib/ceph/mds/ceph-node01/keyring
[root@node01 ~]# chown -R ceph. /var/lib/ceph/mds/ceph-node01
[root@node01 ~]# ceph auth add mds.node01 osd "allow rwx" mds "allow" \
  mon "allow profile mds" -i /var/lib/ceph/mds/ceph-node01/keyring
added key for mds.node01
[root@node01 ~]# systemctl enable --now ceph-mds@node01
```

（4）在 node01 上创建两个池：

```
[root@node01 ~]# ceph osd pool create cephfs_data 64
pool 'cephfs_data' created
[root@node01 ~]# ceph osd pool create cephfs_metadata 64
pool 'cephfs_metadata' created

#创建文件系统 cephfs，元数据放在 cephfs_metadata 池，数据放在 cephfs_data 池
[root@node01 ~]# ceph fs new cephfs cephfs_metadata cephfs_data
new fs with metadata pool 4 and data pool 3
[root@node01 ~]# ceph fs ls
name: cephfs, metadata pool: cephfs_metadata, data pools: [cephfs_data ]
[root@node01 ~]# ceph mds stat
cephfs:1 {0=node01=up:active}
[root@node01 ~]# ceph fs status cephfs
cephfs - 0 clients
======
RANK STATE     MDS       ACTIVITY       DNS   INOS  DIRS  CAPS
0    active    node01    Reqs: 0 /s     10    13    12    0
     POOL           TYPE       USED     AVAIL
cephfs_metadata     metadata   96.0k    7758M
cephfs_data         data       0        7758M
MDS version: ceph version 16.2.7 (dd0603118f56ab514f133c8d2e3adfc983942503) pacific (stable)
```

（5）在客户机上挂载 Ceph 文件系统：

```
[root@client ~]# ceph-authtool -p /etc/ceph/ceph.client.admin.keyring>admin.key
[root@client ~]# chmod 600 admin.key
[root@client ~]# mkdir /opt/cefs
[root@client ~]# mount -t ceph node01:6789:/ /opt/cefs -o \
  name=admin,secretfile=admin.key
[root@client ~]# df -hT
Filesystem                Type      Size  Used Avail   Use% Mounted on
……
/dev/rbd0                 xfs       4.0G   62M  4.0G    2%   /mnt
```

```
192.168.0.41:6789:/ ceph       7.6G     0  7.6G    0%   /opt/cefs
```

如果要使用 Ceph 文件系统，请参考下面的命令：

```
[root@client ~]# umount /opt/cefs
[root@node01 ~]# systemctl stop ceph-mds@node01
[root@node01 ~]# ceph fs rm cephfs --yes-i-really-mean-it
[root@node01 ~]# ceph osd pool delete cephfs_data cephfs_data \
  --yes-i-really-really-mean-it
pool 'cephfs_data' removed
[root@node01 ~]# ceph osd pool delete cephfs_metadata cephfs_metadata \
  --yes-i-really-really-mean-it
pool 'cephfs_metadata' removed
```

8. 使用对象存储

（1）让客户机信任 node01：

```
[root@node01 ~]# ssh-copy-id www
```

www 是客户机的主机名称

（2）安装有关软件：

```
[root@node01 ~]# ssh www \
  "dnf -y install centos-release-ceph-pacific epel-release"
[root@node01 ~]# ssh www "dnf -y install ceph-radosgw"
```

（3）配置：

```
[root@node01 ~]# vim /etc/ceph/ceph.conf                    #在文件末尾增加下面的内容
# client.rgw.(Node Name)
[client.rgw.www]
# 对象网关的 IP
host = 192.168.0.39
# 对象网关的监听端口
rgw frontends = "civetweb port=8080"
# 对象网关的机器名
rgw dns name = www

[root@node01 ~]# scp /etc/ceph/ceph.conf www:/etc/ceph/
[root@node01 ~]# scp /etc/ceph/ceph.client.admin.keyring www:/etc/ceph/
```

（4）在客户机上配置：

```
[root@www ~]# mkdir -p /var/lib/ceph/radosgw/ceph-rgw.www
[root@www ~]# ceph auth get-or-create client.rgw.www osd 'allow rwx' \
  mon 'allow rw' -o /var/lib/ceph/radosgw/ceph-rgw.www/keyring
[root@www ~]# chown ceph. /etc/ceph/ceph.*
[root@www ~]# chown -R ceph. /var/lib/ceph/radosgw
[root@www ~]# systemctl --now enable ceph-radosgw@rgw.www
```

（5）检验：

```
[root@node01 ~]# curl www:8080
<?xml version="1.0" encoding="UTF-8"?><ListAllMyBucketsResult
xmlns="http://s3.amazonaws.com/doc/2006-03-
01/"><Owner><ID>anonymous</ID><DisplayName></DisplayName></Owner><Buckets></Buckets></
ListAllMyBucketsResult>
```

（6）在对象网关（www）上创建 S3 兼容的用户：

```
[root@www ~]# radosgw-admin user create --uid=ceph_user \
  --display-name="Ceph User" --email=admin@veryopen.org
{
    "user_id": "ceph_user",
    "display_name": "Ceph User",
    "email": "admin@veryopen.org",
    "suspended": 0,
    "max_buckets": 1000,
    "subusers": [],
    "keys": [
        {
            "user": "ceph_user",
            "access_key": "EKBC5HHOCGH7SOC5OK5Z",
            "secret_key": "lKl0TKfToO0EYR6q4dh9MvDSIvV2YpXOMrSwqBBd"
        }
    ],
    "swift_keys": [],
    "caps": [],
    "op_mask": "read, write, delete",
    "default_placement": "",
    "default_storage_class": "",
    "placement_tags": [],
    "bucket_quota": {
        "enabled": false,
        "check_on_raw": false,
        "max_size": -1,
        "max_size_kb": 0,
        "max_objects": -1
    },
    "user_quota": {
        "enabled": false,
        "check_on_raw": false,
        "max_size": -1,
        "max_size_kb": 0,
        "max_objects": -1
    },
```

```
    "temp_url_keys": [],
    "type": "rgw",
    "mfa_ids": []
}

[root@www ~]# radosgw-admin user list                                       #列出用户
[
    "ceph_user"
]

[root@www ~]# radosgw-admin user info --uid=ceph_user
{
    "user_id": "ceph_user",
    "display_name": "Ceph User",
    "email": "admin@veryopen.org",
    "suspended": 0,
    "max_buckets": 1000,
    "subusers": [],
    "keys": [
        {
            "user": "ceph_user",
            "access_key": "EKBC5HHOCGH7SOC5OK5Z",
            "secret_key": "lKl0TKfToO0EYR6q4dh9MvDSIvV2YpXOMrSwqBBd"
        }
......
```

（7）在另一台计算机（如 client）上测试：

```
[root@client ~]# dnf --enablerepo=epel -y install python3-boto3
[root@client ~]# vim s3_test.py                                    #编辑一个 Python 程序
import sys
import boto3
from botocore.config import Config

# user's access-key and secret-key you added on [2] section
session = boto3.session.Session(
    aws_access_key_id = 'EKBC5HHOCGH7SOC5OK5Z',
    aws_secret_access_key = 'lKl0TKfToO0EYR6q4dh9MvDSIvV2YpXOMrSwqBBd'
)

# Object Gateway URL(采用 www 机器的 IP)
s3client = session.client(
    's3',
    endpoint_url = 'http://192.168.0.39:8080',
    config = Config()
```

```
)

# create [my-new-bucket]
bucket = s3client.create_bucket(Bucket = 'my-new-bucket')

# list Buckets
print(s3client.list_buckets())

# remove [my-new-bucket]
s3client.delete_bucket(Bucket = 'my-new-bucket')


[root@client ~]# python3 s3_test.py
{'ResponseMetadata': {'RequestId': 'tx000000000000000000003-0060e65062-5fd9-default',
'HostId': '', 'HTTPStatusCode': 200, 'HTTPHeaders': {'transfer-encoding': 'chunked',
'x-amz-request-id': 'tx000000000000000000003-0060e65062-5fd9-default', 'content-type':
'application/xml', 'date': 'Thu, 08 Jul 2021 01:09:54 GMT'}, 'RetryAttempts': 0},
'Buckets': [{'Name': 'my-new-bucket', 'CreationDate': datetime.datetime(2021, 7, 8, 1,
9, 48, 356000, tzinfo=tzutc())}], 'Owner': {'DisplayName': 'Ceph User', 'ID':
'ceph_user'}}
```

9. 使用Web图形面板

（1）安装Web图形面板：

```
[root@node01 ~]# dnf install ceph-mgr-dashboard -y
[root@node01 ~]# ceph mgr module enable dashboard
[root@node01 ~]# ceph mgr module ls | grep -A 5 enabled_modules
    "enabled_modules": [
        "dashboard",
        "iostat",
        "nfs",
        "restful"
    ],

[root@node01 ~]# ceph dashboard create-self-signed-cert
Self-signed certificate created

 [root@node01 ~]# ceph mgr services
{
    "dashboard": "https://192.168.0.41:8443/"
}

#创建用户 user13，密码是 pass3210
[root@node01 ~]# echo "pass3210" > pass.txt
[root@node01 ~]# ceph dashboard ac-user-create user13 -i pass.txt administrator
```

```
{"username": "user13", "password":
"$2b$12$dXwAReoyFbPq2LewFWyYF.kvuKfxGDSfYDHKz8MTMDxDX5Fm.bsa6", "roles":
["administrator"], "name": null, "email": null, "lastUpdate": 1651824057, "enabled":
true, "pwdExpirationDate": null, "pwdUpdateRequired": false}
```

（2）浏览 https://192.168.0.41:8443 网站，该网站是 Ceph 的登录页面，如图 7-8 所示。

图 7-8 Ceph 的登录页面

使用前面创建的用户 user13 和密码 pass3210 登录，登录后的页面如图 7-9 所示。

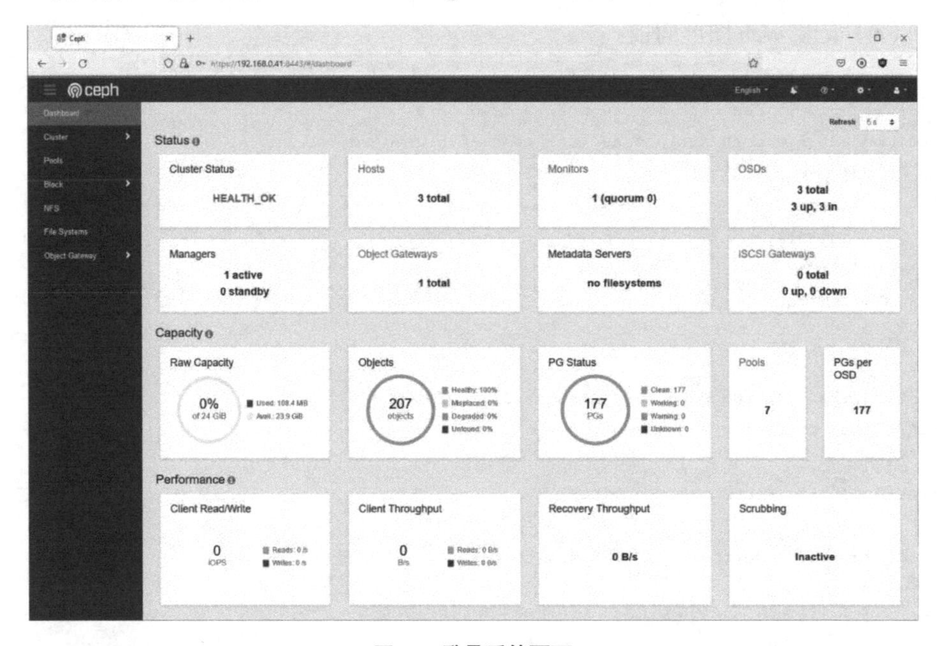

图 7-9 登录后的页面

选择左侧的“Cluster”→“Hosts”选项，打开的页面如图 7-10 所示，我们可以看到 node01 节点上同时运行了 MDS、MON 和 OSD，node02 节点上运行了 OSD，而 node03 节点上运行了 OSD 和 RADOS 对象网关。

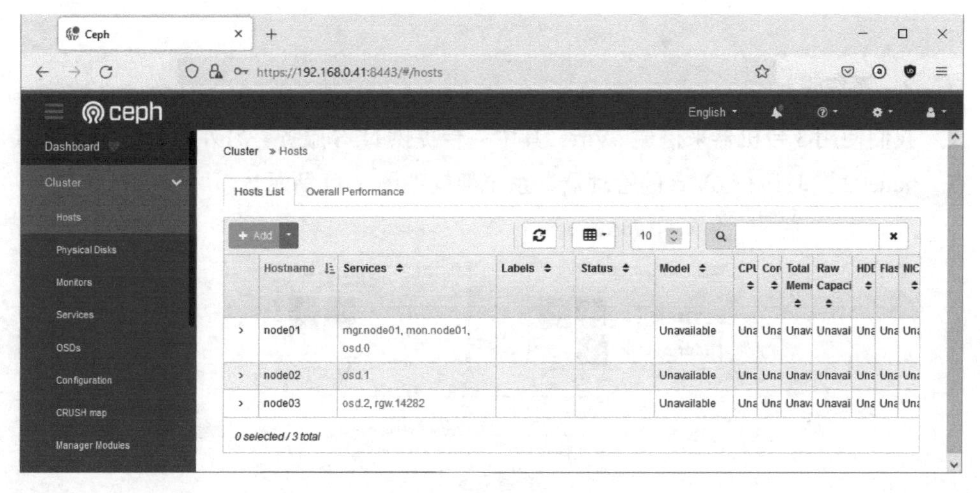

图 7-10 打开的页面

7.2 oVirt 实战

7.2.1 oVirt 系统设计

1. oVirt 介绍

oVirt 是一款免费且开源的虚拟化软件，是 Red at 虚拟化软件 RHEV（订阅版）的开源版本。oVirt 基于 KVM，并整合使用了 Libvirt、Gluster、Patternfly、Ansible 等一系列优秀的开源软件，oVirt 的定位是替代 VMware vSphere，oVirt 目前已经成为企业虚拟化环境可选的解决方案，相对于 OpenStack 的庞大和复杂，oVirt 在企业私有云建设中具有部署和维护使用简单的优势。

oVirt 支持虚拟化环境所需的绝大部分功能，包括：

（1）为管理员和普通用户提供了 Web 门户。

（2）支持多虚拟数据中心、多集群管理。

（3）FC-SAN/IP-SAN/本地/NFS 不同存储架构。

（4）支持超融合（GlusterFS）部署架构。

（5）虚拟计算、虚拟存储、虚拟网络的统一管理。

（6）虚拟机热迁移，存储热迁移。

（7）物理主机宕机的高可用。

（8）负载均衡等集群资源调度策略。

……

2. 系统设计

我们使用 3 台机器来搭建 oVirt，其中一台提供 NFS 服务，另外两台作为计算节点，node02 同时运行 oVirt 的管理器，系统架构如图 7-11 所示。

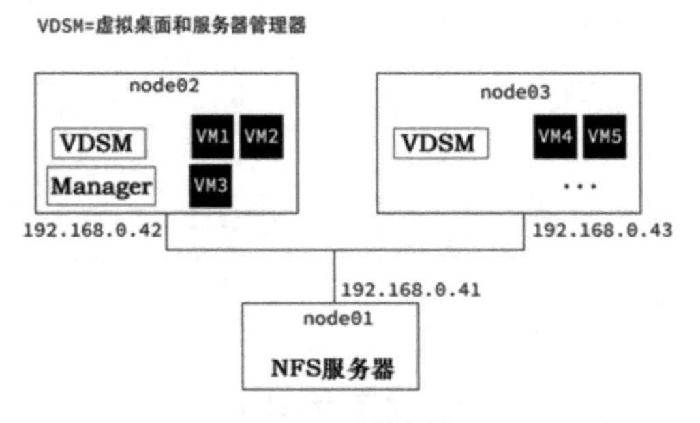

图 7-11 系统架构

注意：node02 需要额外增加一块 16GB 的硬盘，node02 至少有 4GB 内存。由于 node02 和 node03 作为计算节点（在上面跑虚拟机），所以它们的 CPU 都要开启虚拟化功能，如图 7-12 所示。

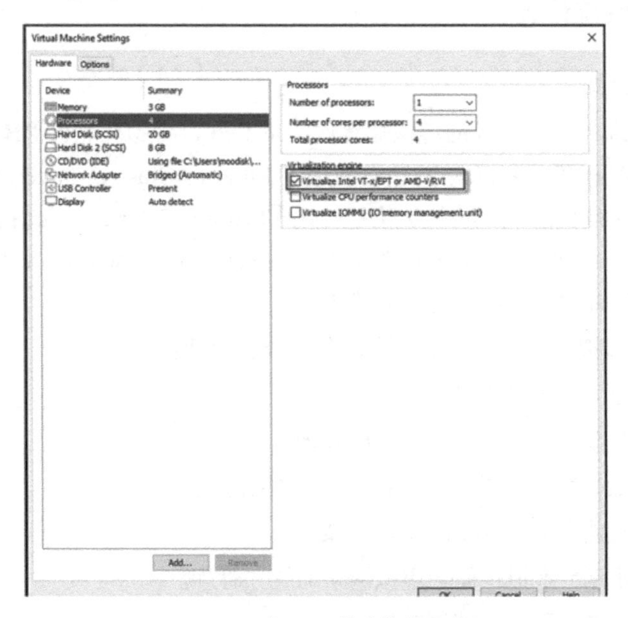

图 7-12 开启 CPU 的虚拟化功能

7.2.2 准备工作

创建一台虚拟机，2GB 内存，网卡桥接，里面安装 CentOS 8，将操作系统升级到最新状态，关闭防火墙和 SELinux 安全系统，将网卡 IP 地址设置为 192.168.0.41，主机名设置为 node01，把下面 3 行加入/etc/hosts 文件的末尾：

```
192.168.0.41   node01
192.168.0.42   node02
192.168.0.43   node03
```

具体操作如下。

1. 安装 CentOS 操作系统

在第一台上安装 CentOS 8，并且关闭防火墙和 SELinux 安全系统，设置机器名和网卡 IP 地址，并将机器名称解析成本机的 IP 地址。

注意：在选择语言的时候记得勾选"英语"复选框，当然事后也可以使用"dnf install -y langpacks-en -y; localectl set-locale LANG=en_US.utf8"命令安装。

（1）设置主机名：

```
[root@node01 ~]# hostnamectl set-hostname node01
[root@node01 ~]# su -
Last login: Tue Mar 22 09:01:33 CST 2022 from 192.168.0.10 on pts/0
[root@node01 ~]#
```

（2）设置网卡 IP：

```
[root@node01 ~]# vim /etc/sysconfig/network-scripts/ifcfg-ens33
TYPE=Ethernet
PROXY_METHOD=none
BROWSER_ONLY=no
BOOTPROTO=static
DEFROUTE=yes
IPV4_FAILURE_FATAL=no
IPV6INIT=yes
IPV6_AUTOCONF=yes
IPV6_DEFROUTE=yes
IPV6_FAILURE_FATAL=no
NAME=ens33
UUID=0f51d264-ca5d-434f-894f-2988c959c9af
DEVICE=ens33
```

```
ONBOOT=yes
PREFIX=24
IPADDR=192.168.0.41
GATEWAY=192.168.0.1
NETMASK=255.255.255.0
DNS1=202.96.128.86
DNS2=9.9.9.9
```

要特别注意上文中的 UUID 和 DEVICE，可以使用下面的命令查看网卡的真实 UUID 和 DEVICE：

```
[root@node01 ~]# nmcli c
NAME   UUID                                  TYPE      DEVICE
ens33  0f51d264-ca5d-434f-894f-2988c959c9af  ethernet  ens33
```

（3）对主机名称进行解析：

```
[root@node01 ~]# vim /etc/hosts
……
192.168.0.41    node01
192.168.0.42    node02
192.168.0.43    node03
```

（4）关闭防火墙和 SELinux 安全系统：

```
[root@node01 ~]# systemctl --now disable firewalld.service
Removed /etc/systemd/system/multi-user.target.wants/firewalld.service.
Removed /etc/systemd/system/dbus-org.fedoraproject.FirewallD1.service.
[root@node01 ~]# vim /etc/sysconfig/selinux
……
SELINUX=disabled
……
```

（5）升级操作系统：

```
[root@node01 ~]# dnf upgrade -y
[root@node01 ~]# poweroff
```

2. 克隆两台虚拟机

修改克隆出来的虚拟机的 IP 地址和主机名，最后给 3 台虚拟机分别创建快照，如图 7-13 和图 7-14 所示。

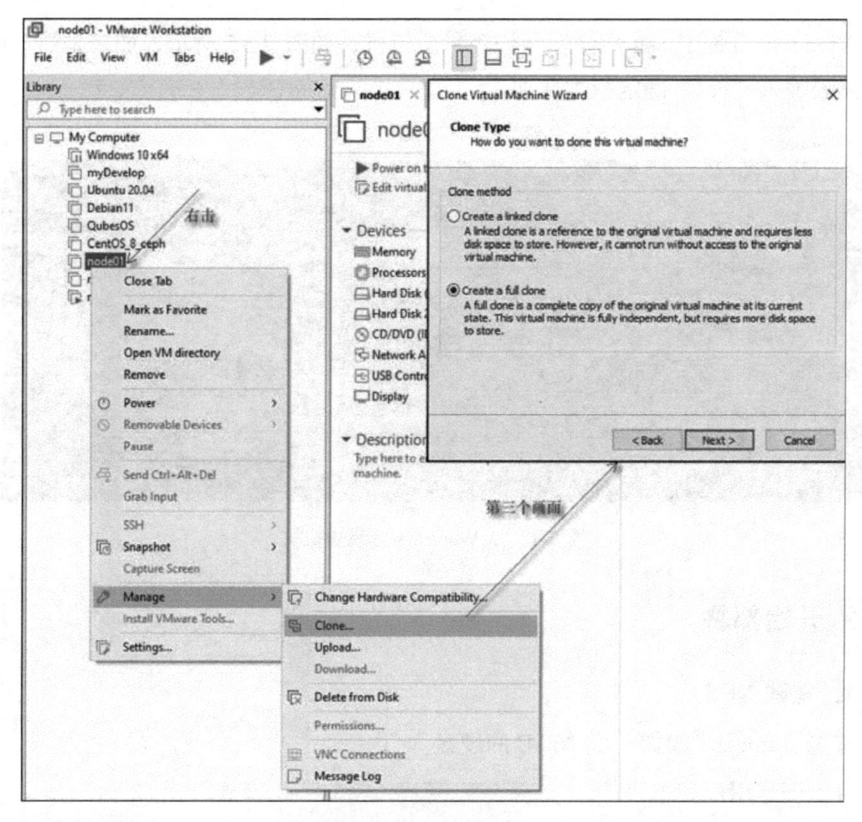

图 7-13 克隆虚拟机

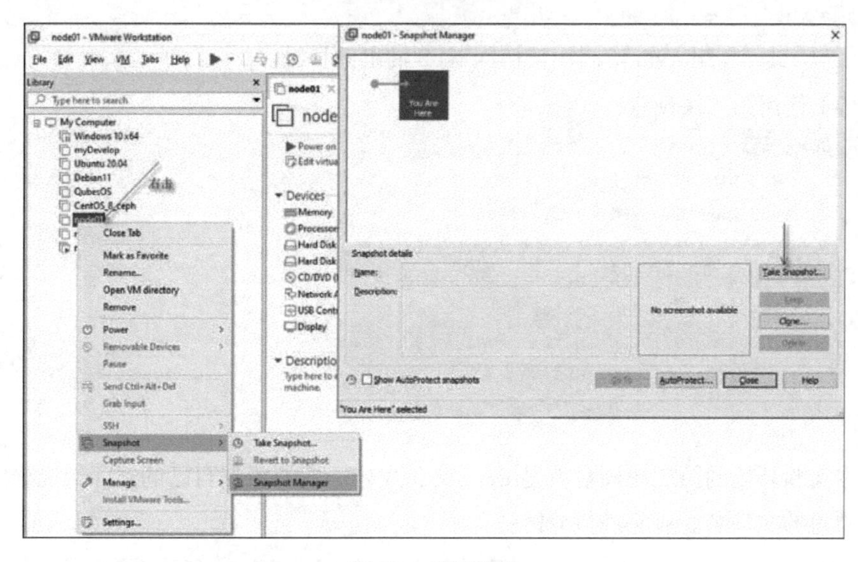

图 7-14 创建快照

Windows 自带了 ssh 命令，允许登录虚拟机，如图 7-15 所示，如果是第一次登录，需要输入"yes"确定指纹数据。

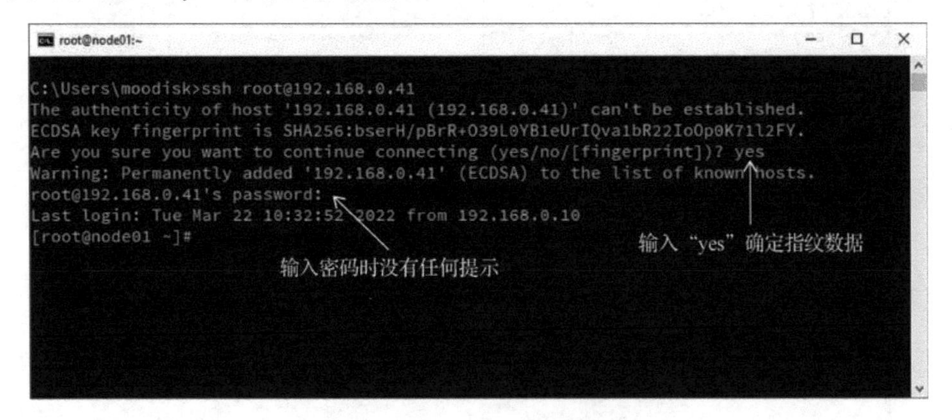

图 7-15 从 Windows 登录虚拟机

7.2.3 开始部署

1. 搭建 NFS

首先给 node01 增加一块 16GB 的硬盘。

（1）创建用户和组：

```
[root@node01 ~]# groupadd kvm -g 36
[root@node01 ~]# useradd vdsm -u 36 -g kvm
```

用户 vdsm 和组 kvm 专门用户访问 NFS 输出的目录。

（2）使用第二块硬盘：

```
[root@node01 ~]# lsblk
NAME          MAJ:MIN RM   SIZE RO TYPE MOUNTPOINT
sda             8:0    0    20G  0 disk
├─sda1          8:1    0     1G  0 part /boot
└─sda2          8:2    0    19G  0 part
  ├─cs-root   253:0    0    17G  0 lvm  /
  └─cs-swap   253:1    0     2G  0 lvm  [SWAP]
sdb             8:16   0    16G  0 disk
sr0            11:0    1   852M  0 rom
```

本实验环境的第二块硬盘就是/dev/sdb，大家一定要根据自己的实际情况确定第二块硬盘的文件名。对它进行分区：

```
[root@node01 ~]# parted --script /dev/sdb 'mklabel gpt'          #GPT 分区模式
```

```
[root@node01 ~]# parted --script /dev/sdb 'mkpart primary 0% 100%'     #创建主分区
[root@node01 ~]# lsblk
NAME          MAJ:MIN RM   SIZE RO TYPE MOUNTPOINT
sda             8:0    0    20G  0 disk
├─sda1          8:1    0     1G  0 part /boot
└─sda2          8:2    0    19G  0 part
  ├─cs-root 253:0    0    17G  0 lvm  /
  └─cs-swap 253:1    0     2G  0 lvm  [SWAP]
sdb             8:16   0    16G  0 disk
└─sdb1          8:17   0    16G  0 part
sr0            11:0    1   852M  0 rom
```

分区为/dev/sdb1，把它格式化为 xfs 文件系统：

```
[root@node01 ~]# mkfs.xfs /dev/sdb1
meta-data=/dev/sdb1              isize=512    agcount=4, agsize=1048448 blks
         =                       sectsz=512   attr=2, projid32bit=1
         =                       crc=1        finobt=1, sparse=1, rmapbt=0
         =                       reflink=1    bigtime=0 inobtcount=0
data     =                       bsize=4096   blocks=4193792, imaxpct=25
         =                       sunit=0      swidth=0 blks
naming   =version 2              bsize=4096   ascii-ci=0, ftype=1
log      =internal log           bsize=4096   blocks=2560, version=2
         =                       sectsz=512   sunit=0 blks, lazy-count=1
realtime =none                   extsz=4096   blocks=0, rtextents=0
```

挂载/dev/sdb1 分区：

```
[root@node01 ~]# mkdir /opt/disk2
[root@node01 ~]# chown vdsm:kvm /opt/disk2
[root@node01 ~]# chmod 0755 /opt/disk2
[root@node01 ~]# echo "/dev/sdb1 /opt/disk2 xfs defaults 0 2">>/etc/fstab
[root@node01 ~]# mount -a
[root@node01 ~]# df -T | grep -v tmpfs
Filesystem          Type     1K-blocks    Used Available Use% Mounted on
/dev/mapper/cs-root xfs       17811456 1873796  15937660  11% /
/dev/sda1           xfs        1038336  214828    823508  21% /boot
/dev/sdb1           xfs       16764928  149944  16614984   1% /opt/disk2
```

（3）安装和配置 NFS：

```
[root@node01 ~]# dnf install nfs-utils -y
[root@node01 ~]# systemctl --now enable nfs-server rpcbind.socket
[root@node01 ~]# cat /proc/fs/nfsd/versions                        #检查支持的 NFS 版本
-2 +3 +4 +4.1 +4.2                                                  #表明不再支持 2 版了
```

NFS 服务器的配置就是把需要输出的目录加到文件/etc/exports 中，一行输出一个目录，每一行的格式如下：

```
目录  [-(参数 1,参数 2,…)]  客户主机 1(参数 1,参数 2,…)  客户主机 2(参数 1,参数 2,…)  …
```

配置文件中的每一行就是要回答下面 3 个问题：

- 想让其他计算机共享本机磁盘上的什么目录？
- 此目录允许哪些客户机访问？
- 这些客户机访问的权限是什么？

可选部分“[-(参数 1，参数 2，...)]”定义默认参数。/etc/exports 文件中的空行被忽略，“#”右侧直到行尾的字符也被忽略。

我们把/opt/disk2 输出，并允许任何计算机上传和下载文件：

```
[root@node01 ~]# echo "/opt/disk2 *(rw)" >>/etc/exports
[root@node01 ~]# systemctl restart nfs-server rpcbind
```

验证 NFS，在 node02 上挂载 NFS 输出的目录：

```
[root@node02 ~]# dnf install nfs-utils -y                          #需要安装 NFS 客户端
[root@node01 ~]# showmount -e node01                               #查看输出的目录
Export list for node01:
/opt/disk2 *
[root@node02 ~]# mount -t nfs4 node01:/opt/disk2 /mnt              #挂载
[root@node02 ~]# df -T                                             #查看挂载的分区
Filesystem           Type      1K-blocks    Used Available Use% Mounted on
devtmpfs             devtmpfs    1410140       0   1410140   0% /dev
/dev/mapper/cs-root xfs        17811456 1914008  15897448  11% /
/dev/sda1            xfs         1038336  214828    823508  21% /boot
node01:/opt/disk2    nfs4       16764928  149504  16615424   1% /mnt
[root@node02 ~]# cp /etc/profile /mnt/                             #将文件上传到 NFS 服务器
[root@node02 ~]# umount /mnt                                       #卸载
```

这时你应该可以在 node01 节点上的/opt/disk2 中看到上传的文件 profile。如果不再使用 NFS，就可以卸载，例如上面的最后一条命令。可以把 NFS 文件系统挂载任何一个空目录上。

2．部署 oVirt

基本思路：在 node01 上安装 ovirt-engine，然后执行“engine-setup”命令进行配置，最后浏览 https://node02/ovirt-engine 页面，输入 admin 用户和密码登录。先把 node02、node03 主机添加进来（单击“管理门户”→“计算”→“主机”→“新建”按钮），再创建数据域（单击“存储”→“域”→“新建域”按钮）并加入 node01 上的 NFS，把操作系统的 ISO 镜像文件上传到数据域中（单击“存储”→“磁盘”→“上传”→“开始”按钮），最后创建虚拟机（单击“计算”→“虚拟机”→“新建”按钮），虚拟机的磁盘选用 IDE，附加 CD 指定 ISO 镜像文件。

安装和配置 ovirt-engine。

在 node02 节点上操作。准备好安装源：

```
[root@node02 ~]# dnf -y install \
  https://resources.ovirt.org/pub/yum-repo/ovirt-release44.rpm
[root@node02 ~]# dnf repolist --enabled                          #查看可用的源
[root@node02 ~]# dnf upgrade --nobest -y                         #将系统升级到最新状态
[root@node02 ~]# dnf module -y enable javapackages-tools
[root@node02 ~]# dnf module -y enable pki-deps
[root@node02 ~]# dnf module -y enable postgresql:12
[root@node02 ~]# dnf distro-sync --nobest
[root@node02 ~]# reboot
```

安装 ovirt-engine：

```
[root@node02 ~]# dnf install ovirt-engine -y
```

配置（参数--accept-defaults 表示接受默认配置）：

```
[root@node02 ~]# engine-setup --accept-defaults
……
Firewall manager to configure (firewalld): firewalld
……
Engine admin password:                                           #输入至少 9 个字符的密码
Confirm engine admin password:                                   #再次输入刚才的密码
……
          --== SUMMARY ==--

[ INFO  ] Restarting httpd
          Please use the user 'admin@internal' and password specified in order to login
          Web access is enabled at:
              http://node02:80/ovirt-engine
              https://node02:443/ovirt-engine
          Internal CA 1D:8D:54:34:08:F7:33:10:C1:78:C2:0B:18:87:1E:F4:71:27:1E:0B
          SSH fingerprint: SHA256:Pok8YWfHf3Fnwrxj4r++XDDZC2adceY/3X4I2r5NB7s
[WARNING] Less than 16384MB of memory is available
          Web access for grafana is enabled at:
              https://node02/ovirt-engine-grafana/
          Please run the following command on the engine machine node02, for SSO to
work:
          systemctl restart ovirt-engine

          --== END OF SUMMARY ==--
```

要记住为 admin 用户定义的密码，后面还会用到，并且密码至少 9 个字符。如果最终看到上面的配置总结“--== SUMMARY ==--”，表明配置成功，这个总结告诉你可以浏览 http://node02:80/ovirt-engine 或者 https://node02:443/ovirt-engine 进入图形化的管理页面，使用 admin 和上面输入的密码登录。如果要在 Windows 上登录，需要把如下一行加入 C:\Windows\System32\drivers\etc\hosts 文件中：

```
192.168.0.42   node02
```

另外，可以浏览 https://node02/ovirt-engine-grafana/查看虚拟化平台的统计信息，也是使用 admin 用户登录。

为了能在其他计算机上使用 IP 打开页面，需要在 node02 上执行下面的命令：

```
 [root@node02 ~]# echo 'SSO_ALTERNATE_ENGINE_FQDNS="192.168.0.42"' > /etc/ovirt-engine/engine.conf.d/99-custom-sso-setup.conf
```

最后，激活并且重启 ovirt-engine 服务，并关闭防火墙：

```
[root@node02 ~]# systemctl --now enable ovirt-engine
[root@node02 ~]# systemctl --now disable firewalld
```

打开网站 https://node02/ovirt-engine/，我们看到如图 7-16 所示的页面。

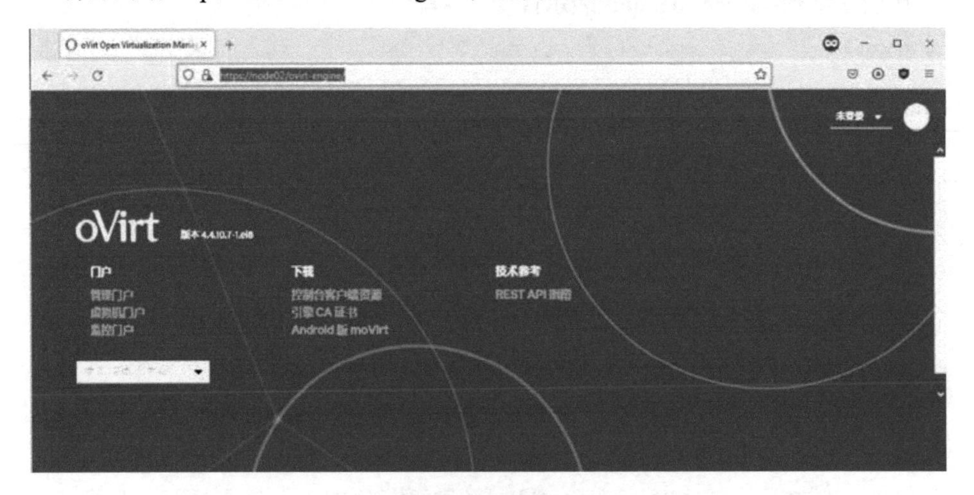

图 7-16 oVirt 的页面

单击右上角的下拉按钮，选择“登录”选项，登录窗口如图 7-17 所示。

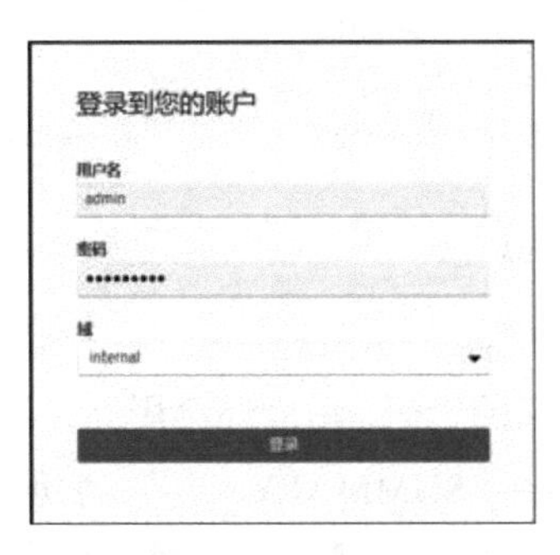

图 7-17 登录窗口

登录后的页面如图 7-18 所示。

图 7-18 登录后的页面

以后主要使用“管理门户”“虚拟机门户”和“监控门户”功能。

7.2.4 加入计算节点

单击“管理门户”链接，oVirt 的管理门户页面如图 7-19 所示。

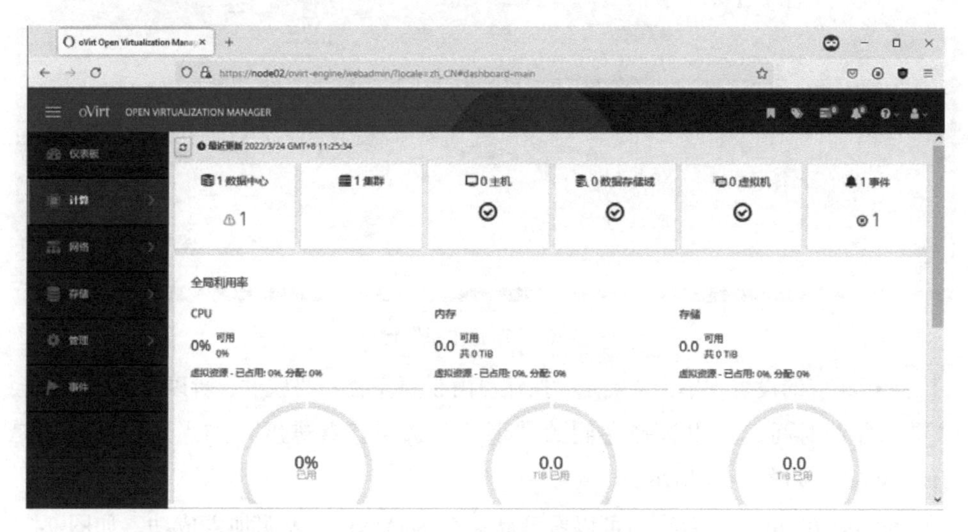

图 7-19 oVirt 的管理门户页面

可以看到计算资源为 0——没有 CPU、内存和存储。接下来我们加入 node03 作

为计算节点，这样就带入了 CPU 和内存。首先，准备好安装源:

```
[root@node03 ~]# dnf -y install https://resources.ovirt.org/pub/yum-repo/ovirt-
release44.rpm                                                  #配置安装源
[root@node02 ~]# dnf upgrade --nobest -y                       #将系统升级到最新状态
[root@node02 ~]# dnf module -y enable javapackages-tools
[root@node02 ~]# dnf module -y enable pki-deps
[root@node02 ~]# dnf distro-sync --nobest
[root@node02 ~]# reboot
```

单击“计算”→“主机”→“新建”按钮，弹出“新建主机”窗口，如图 7-20 所示。

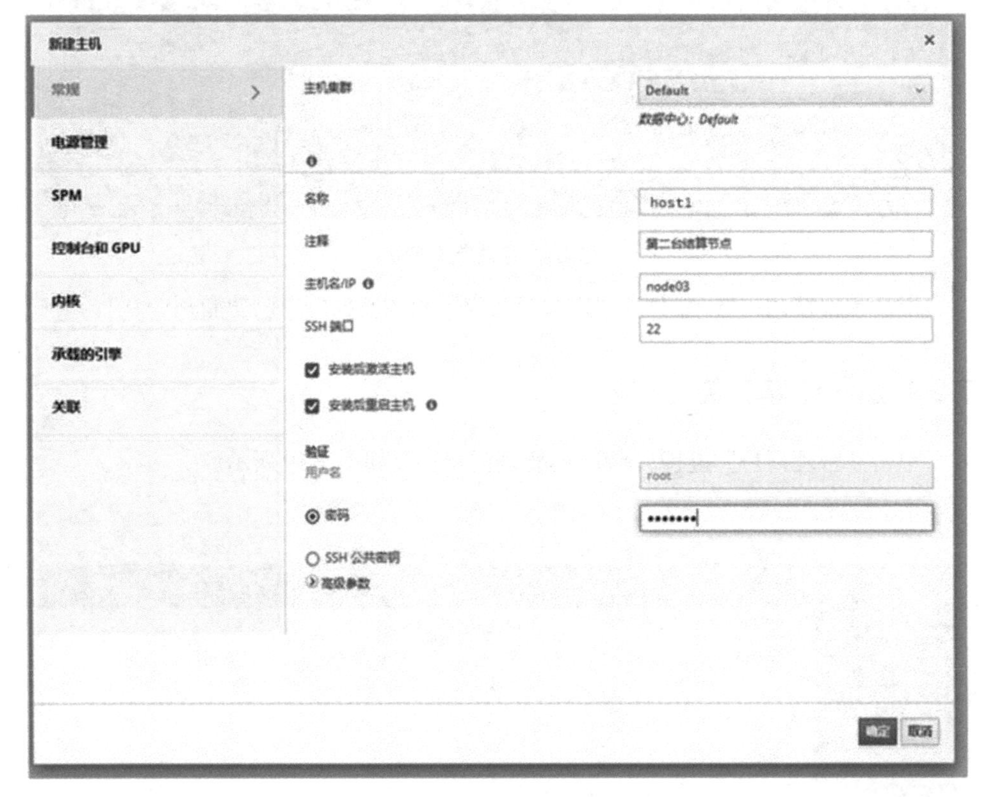

图 7-20 “新建主机”窗口

进行相应的设置，单击“确定”按钮。由于要安装一些软件，所以加入的过程会需要几分钟时间，可以选择左侧的“事件”选项查看进度，加入过程的状态是“Installing”，如图 7-21 所示。

等 node03 重启之后我们可以看到状态变为“Up”，表明加入成功，如图 7-22 所示。

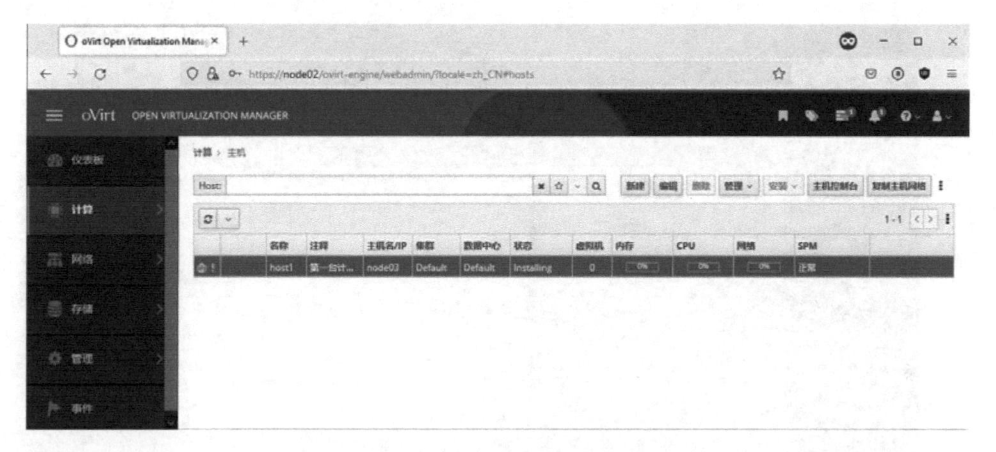

图 7-21 加入过程的状态是“Installing”

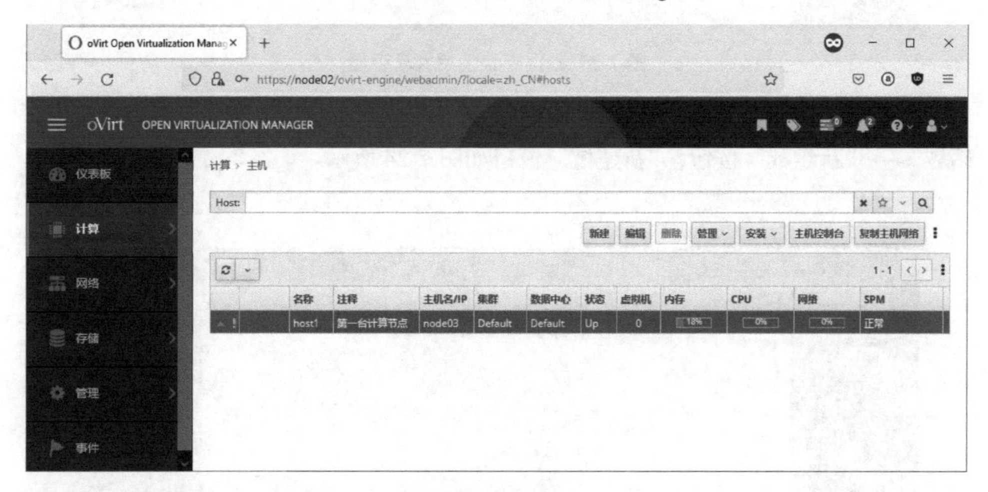

图 7-22 加入成功

如果加入失败，请选择左侧的“事件”选项查看原因，可能会告诉你进一步查看日志文件，日志中会有提示，常见的错误是安装某些软件失败，这个时候可以尝试在 node03 上手动安装这个软件，再回到加入主机的页面，单击右上方的“安装”按钮，在下拉列表中选择“重新安装”选项，再次启动加入操作。

关闭防火墙：

```
[root@node03 ~]# systemctl --now disable firewalld
```

7.2.5 创建数据域

确保数据中心使用共享存储，如图 7-23 所示。

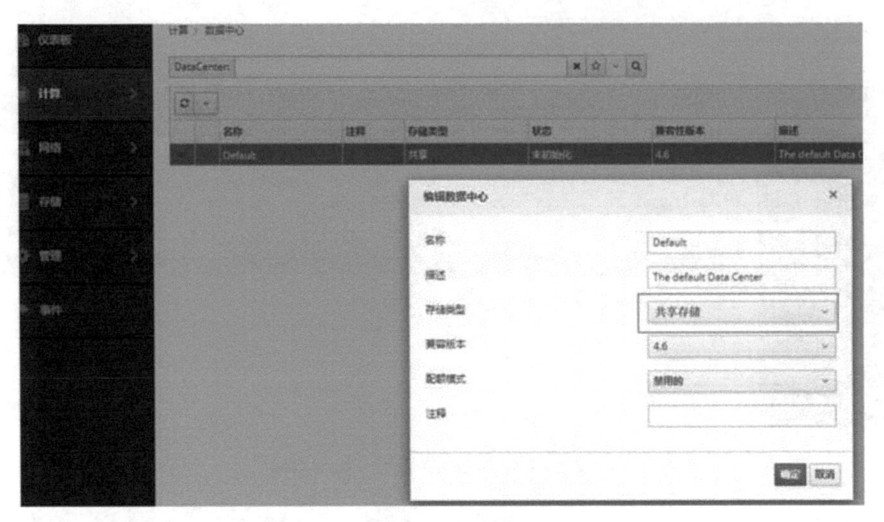

图 7-23 数据中心使用共享存储

下面我们要加入 node01 机器上的 NFS 文件系统/opt/disk2。单击“存储”→“存储域”→“新建域”按钮，“新建域”窗口如图 7-24 所示。

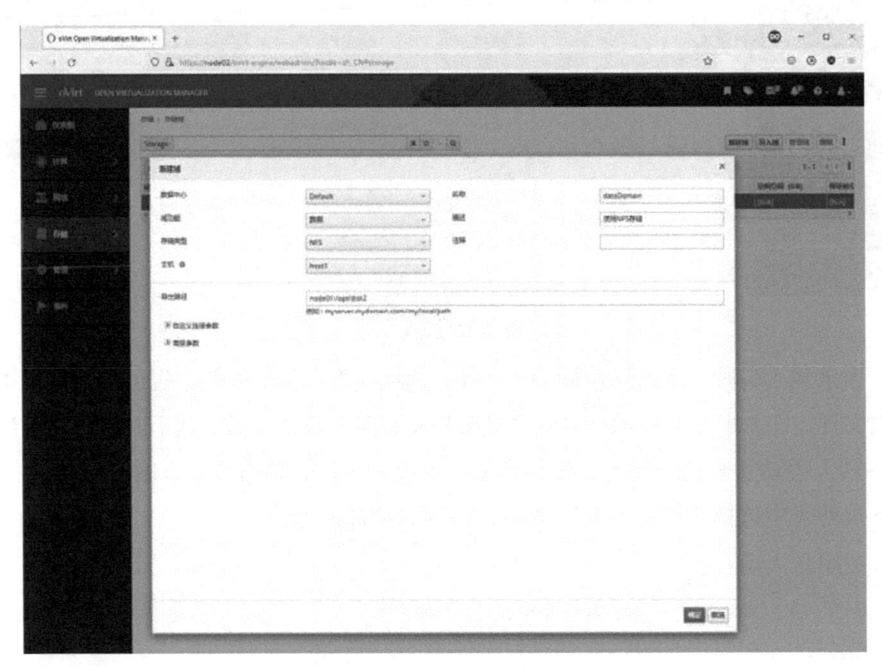

图 7-24 “新建域”窗口

单击“确定”按钮后，大概几十秒，域的状态由“已锁定”变为“活跃的”，这说明基于 NFS 的数据域创建成功了，如图 7-25 所示。

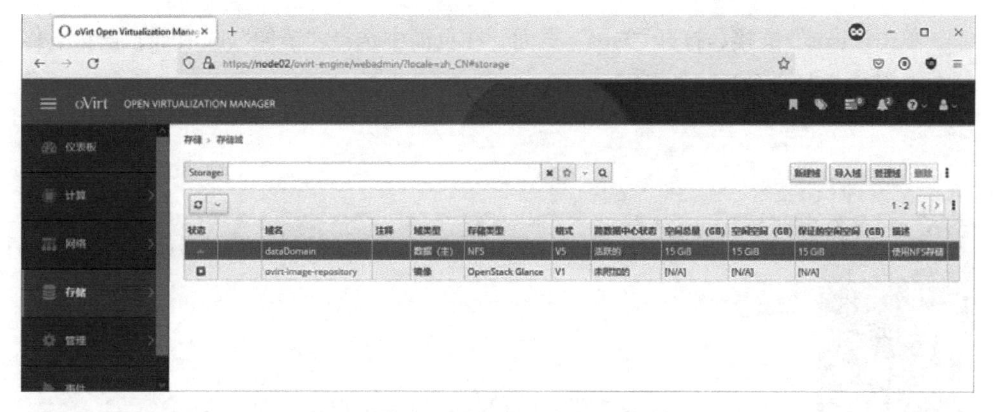

图 7-25 成功创建数据域

7.2.6 上传 ISO 镜像文件

可以直接使用 Windows 的 scp 命令把 Windows 中的 ISO 镜像文件上传到 node02 的/data/images/isos/7f047f40-d2cd-4fd8-a21e-7b0de7200b33/images/11111111-1111-1111-1111-111111111111/目录下。比如把 Windows 7 的安装镜像上传，如图 7-26 所示。

```
Command Prompt
D:\softwares>scp cn_windows_7_professional_with_sp1_x86_dvd_u_677162.iso root@192.168.0.42:/data/images/isos/7f047f40-d2cd-4fd8-a21e-7b0de7200b33/images/11111111-1111-1111-1111-111111111111/
root@192.168.0.42's password:
cn_windows_7_professional_with_sp1_x86_dvd_u_677162.iso
                                                   100% 2530MB  11.3MB/s   03:43

D:\softwares>
```

图 7-26 把 Windows 7 的安装镜像上传

注意：目录中的 7f047f40-d2cd-4fd8-a21e-7b0de7200b33 要根据实际情况替换，在 node02 上执行下面的命令查看具体的目录名，如图 7-27 所示。

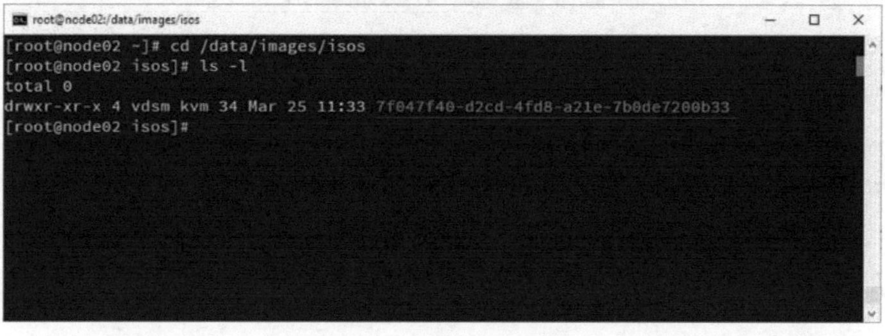

```
root@node02:/data/images/isos
[root@node02 ~]# cd /data/images/isos
[root@node02 isos]# ls -l
total 0
drwxr-xr-x 4 vdsm kvm 34 Mar 25 11:33 7f047f40-d2cd-4fd8-a21e-7b0de7200b33
[root@node02 isos]#
```

图 7-27 查看具体的目录名

单击“isos”链接，打开“isos”页面，在页面中选择“镜像”选项卡，查看上传的 ISO 镜像文件，如图 7-28 所示。

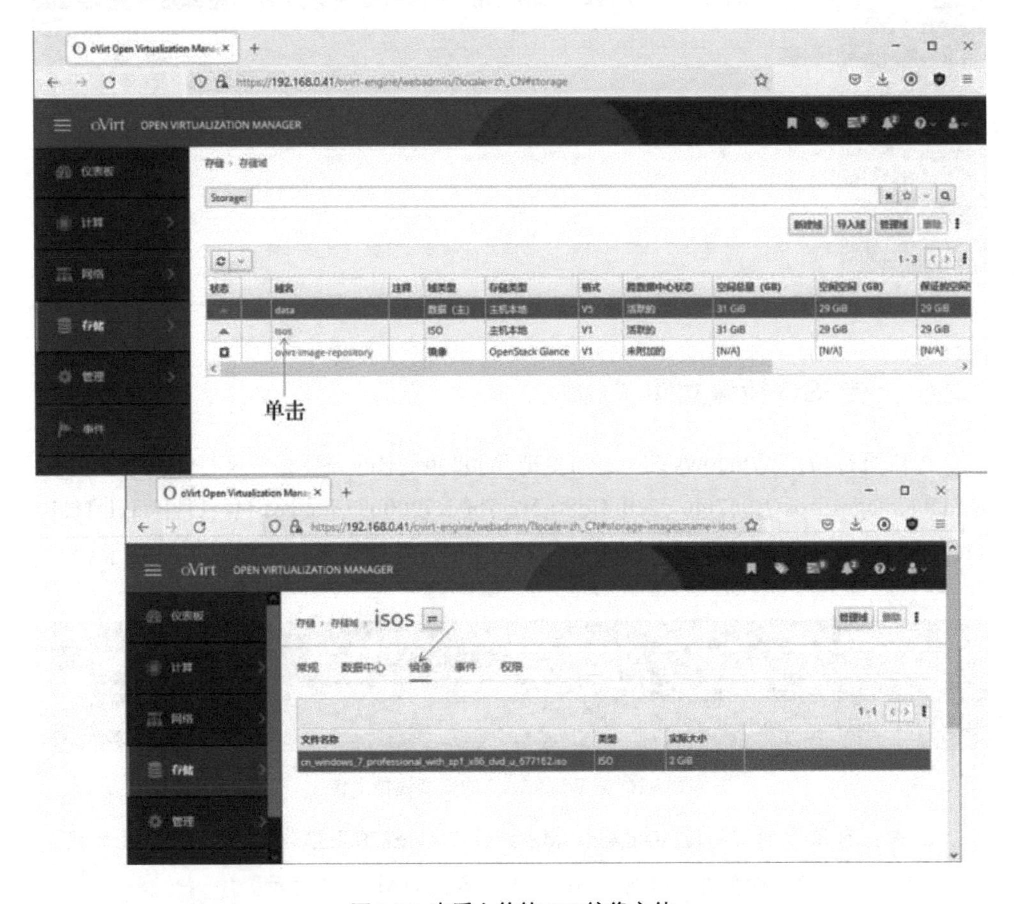

图 7-28 查看上传的 ISO 镜像文件

7.2.7 创建虚拟机

单击“计算”→“虚拟机”→“新建”按钮，打开“新建虚拟机”窗口，如图 7-29 所示。

单击“新建虚拟机”窗口中的“创建”按钮来创建虚拟机的硬盘，如图 7-30 所示。

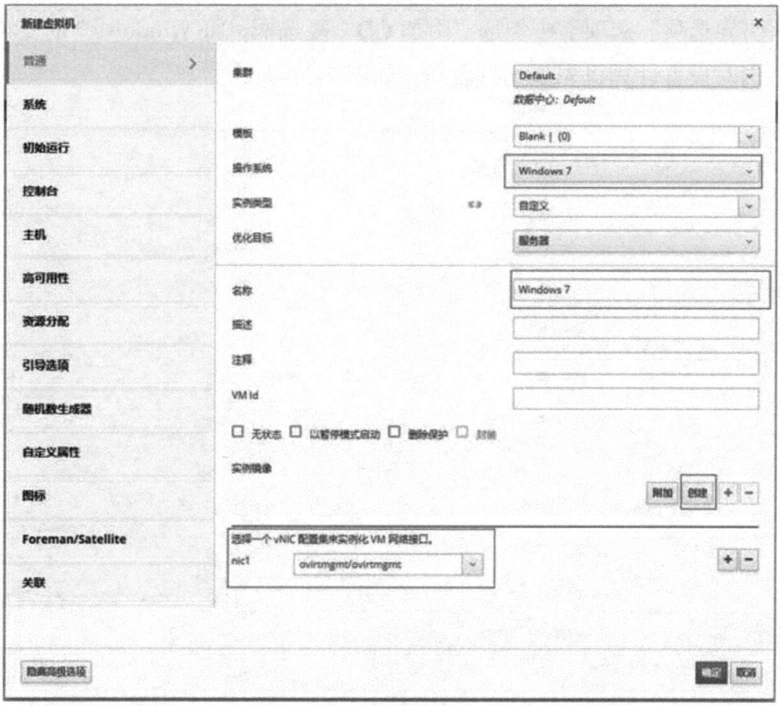

新建虚拟机 ×

普通 >
系统
初始运行
控制台
主机
高可用性
资源分配
引导选项
随机数生成器
自定义属性
图标
Foreman/Satellite
关联

集群 Default
数据中心：Default
模板 Blank | (0)
操作系统 Windows 7
实例类型 自定义
优化目标 服务器
名称 Windows 7
描述
注释
VM Id
☐ 无状态 ☐ 以暂停模式启动 ☐ 删除保护 ☐ 封装
实例镜像
附加 创建 + −
选择一个 vNIC 配置集来实例化 VM 网络接口。
nic1 ovirtmgmt/ovirtmgmt
+ −
隐藏高级选项
确定 取消

图 7-29 “新建虚拟机”窗口

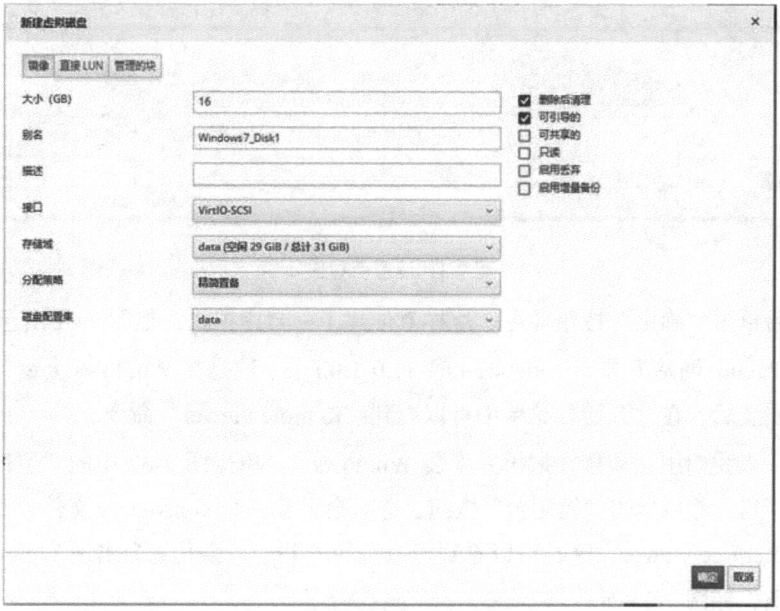

新建虚拟磁盘 ×

镜像 直接 LUN 管理的块
大小（GB） 16
别名 Windows7_Disk1
描述
接口 VirtIO-SCSI
存储域 data (空闲 29 GiB / 总计 31 GiB)
分配策略 精简置备
磁盘配置集 data
☑ 删除后清理
☑ 可引导的
☐ 可共享的
☐ 只读
☐ 启用丢弃
☐ 启用增量备份
确定 取消

图 7-30 创建虚拟机的硬盘

在“引导选项”选项卡中勾选“附加 CD”复选框，将 Windows 7 的安装镜像文件附上，同时设置计算机先从光盘启动，如图 7-31 所示。

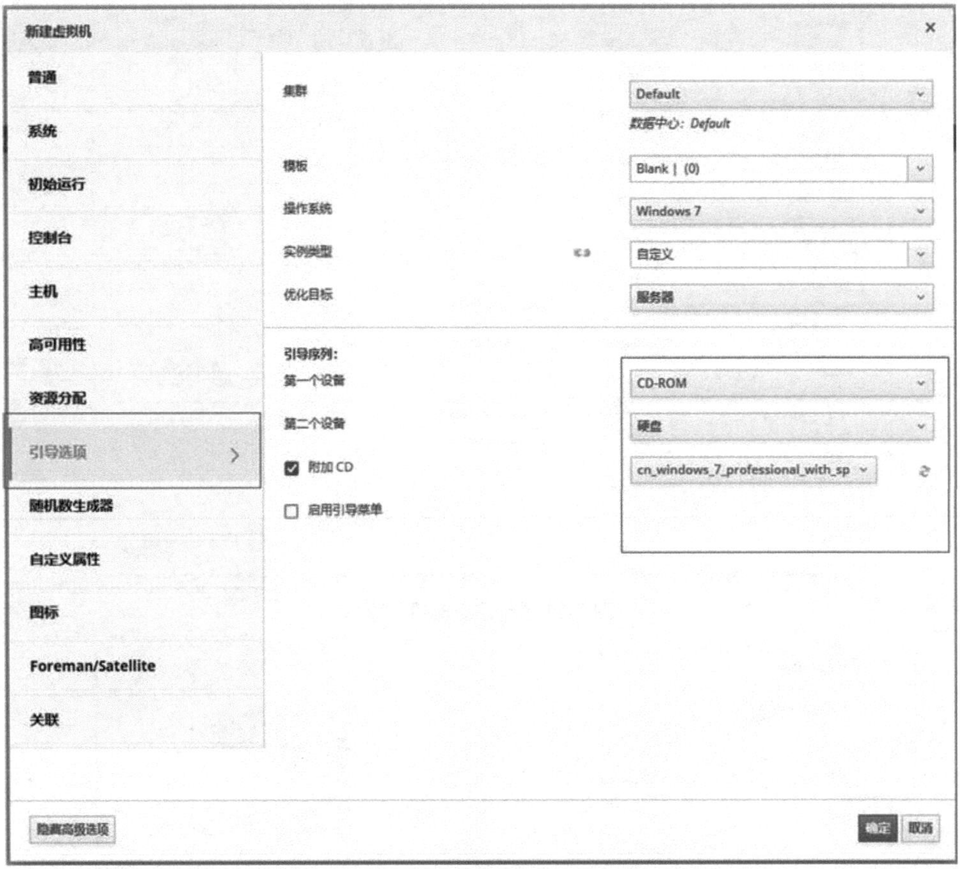

图 7-31 设置引导选项

最后单击“确定”按钮即可，这样就创建了一台虚拟机，如图 7-32 所示。

从 Pagure 网站下载 virt-viewer-x64-11.0-1.0.msi，这是在 Windows 上运行的远程桌面。安装后，在“开始”菜单中可以看到“Remote viewer”命令。

接下来我们用它连接虚拟机并安装 Windows 7。单击图 7-32 中的“运行”按钮启动虚拟机，然后单击“控制台”按钮，这时会下载一个 console.vv 文件，双击此文件打开 Remote viewer，这时可以看到虚拟机的屏幕，一会儿就会出现 Windows 7 的安装画面，如图 7-33 所示。

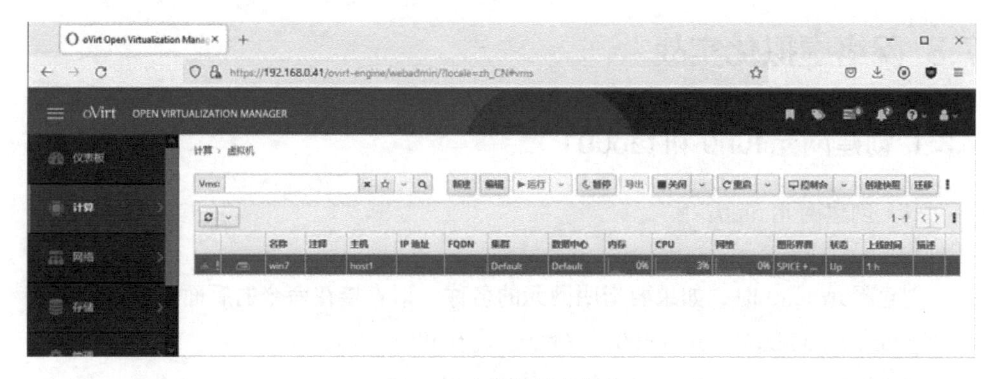

图 7-32 虚拟机创建完成

图 7-33 Windows 7 的安装画面

按组合键 Shift+F12 可以从 Remote viewer 中退出鼠标。此后按正常的步骤安装 Windows 7 即可。

7.3 网络虚拟化实战

7.3.1 创建网元 tun0 和 tap001

（1）创建网元 tun0：

```
root@debian11:~# ip tuntap add mode tun
```

创建网元 tun0 时，如果要指明网元的名称，请直接在命令的后面添加，例如使用“ip tuntap add mode tun tun001”命令创建 tun001。

（2）给 tun0 配置 IP 192.168.172.10：

```
root@debian11:~# ip address add 192.168.172.10/24 dev tun0
```

给网元配置的 IP 地址不一定与物理网卡处于同一个网段。

（3）启用 tun0：

```
root@debian11:~# ip link set tun0 up
```

（4）查看网元配置：

```
root@debian11:~# ip a
1: lo: <LOOPBACK,UP,LOWER_UP> mtu 65536 qdisc noqueue state UNKNOWN group default qlen
1000
    link/loopback 00:00:00:00:00:00 brd 00:00:00:00:00:00
    inet 127.0.0.1/8 scope host lo
       valid_lft forever preferred_lft forever
    inet6 ::1/128 scope host
       valid_lft forever preferred_lft forever
2: ens33: <BROADCAST,MULTICAST,UP,LOWER_UP> mtu 1500 qdisc pfifo_fast state UP group
default qlen 1000
    link/ether 00:0c:29:16:9a:9c brd ff:ff:ff:ff:ff:ff
    altname enp2s1
    inet 10.10.10.134/24 brd 10.10.10.255 scope global dynamic ens33
       valid_lft 1612sec preferred_lft 1612sec
    inet6 fe80::20c:29ff:fe16:9a9c/64 scope link
       valid_lft forever preferred_lft forever
3: tun0: <NO-CARRIER,POINTOPOINT,MULTICAST,NOARP,UP> mtu 1500 qdisc pfifo_fast state
DOWN group default qlen 500
    link/none
    inet 192.168.172.10/24 scope global tun0
       valid_lft forever preferred_lft forever
```

此后就可以 ping 通 tun0 了：

```
root@debian11:~# ping -c 3 192.168.172.10
PING 192.168.172.10 (192.168.172.10) 56(84) bytes of data.
64 bytes from 192.168.172.10: icmp_seq=1 ttl=64 time=0.030 ms
```

```
64 bytes from 192.168.172.10: icmp_seq=2 ttl=64 time=0.061 ms
64 bytes from 192.168.172.10: icmp_seq=3 ttl=64 time=0.062 ms

--- 192.168.172.10 ping statistics ---
3 packets transmitted, 3 received, 0% packet loss, time 2034ms
rtt min/avg/max/mdev = 0.030/0.051/0.062/0.014 ms
```

下面添加 tap 网元 tap001：

```
root@debian11:~# ip tuntap add mode tap tap001
root@debian11:~# ip address add 30.30.30.20/24 dev tap001
root@debian11:~# ip link set tap001 up
```

创建网元 tun0 和 tap001 如图 7-34 左侧部分所示。

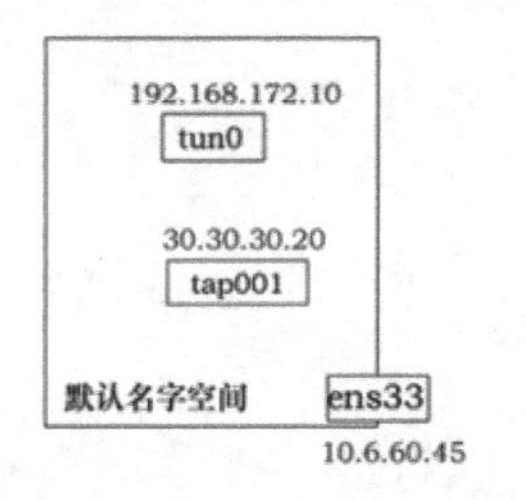

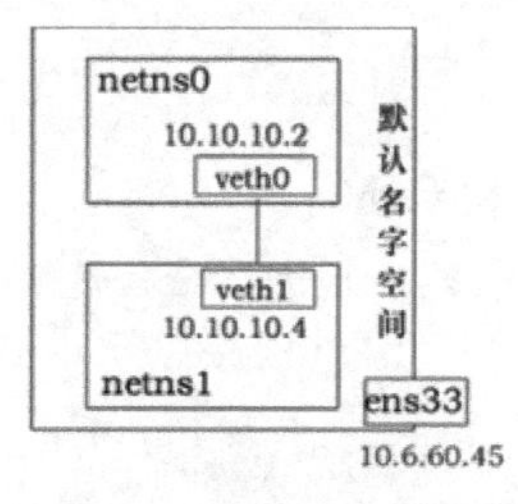

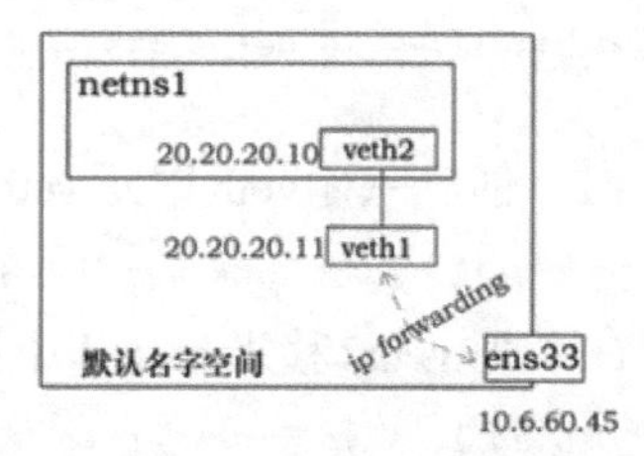

图 7-34 网络虚拟化实战（1）

7.3.2 使 netns0 和 netns1 互相连通

创建两个网络名字空间，通过 veth 网元连接起来。

（1）新建两个网络名字空间 netns0 和 netns1：

```
root@debian11:~# ip netns add netns0
root@debian11:~# ip netns add netns1
```

（2）创建一对 veth 设备，名字为 veth0 和 veth1：

```
root@debian11:~# ip link add type veth
```

（3）把 veth0 移入 netns0 中：

```
root@debian11:~# ip link set veth0 netns netns0
```

（4）把 veth1 移入 netns1 中:

```
root@debian11:~# ip link set veth1 netns netns1
```

（5）给 netns0 中的 veth0 配置 IP 地址并激活它：

```
root@debian11:~# ip netns exec netns0 ip address add 10.10.10.2/24 dev veth0
root@debian11:~# ip netns exec netns0 ip link set veth0 up
```

（6）给 netns1 中的 veth1 配置 IP 地址并激活它：

```
root@debian11:~# ip netns exec netns1 ip address add 10.10.10.4/24 dev veth1
root@debian11:~# ip netns exec netns1 ip link set veth1 up
```

（7）ping 对方：

```
root@debian11:~# ip netns exec netns0 ping 10.10.10.4
root@debian11:~# ip netns exec netns1 ping 10.10.10.2
```

示意图如图 7-34 中间部分所示。

7.3.3 网络名字空间与外网连通

我们来创建一个新的网络名字空间，并能 ping 通外网，如图 7-34 右侧部分所示。

（1）创建网络名字空间 netns1:

```
root@debian11:~# ip netns add netns1
root@debian11:~# ip netns list
netns1
```

（2）创建一对 veth 网元 veth1 和 veth2：

```
root@debian11:~# ip link add veth1 type veth peer name veth2
```

（3）把 veth2 移入 netns1 中：

```
root@debian11:~# ip link set veth2 netns netns1
```

（4）给 veth1 配置 IP 地址并激活它：

```
root@debian11:~# ip address add 20.20.20.10/24 dev veth1
root@debian11:~# ip link set veth1 up
```

（5）给 netns1 中的 veth2 配置 IP 地址并激活它，设置默认路由：

```
root@debian11:~# ip netns exec netns1 ip address add 20.20.20.11/24 dev veth2
root@debian11:~# ip netns exec netns1 ip link set veth2 up
root@debian11:~# ip netns exec netns1 ip route add default via 20.20.20.10
```

（6）对源 20.20.20.0/24 做 SNAT：

```
root@debian11:~# firewall-cmd \
  --add-rich-rule="rule family=ipv4 source address=20.20.20.0/24 masquerade"
```

（7）在 netns1 内 ping 外网：

```
root@debian11:~# ip netns exec netns1 ping www.baidu.com
PING www.a.shifen.com (163.177.151.109) 56(84) bytes of data.
64 bytes from 163.177.151.109 (163.177.151.109): icmp_seq=1 ttl=127 time=20.2 ms
64 bytes from 163.177.151.109 (163.177.151.109): icmp_seq=2 ttl=127 time=29.8 ms
64 bytes from 163.177.151.109 (163.177.151.109): icmp_seq=3 ttl=127 time=26.9 ms
```

7.3.4 用网桥连接两个网络名字空间

创建 3 个网络名字空间，并用网桥连接它们。

（1）创建 3 个网络名字空间，即 net1、net2 和 netb：

```
root@debian11:~# ip netns add net1
root@debian11:~# ip netns add net2
root@debian11:~# ip netns add netb
```

（2）创建两对 veth，即 veth0/veth1、veth2/veth3：

```
root@debian11:~# ip link add type veth
root@debian11:~# ip link add type veth
```

（3）把 veth0 移入 netb 中并改名为 veta：

```
root@debian11:~# ip link set dev veth0 name veta netns netb
```

（4）把 veth1 移入 net1 中并改名为 vetn1：

```
root@debian11:~# ip link set dev veth1 name vetn1 netns net1

root@debian11:~# ip link set dev veth2 name vetb netns netb
root@debian11:~# ip link set dev veth3 name vetn2 netns net2
```

（5）在 netb 中创建网桥 br0：

```
root@debian11:~# ip netns exec netb ip link add br0 type bridge
```

（6）给 netb 中的网桥配置 IP 地址：

```
root@debian11:~# ip netns exec netb ip address add 40.40.40.2/24 dev br0
```

（7）激活 netb 中的网桥和两块虚拟网卡：

```
root@debian11:~# ip netns exec netb ip link set br0 up
root@debian11:~# ip netns exec netb ip link set veta up
root@debian11:~# ip netns exec netb ip link set vetb up
```

（8）在 netb 中，把虚拟网卡 veta 和 vetb 加入网桥：

```
root@debian11:~# ip netns exec netb ip link set dev veta master br0
root@debian11:~# ip netns exec netb ip link set dev vetb master br0
```

（9）在 net1 中配置虚拟网卡的 IP 地址并激活它：

```
root@debian11:~# ip netns exec net1 ip address add 40.40.40.4/24 dev vetn1
root@debian11:~# ip netns exec net1 ip link set vetn1 up
```

（10）在 net2 中配置虚拟网卡的 IP 地址并激活它：

```
root@debian11:~# ip netns exec net2 ip address add 40.40.40.8/24 dev vetn2
root@debian11:~# ip netns exec net2 ip link set vetn2 up
```

（11）在 net1 中 ping 另一个网络名字空间中的网卡：

```
root@debian11:~# ip netns exec net1 ping 40.40.40.8
PING 40.40.40.8 (40.40.40.8) 56(84) bytes of data.
64 bytes from 40.40.40.8: icmp_seq=1 ttl=64 time=0.023 ms
^C
```

本实战的参考图如图 7-35 左上部分所示。

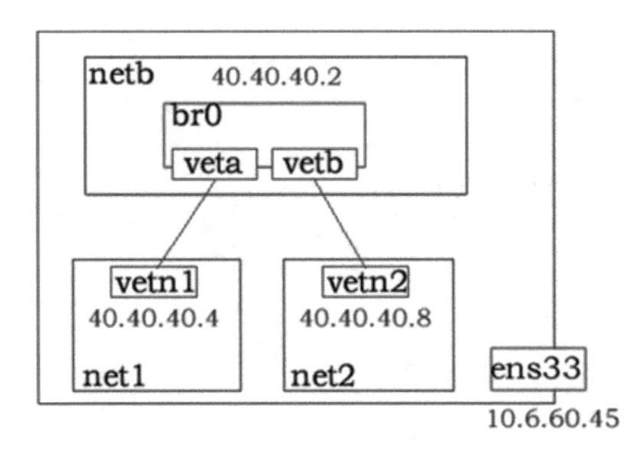

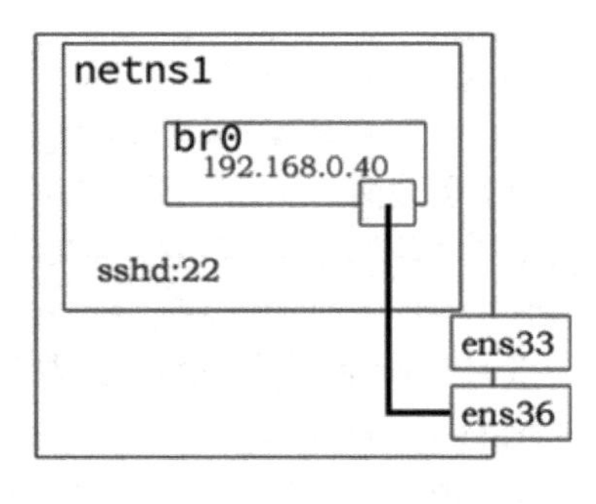

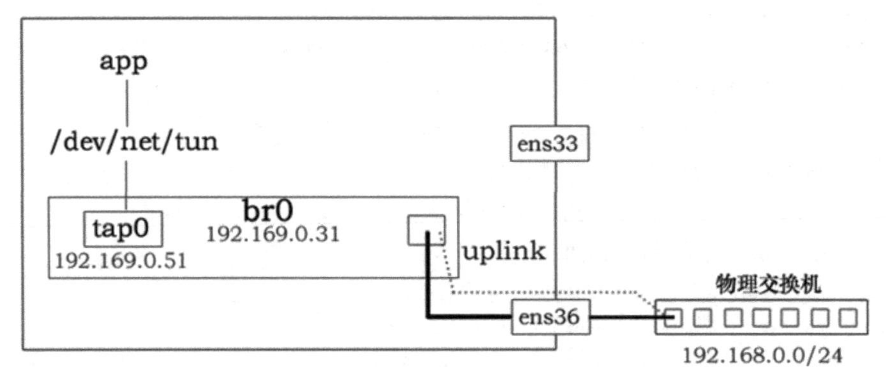

图 7-35 网络虚拟化实战（2）

7.3.5 构建一个 SSH 服务器空间

创建一个网络名字空间，在里面启动 SSH 服务，这样就可以从外面登录这个网络名字空间了，如图 7-35 右上部分所示。

```
ip netns add netns1                                              #创建网络名字空间
ip netns exec netns1 ip link add br0 type bridge                 #建网桥
ip netns exec netns1 ip link set br0 up                          #激活网桥
ip link set dev ens36 netns netns1                               #把物理网卡移入 netns1
ip netns exec netns1 ip link set ens33 up                        #激活网卡
ip netns exec netns1 ip link set dev ens33 master br0            #把网卡加入网桥
ip netns exec netns1 ip address add 192.168.0.40/24 dev br0      #给网桥配置 IP 地址

#在 netns1 网络名字空间中启动 SSH 服务
ip netns exec netns1 /usr/sbin/sshd -o PidFile=/var/run/sshd-netns.pid
```

接下来就可以远程登录这个网络名字空间了，如图 7-36 所示。

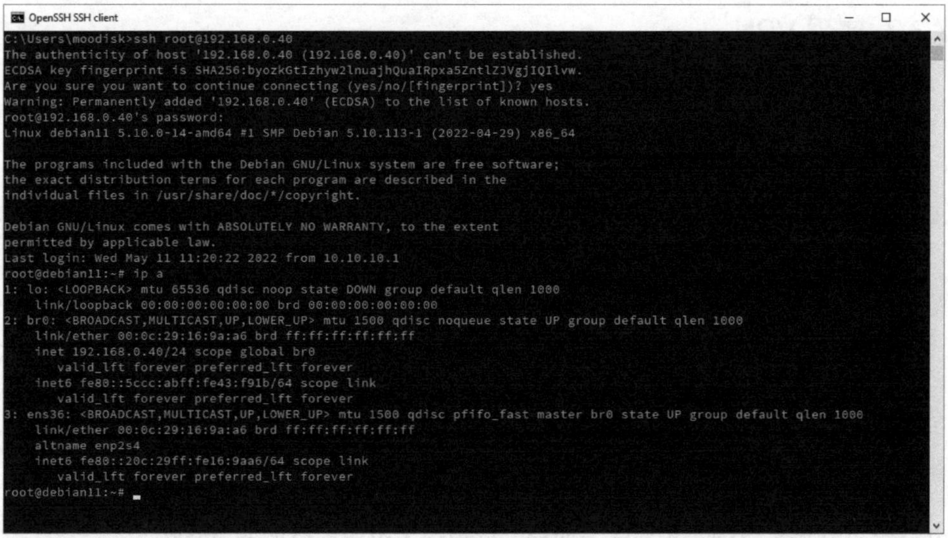

```
C:\Users\moodisk>ssh root@192.168.0.40
The authenticity of host '192.168.0.40 (192.168.0.40)' can't be established.
ECDSA key fingerprint is SHA256:byozkGtIzhyw2lnuajhQuaIRpxa5ZntlZJVgjIQIlvw.
Are you sure you want to continue connecting (yes/no/[fingerprint])? yes
Warning: Permanently added '192.168.0.40' (ECDSA) to the list of known hosts.
root@192.168.0.40's password:
Linux debian11 5.10.0-14-amd64 #1 SMP Debian 5.10.113-1 (2022-04-29) x86_64

The programs included with the Debian GNU/Linux system are free software;
the exact distribution terms for each program are described in the
individual files in /usr/share/doc/*/copyright.

Debian GNU/Linux comes with ABSOLUTELY NO WARRANTY, to the extent
permitted by applicable law.
Last login: Wed May 11 11:20:22 2022 from 10.10.10.1
root@debian11:~# ip a
1: lo: <LOOPBACK> mtu 65536 qdisc noop state DOWN group default qlen 1000
    link/loopback 00:00:00:00:00:00 brd 00:00:00:00:00:00
2: br0: <BROADCAST,MULTICAST,UP,LOWER_UP> mtu 1500 qdisc noqueue state UP group default qlen 1000
    link/ether 00:0c:29:16:9a:a6 brd ff:ff:ff:ff:ff:ff
    inet 192.168.0.40/24 scope global br0
       valid_lft forever preferred_lft forever
    inet6 fe80::5ccc:abff:fe43:f91b/64 scope link
       valid_lft forever preferred_lft forever
3: ens36: <BROADCAST,MULTICAST,UP,LOWER_UP> mtu 1500 qdisc pfifo_fast master br0 state UP group default qlen 1000
    link/ether 00:0c:29:16:9a:a6 brd ff:ff:ff:ff:ff:ff
    altname enp2s4
    inet6 fe80::20c:29ff:fe16:9aa6/64 scope link
       valid_lft forever preferred_lft forever
root@debian11:~#
```

图 7-36 登录网络名字空间

7.3.6 使用网桥连接 tap 设备

创建一个 tap 设备，然后通过网桥与外面连通，如图 7-35 下部分所示。

（1）创建网桥 br0，配置 IP 地址并激活它：

```
[root@node01 ~]# ip link add br0 type bridge
[root@node01 ~]# ip link set br0 up
[root@node01 ~]# ip address add 192.168.0.31/24 dev br0
```

（2）把网卡 ens160 加入网桥：

```
[root@node01 ~]# ip link set dev ens160 master br0
[root@node01 ~]# ip link set ens160 up
```

（3）创建虚拟网卡 tap0，配置 IP 地址并激活它：

```
[root@node01 ~]# ip tuntap add mode tap
[root@node01 ~]# ip address add 192.168.0.51/24 dev tap0
[root@node01 ~]# ip link set tap0 up
```

（4）把 tap0 加入网桥：

```
[root@node01 ~]# ip link set dev tap0 master br0
```

这样就可以从其他计算机上 ping 通 192.168.0.51 了，当然也可以 ping 通网桥的 IP 地址。

7.3.7 实现 VPN

利用虚拟网元实现 VPN，原理如图 7-37 所示。

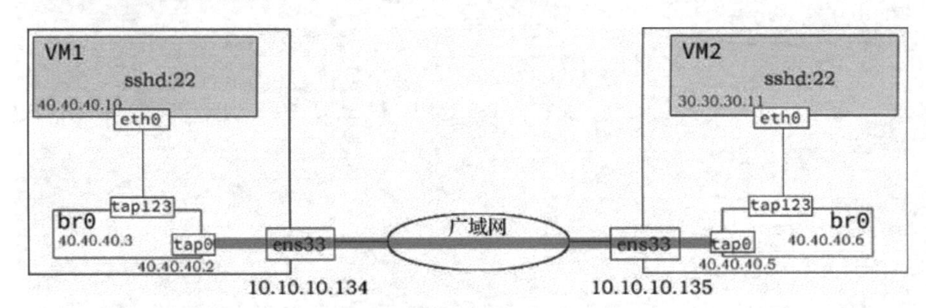

图 7-37 利用虚拟网元实现 VPN 的原理

使用两台计算机，在每台计算机中使用网络名字空间来模拟虚拟机，在“虚拟机”内启动 SSH 服务以便远程登入，两台“虚拟机”组成一个虚拟局域网。

在左侧的计算机上操作：

```
[root@node01 ~]# ip netns add VM1

#创建一对 veth:tap123/eth0
[root@node01 ~]# ip link add tap123 type veth peer name eth0

[root@node01 ~]# ip link set dev eth0 netns VM1

[root@node01 ~]# ip link add br0 type bridge

[root@node01 ~]# ip link set br0 up
[root@node01 ~]# ip link set tap123 up
[root@node01 ~]# ip netns exec VM1 ip link set eth0 up

[root@node01 ~]# ip link set dev tap123 master br0
[root@node01 ~]# ip netns exec VM1 ip address add 40.40.40.10/24 dev eth0
[root@node01 ~]# ip address add 40.40.40.3/24 dev br0

[root@node01 ~]# ip tuntap add mode tap
[root@node01 ~]# ip link set dev tap0 master br0
[root@node01 ~]# ip address add 40.40.40.2/24 dev tap0
[root@node01 ~]# ip link set tap0 up

[root@node01 ~]# ip netns exec VM1 hostnamectl set-hostname host1

[root@node01 ~]# ip netns exec VM1 /usr/sbin/sshd \
```

```
  -o PidFile=/var/run/sshd-netns.pid

#启动 VPN 程序服务端（vpn_tap 的代码见后面）
./vpn_tap -i tap0 -s 10.10.10.134 -p 8888
```

在右侧的计算机上操作：

```
[root@node02 ~]# ip netns add VM2

#创建一对 veth:tap123/eth0
[root@node02 ~]# ip link add tap123 type veth peer name eth0

[root@node02 ~]# ip link set dev eth0 netns VM2

[root@node02 ~]# ip link add br0 type bridge

[root@node02 ~]# ip link set br0 up
[root@node02 ~]# ip link set tap123 up
[root@node02 ~]# ip netns exec VM2 ip link set eth0 up

[root@node02 ~]# ip link set dev tap123 master br0
[root@node02 ~]# ip netns exec VM2 ip address add 40.40.40.11/24 dev eth0
[root@node02 ~]# ip address add 40.40.40.6/24 dev br0

[root@node02 ~]# ip tuntap add mode tap
[root@node02 ~]# ip link set dev tap0 master br0
[root@node02 ~]# ip address add 40.40.40.5/24 dev tap0
[root@node02 ~]# ip link set tap0 up

[root@node02 ~]# ip netns exec VM2 hostnamectl set-hostname host2

[root@node02 ~]# ip netns exec VM2 /usr/sbin/sshd \
  -o PidFile=/var/run/sshd-netns.pid

#启动 VNP 程序客户端
./vpn_tap -i tap0 -c 10.10.10.134 -p 8888
```

现在这两台“虚拟机”就可以互相登录了，例如，从 VM1 登录 VM2：

```
[root@node01 ~]# ip netns exec VM1 ssh root@40.40.40.20
The authenticity of host '40.40.40.20 (40.40.40.20)' can't be established.
ECDSA key fingerprint is SHA256:kz0xKfu6n5tpaqYMrs+z276FG2F/8vQ/7Am2qoAcNtk.
Are you sure you want to continue connecting (yes/no/[fingerprint])? yes
Warning: Permanently added '40.40.40.20' (ECDSA) to the list of known hosts.
root@40.40.40.20's password:
Last login: Wed May 11 19:00:32 2022 from 40.40.40.10
[root@host2 ~]# ip a
```

```
1: lo: <LOOPBACK> mtu 65536 qdisc noop state DOWN group default qlen 1000
    link/loopback 00:00:00:00:00:00 brd 00:00:00:00:00:00
4: eth0@if5: <BROADCAST,MULTICAST,UP,LOWER_UP> mtu 1500 qdisc noqueue state UP group
default qlen 1000
    link/ether 6a:5d:42:1c:bf:69 brd ff:ff:ff:ff:ff:ff link-netnsid 0
    inet 40.40.40.20/24 scope global eth0
       valid_lft forever preferred_lft forever
    inet6 fe80::685d:42ff:fe1c:bf69/64 scope link
       valid_lft forever preferred_lft forever
[root@host2 ~]#
```

vpn_tap.c 的代码如下，在 Linux 上使用 “gcc -o vpn_tap vpn_tap.c” 命令编译。

```
/*
 * 服务器端: ./vpn_tap -i tap0 -s 192.168.0.30 -p 8888
 * 客户端: ./vpn_tap -i tap0 -c 192.168.0.30 -p 8888
 */
#include <stdio.h>
#include <stdlib.h>
#include <string.h>
#include <unistd.h>
#include <net/if.h>
#include <linux/if_tun.h>
#include <sys/socket.h>
#include <sys/ioctl.h>
#include <fcntl.h>
#include <arpa/inet.h>
#include <sys/select.h>
#include <errno.h>

#define BUFSIZE 2000   /* >1500 */

int tap_alloc(char *dev) {
        struct ifreq ifr;
        int fd, err;
        char *clonedev = "/dev/net/tun";

        if( (fd = open(clonedev , O_RDWR)) < 0 ) {
                perror("Opening /dev/net/tun");
                return fd;
        }
        memset(&ifr, 0, sizeof(ifr));
        ifr.ifr_flags = IFF_TAP | IFF_NO_PI;

        if (*dev) {
                strncpy(ifr.ifr_name, dev, IFNAMSIZ);
```

```
        }
        if( (err = ioctl(fd, TUNSETIFF, (void *)&ifr)) < 0 ) {
                perror("ioctl(TUNSETIFF)");
                close(fd);
                return err;
        }
        strcpy(dev, ifr.ifr_name);
        return fd;
}

int cread(int fd, char *buf, int n){
        int nread;

        if((nread=read(fd, buf, n)) < 0){
                perror("Reading data");
                exit(1);
        }
        return nread;
}

int cwrite(int fd, char *buf, int n){
        int nwrite;

        if((nwrite=write(fd, buf, n)) < 0){
                perror("Writing data");
                exit(1);
        }
        return nwrite;
}

int read_n(int fd, char *buf, int n) {
        int nread, left = n;

        while(left > 0) {
                if ((nread = cread(fd, buf, left)) == 0){
                        return 0 ;
                }else {
                        left -= nread;
                        buf += nread;
                }
        }
        return n;
}
```

```
int main(int argc, char *argv[]){
        char if_name[IFNAMSIZ] = "";
        char ip[16] = "";               /* IP 地址 */
        unsigned short int port;
        int sock_fd, net_fd, optval = 1, tap_fd, maxfd;
        struct sockaddr_in local, remote;
        uint16_t nread, nwrite, plength;
        char buffer[BUFSIZE];
        socklen_t remotelen;

        if(argc<7){
                printf("用法：./vpn_tap -i <虚拟网元名称> -s|-c <物理网卡的 ip 地址> -p <端口>\n");
                exit(1);
        }
        strncpy(if_name,argv[2], IFNAMSIZ-1);
        strncpy(ip,argv[4], 15);
        port = atoi(argv[6]);
        /* 打开/dev/net/tap 字符设备 */
        if ( (tap_fd = tap_alloc(if_name)) < 0 ) {
                printf("Error connecting to tun/tap interface %s!\n", if_name);
                exit(1);
        }
        if ( (sock_fd = socket(AF_INET, SOCK_STREAM, 0)) < 0) {
                perror("socket()");
                exit(1);
        }
        if(argv[3][1] == 'c') {
                /* 客户端 */
                memset(&remote, 0, sizeof(remote));
                remote.sin_family = AF_INET;
                remote.sin_addr.s_addr = inet_addr(ip);
                remote.sin_port = htons(port);
                printf("ip=%s, port=%d\n", ip, port);
                if (connect(sock_fd, (struct sockaddr*) &remote, sizeof(remote)) < 0) {
                        perror("connect()");
                        exit(1);
                }
                net_fd = sock_fd;
        } else {
                /* 服务器端 */
                if(setsockopt(sock_fd, SOL_SOCKET, SO_REUSEADDR, (char *)&optval,
sizeof(optval)) < 0) {
                        perror("setsockopt()");
                        close(tap_fd);
```

```
                exit(1);
        }
        memset(&local, 0, sizeof(local));
        local.sin_family = AF_INET;
        local.sin_addr.s_addr = inet_addr(ip);
        local.sin_port = htons(port);
        printf("ip=%s, port=%d\n", ip, port);
        if (bind(sock_fd, (struct sockaddr*) &local, sizeof(local)) < 0) {
                perror("bind()");
                exit(1);
        }
        if (listen(sock_fd, 5) < 0) {
                perror("listen()");
                close(tap_fd);
                exit(1);
        }
        remotelen = sizeof(remote);
        memset(&remote, 0, remotelen);
        if ((net_fd = accept(sock_fd, (struct sockaddr*)&remote, &remotelen)) < 0) {
                perror("accept()");
                close(tap_fd);
                exit(1);
        }
}
maxfd = (tap_fd > net_fd)?tap_fd:net_fd;
while(1) {
        int ret;
        fd_set rd_set;

        FD_ZERO(&rd_set);
        FD_SET(tap_fd, &rd_set); FD_SET(net_fd, &rd_set);

        ret = select(maxfd + 1, &rd_set, NULL, NULL, NULL);
        if (ret < 0 && errno == EINTR){
                continue;
        }
        if (ret < 0) {
                perror("select()");
                exit(1);
        }
        if(FD_ISSET(tap_fd, &rd_set)) {
                /* 来自/dev/net/tap 的数据 */
                nread = cread(tap_fd, buffer, BUFSIZE);
                plength = htons(nread);
```

```
                        nwrite = cwrite(net_fd, (char *)&plength, sizeof(plength));
                        nwrite = cwrite(net_fd, buffer, nread);
                }
                if(FD_ISSET(net_fd, &rd_set)) {
                        /* 来自网络的数据 */
                        nread = read_n(net_fd, (char *)&plength, sizeof(plength));
                        if(nread == 0) {
                                break;
                        }
                        nread = read_n(net_fd, buffer, ntohs(plength));
                        nwrite = cwrite(tap_fd, buffer, nread);
                }
        }
        return(0);
}
```

真实的 VPN 拓扑结构如图 7-38 所示。

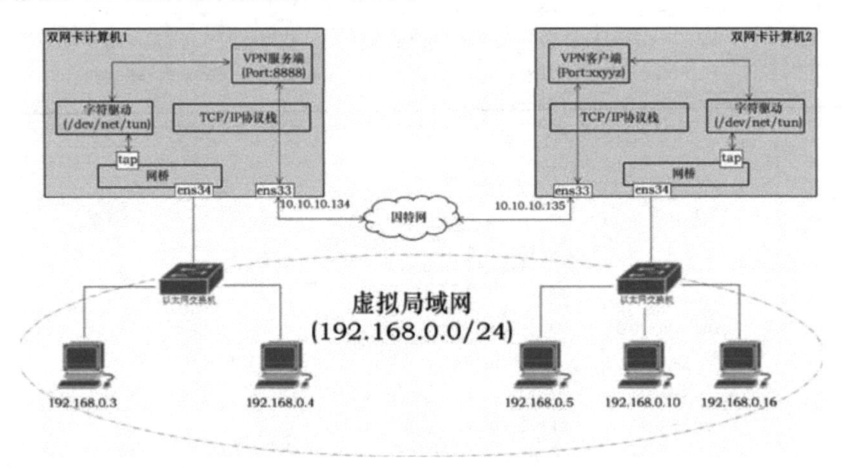

图 7-38 真实的 VPN 拓扑结构

7.4 Docker 实战

容器主要是用来包装和发布服务的，一个容器里面运行一个服务或者少量相关的服务。下面我们来制作一个容器，里面运行 Nginx 网站服务。

1. 安装

CentOS 官方安装源中的 Docker 版本比较旧，我们直接从 Docker 官网安装。先装好 CentOS 8 操作系统。

（1）卸载旧版本：

```
[root@host1 ~]# dnf remove docker docker-engine docker.io podman runc
```

（2）添加 Docker 官方安装源：

```
[root@host1 ~]# curl https://download.docker.com/linux/centos/docker-ce.repo \
  -o /etc/yum.repos.d/docker-ce.repo
[root@host1 ~]# sed -i -e "s/enabled=1/enabled=0/g" \
  /etc/yum.repos.d/docker-ce.repo
[root@host1 ~]# dnf makecache -y
```

（3）安装 docker-ce，激活并立即启动 Docker：

```
[root@host1 ~]# dnf --enablerepo=docker-ce-stable -y install docker-ce
[root@host1 ~]# systemctl enable --now docker
```

（4）检查 Docker 的运行状态：

```
[root@host1 ~]# systemctl status docker
● docker.service - Docker Application Container Engine
   Loaded: loaded (/usr/lib/systemd/system/docker.service; enabled; vendor preset:
disabled)
   Active: active (running) since Sat 2022-03-26 08:22:02 CST; 2s ago
     Docs: https://docs.docker.com
 Main PID: 3418 (dockerd)
    Tasks: 8
   Memory: 30.3M
   CGroup: /system.slice/docker.service
           └─3418 /usr/bin/dockerd -H fd:// --
containerd=/run/containerd/containerd.sock
……
```

（5）如果 Docker 处于运行状态，则表明 Docker 安装成功。查看 Docker 的版本信息：

```
[root@host1 ~]# docker version
Client: Docker Engine - Community
 Version:           20.10.14
 API version:       1.41
 Go version:        go1.16.15
 Git commit:        a224086
 Built:             Thu Mar 24 01:47:44 2022
 OS/Arch:           linux/amd64
 Context:           default
 Experimental:      true

Server: Docker Engine - Community
```

```
Engine:
 Version:          20.10.14
 API version:      1.41 (minimum version 1.12)
 Go version:       go1.16.15
......
```

2. 制作 Nginx 容器

下面自己动手制作一个容器。

（1）下载一个 Debian 操作系统的官方容器镜像：

```
[root@host1 ~]# docker search debian | head      #搜索包含 Debian 的镜像，列出人气前 9 名
NAME           DESCRIPTION                                        STARSOFFICIAL  ......
ubuntu         Ubuntu is a Debian-based Linux operating sys...    13928[OK]      ......
debian         Debian is a Linux distribution that's compos...    4232 [OK]      ......
neurodebian    NeuroDebian provides neurosecience research s..    10             ......
......
[root@host1 ~]# docker pull debian                                #下载 Debian 容器镜像
[root@host1 ~]# docker images                                     #列出本地的容器镜像
REPOSITORY   TAG      IMAGE ID       CREATED        SIZE
debian       latest   c4905f2a4f97   23 hours ago   124MB
[root@host1 ~]# docker inspect debian                             #查看 Debian 的介绍
[
    {
        "Id":
"sha256:c4905f2a4f97c2c59ee2b37ed16b02a184e0f1f3a378072b6ffa9e94bcb9e431",
        "RepoTags": [
            "debian:latest"
        ],
        "RepoDigests": [

"debian@sha256:6137c67e2009e881526386c42ba99b3657e4f92f546814a33d35b14e60579777"
        ],
        "Parent": "",
        "Comment": "",
        "Created": "2022-05-11T01:20:05.670760099Z",
......
```

（2）在容器中安装 Nginx 网站服务器：

```
[root@host1 ~]# docker run -i -t debian /bin/bash                 #启动并进入 Debian 容器
root@927a25122242:~# sed -i 's|deb.debian.org|mirrors.aliyun.com|g' \
  /etc/apt/sources.list                                           #安装源改为阿里云

root@fe8a1d9a533b:~# sed '/security/s/^/#/' /etc/apt/sources.list
root@fe8a1d9a533b:~# apt update                                   #更新本地缓存
```

```
root@fe8a1d9a533b:~# apt install nginx -y                                    #安装 Nginx
root@fe8a1d9a533b:~# ip a | grep inet                                        #查看网卡的 IP 地址
    inet 127.0.0.1/8 scope host lo
    inet 172.17.0.2/16 brd 172.17.255.255 scope global eth0
root@fe8a1d9a533b:/# update-rc.d nginx enable                                #开机时 Nginx 自动启动
root@fe8a1d9a533b:/# echo "<h1>Hello. Nginx on Docker!</h1>" > \
  /var/www/html/index.html                                                   #产生一个简单的页面文件
root@fe8a1d9a533b:~# exit
```

（3）生成容器镜像：

```
[root@host1 ~]# docker ps -a                                                 #查看容器实例
CONTAINER ID IMAGE  COMMAND     CREATED         STATUS                  PORTS ……
fe8a1d9a533b debian "/bin/bash" 15 minutes ago Exited (0) 2 minutes ago      ……
[root@host1 ~]# docker commit -m="Nginx 网站服务容器" -a="李木生" fe8a1d9a533b \
  debian:www                                  #提交 fe8a1d9a533b 容器实例（产生容器镜像）
sha256:bc32c2703bac34fbf9ac9d5d0c209a7d3e53344b5587a58914140f2b0d0f3bda
[root@host1 ~]# docker images                                                #列出本地全部的容器镜像
REPOSITORY      TAG       IMAGE ID       CREATED              SIZE
debian          www       bc32c2703bac   About a minute ago   210MB
debian          latest    c4905f2a4f97   24 hours ago         124MB
```

容器镜像备注为“Nginx 网站服务容器”，指名作者为“李木生”，新生成的容器镜像名为 debian:www，ID 为 bc32c2703bac。

（4）关闭并删除容器实例：

```
[root@host1 ~]# docker ps -a                                                 #列出全部的容器实例
CONTAINER ID    IMAGE     COMMAND        CREATED          ……
fe8a1d9a533b    debian    "/bin/bash"    26 minutes ago                  ……
[root@host1 ~]# docker stop fe8a1d9a533b                                     #关闭容器实例
[root@host1 ~]# docker rm fe8a1d9a533b                                       #删除容器实例
```

（5）启动定制的镜像，对外提供 Web 服务：

```
#查看容器中 Nginx 程序的全路径
[root@host1 ~]# docker run debian:www /usr/bin/whereis nginx
nginx: /usr/sbin/nginx /usr/lib/nginx /etc/nginx /usr/share/nginx

#在后台运行容器实例，在容器实例中执行“/usr/sbin/nginx -g "daemon off;"”命令
#并把容器实例中的 80 端口映射为主机的 8081 端口
[root@host1 ~]# docker run -t -d -p 8081:80 debian:www \
  /usr/sbin/nginx -g "daemon off;"
16ed87ac28d2cd716ff197161c48a98962b40b94c6946744f022433fc8315d36

#查看正在运行的容器实例，实例 ID 为 16ed87ac28d2
[root@host1 ~]# docker ps
CONTAINER ID IMAGE      COMMAND                    STATUS         PORTS
16ed87ac28d2 debian:www "/usr/sbin/nginx -a ..." 8 seconds ago   Up 7 seconds
```

```
0.0.0.0:8081->80    /tcp loving_robinson
```

启动容器时，我们做了端口映射，即宿主机上的 8081 端口映射到容器中的 80 端口，因此可以使用 http://<宿主机 ip>:8081；或者 http://<容器的 ip>两种方式访问容器中的 Web 服务。

（6）访问网站：

```
[root@host1 ~]# curl localhost:8081                              #浏览页面
<h1>Hello. Nginx on Docker!</h1>
[root@host1 ~]# docker inspect 16ed87ac28d2|grep \"IPAddress     #查看容器的 IP 地址
            "IPAddress": "172.17.0.2",
                    "IPAddress": "172.17.0.2",
[root@host1 ~]# curl 172.17.0.2                                  #直接访问容器的 IP 地址
<h1>Hello. Nginx on Docker!</h1>
```

使用浏览器打开 Docker 容器中的网站，如图 7-39 所示。

图 7-39 使用浏览器打开 Docker 容器中的网站

（7）备份或发布容器镜像：

```
[root@host1 ~]# docker images
REPOSITORY   TAG      IMAGE ID       CREATED            SIZE
debian       www      bc32c2703bac   About an hour ago  210MB
debian       latest   c4905f2a4f97   25 hours ago       124MB

[root@host1 ~]# docker save bc32c2703bac -o ./NginxDocker.tar debian:www   #备份
[root@host1 ~]# xz /tmp/NginxDocker.tar                                    #压缩
[root@host1 ~]# ls -l /tmp/NginxDocker.tar.xz
-rw-r--r-- 1 root root 64578396 May 12 10:23 /tmp/NginxDocker.tar.xz
```

这样就可以把文件/tmp/NginxDocker.tar.xz 复制出来，或者发送给别人了。其他人得到这个文件后就可以恢复容器镜像。

（8）恢复容器镜像：

```
[root@host1 ~]# xz -d /tmp/NginxDocker.tar                                 #解压
[root@host1 ~]# docker load -i /tmp/NginxDocker.tar                        #恢复
f84c270ad171: Loading layer [==================================================>]
87.37MB/87.37MB
Loaded image ID:
```

```
sha256:bc32c2703bac34fbf9ac9d5d0c209a7d3e53344b5587a58914140f2b0d0f3bda

[root@host1 ~]# docker images
REPOSITORY      TAG         IMAGE ID        CREATED         SIZE
debian          www         bc32c2703bac    2 hours ago     210MB
```

（9）有了容器镜像之后就可以启动容器了：

```
[root@host1 ~]# docker run -t -d -p 8081:80 debian:www \
  /usr/sbin/nginx -g "daemon off;"
```

7.5 OpenStack 实战

根据虚拟机组网的不同，分成 3 个实验，步骤如图 7-40 所示。

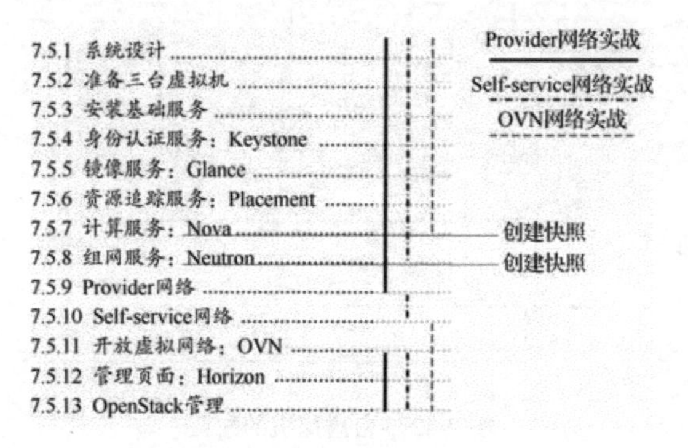

图 7-40 3 个实验的步骤

7.5.1 系统设计

我们使用 3 台机器部署 OpenStack，其中，第一台为控制节点（control-node），第二台为网络节点（network-node），第三台为计算节点（compute-node）。当然，可以使用更多的计算节点，计算节点是用来跑虚拟机的。在生产环境中，为了提高可用性，一般使用多台控制节点和网络节点来实现容错。

我们的实验环境设计如图 7-41 所示。

各个节点通过管理网络互联，云上的虚拟机通过叠加网络互联，通过供应商网络出去。

我们的实验环境是这样的：在一台配置 16GB 内存的计算机上安装 Windows 10，在 Windows 上安装 VMware Workstation pro 16，然后在 VMware 里创建 3 台虚拟机，

3 台虚拟机的配置如图 7-42 所示。

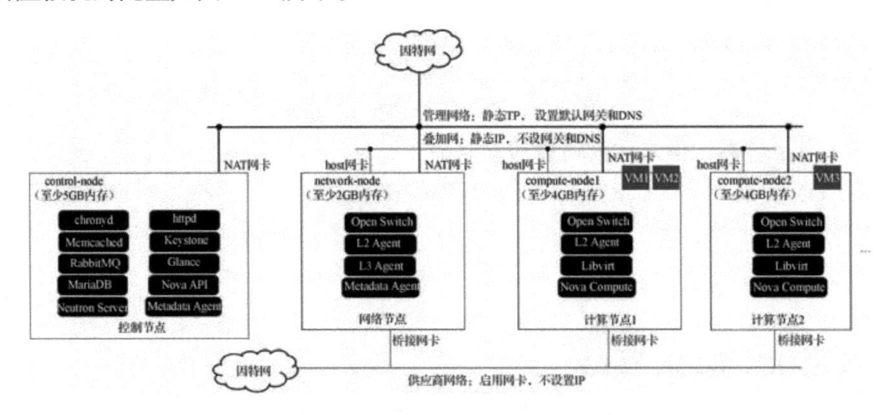

图 7-41 实验环境设计

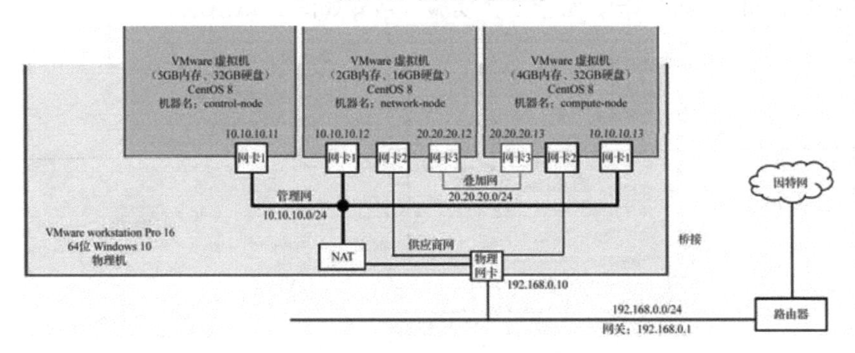

图 7-42 3 台虚拟机的配置

注意：默认网关和 DNS 配置在 NAT 网卡上，计算节点的 CPU 要开启虚拟化功能，因为后面需要在上面运行虚拟机，如图 7-43 和图 7-44 所示。

VMware 的网络参数如图 7-45 所示。

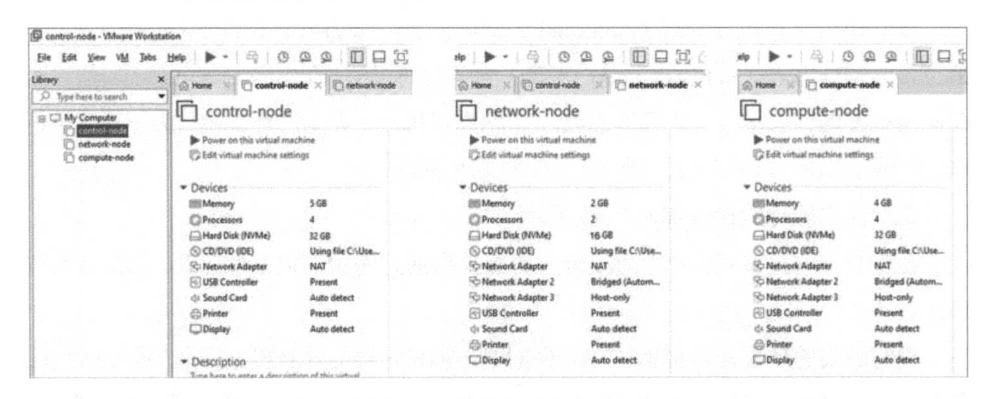

图 7-43 创建的 3 台虚拟机

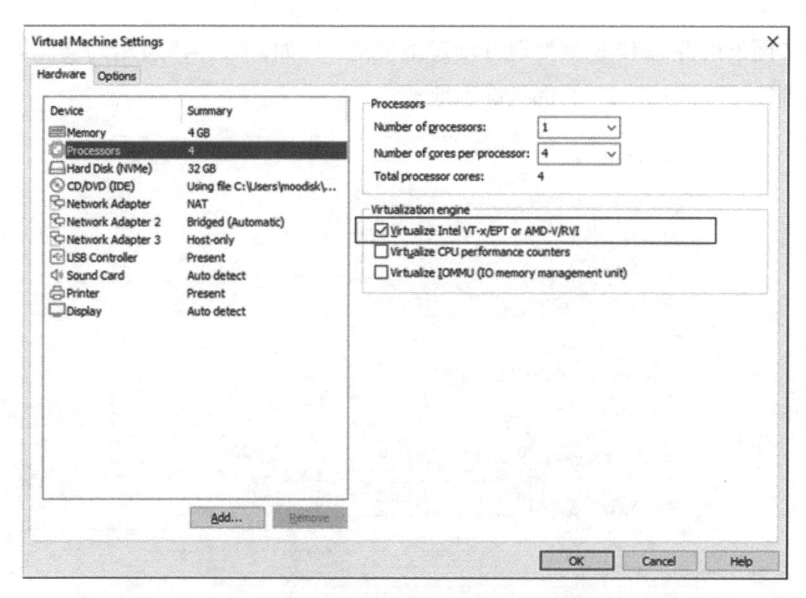

图 7-44 计算节点的 CPU 开启虚拟化功能

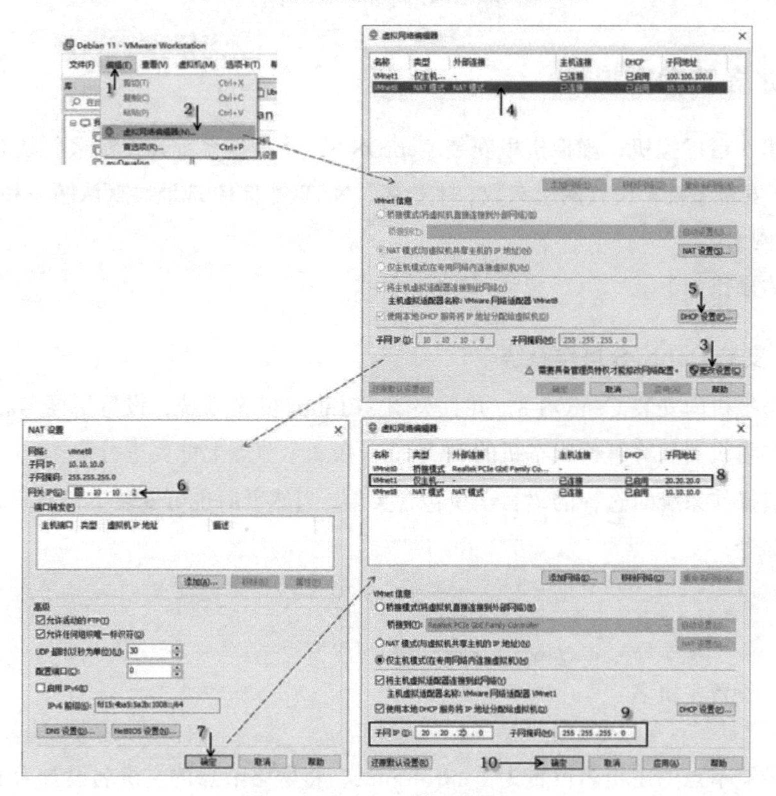

图 7-45 VMware 的网络参数

NAT 网卡的静态 IP 地址要避开动态地址池，比如，图 7-46 所示的动态地址池为 128 到 254，所以小于 128 的都是静态地址。

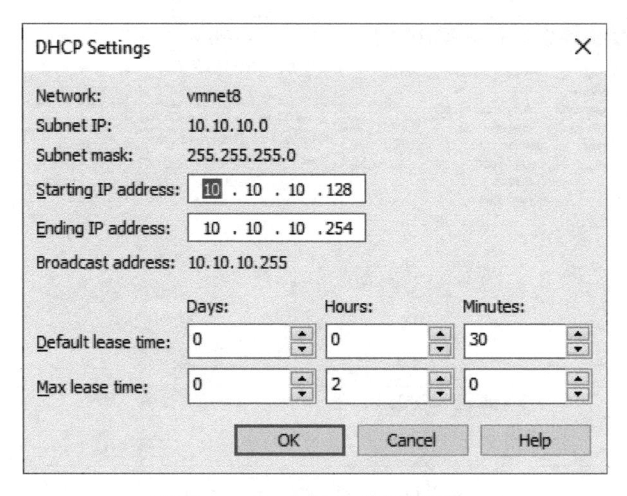

图 7-46 NAT 网络的动态地址池

7.5.2 准备 3 台虚拟机

创建 3 台虚拟机，虚拟机里安装 CentOS 8，将操作系统升级到最新状态，关闭 SELinux 安全系统，设置网卡参数、主机名、NAT 网卡 IP 地址，默认网关和 DNS 设在 NAT 网卡上。

具体操作如下。

1. 安装 CentOS 操作系统

在虚拟机内安装 CentOS 8，并且关闭 SELinux 安全系统，设置机器名和网卡 IP 地址，并将机器名称解析成本机的 IP 地址，在 3 个节点上都要进行操作。

安装操作系统时选择的语言至少包含英语，当然事后也可安装英语语言包，参考下面的命令：

```
[root@allnodes ~]# dnf install -y langpacks-en -y
[root@allnodes ~]# localectl set-locale LANG=en_US.utf8
[root@allnodes ~]# source /etc/locale.conf
```

（1）设置主机名：

```
[root@allnodes ~]# hostnamectl set-hostname control-node 或 network-node 或 compute-node
```

将控制节点的主机名设置为 control-node，将网络节点的主机名设置为 network-node，将计算节点的主机名设置为 compute-node。

（2）配置第一块网卡（NAT 模式，3 台虚拟机上都要操作）：

```
[root@allnodes ~]# nmcli c                                                   #查看网卡的名字
NAME    UUID                                  TYPE      DEVICE
ens160  d93e8985-279d-4b6f-81d4-95fa45c67527  ethernet  ens160
……

#第一块网卡（NAT）
[root@allnodes ~]# vim /etc/sysconfig/network-scripts/ifcfg-ens160
TYPE=Ethernet
PROXY_METHOD=none
BROWSER_ONLY=no
BOOTPROTO=static
DEFROUTE=yes
IPV4_FAILURE_FATAL=no
IPV6INIT=yes
IPV6_AUTOCONF=yes
IPV6_DEFROUTE=yes
IPV6_FAILURE_FATAL=no
NAME=ens160
UUID=d93e8985-279d-4b6f-81d4-95fa45c67527
DEVICE=ens160
ONBOOT=yes
PREFIX=24
IPADDR=10.10.10.11
GATEWAY=10.10.10.2
NETMASK=255.255.255.0
DNS1=202.96.128.86
DNS2=9.9.9.9
```

注意：网络节点和计算节点第一块网卡的 IP 地址分别是 10.10.10.12 和 10.10.10.13。

（3）配置第二块和第三块网卡（网络节点和计算节点上都要操作）：

```
[root@network-node ~]# nmcli c
NAME    UUID                                  TYPE      DEVICE
ens160  c66729e0-974e-4bf7-ac8a-b039c91dc452  ethernet  ens160
ens256  1909c9e5-a5e1-30fb-8e48-c0888b0d5c8b  ethernet  ens256
ens224  0ce509a8-7a26-326b-8e38-a51563e5bc8d  ethernet  --

#第二块网卡（桥接）
[root@network-node ~]# vim /etc/sysconfig/network-scripts/ifcfg-ens224
DEVICE=ens224
TYPE=Ethernet
ONBOOT=yes
```

```
BOOTPROTO=none
NAME=ens224
UUID=0ce509a8-7a26-326b-8e38-a51563e5bc8d

#第三块网卡(host)
[root@network-node ~]# vim /etc/sysconfig/network-scripts/ifcfg-ens256
DEVICE=ens256
TYPE=Ethernet
ONBOOT=yes
BOOTPROTO=none
NAME=ens256
UUID=1909c9e5-a5e1-30fb-8e48-c0888b0d5c8b
IPADDR=20.20.20.12
PREFIX=24
```

注意：计算节点第三块网卡的 IP 地址为 20.20.20.13。网卡参数要根据你的实际情况修改，3 个节点的 IP 地址都不同。把下面三行加入/etc/hosts 文件的末尾：

```
[root@allnodes ~]# vim /etc/hosts
……
10.10.10.11         control-node
10.10.10.12         network-node
10.10.10.13         compute-node
```

使网卡配置生效：

```
[root@allnodes ~]# nmcli connection reload
```

或者重启虚拟机。

（4）关闭 SELinux 安全系统：

```
#把 SELINUX=enforcing 改为 SELINUX=disabled
[root@allnodes ~]# vim /etc/sysconfig/selinux
……
SELINUX=disabled
……
```

（5）安装登录服务 openssh-server（默认已经安装了）：

```
[root@allnodes ~]# dnf -y install openssh-server
```

（6）安装 OpenStack 源：

```
[root@allnodes ~]# dnf install centos-release-openstack-yoga -y
[root@allnodes ~]# yum config-manager --set-enabled powertools
[root@allnodes ~]# dnf repolist --enabled                        #查看全部可用的安装源
repo id                                 repo name
appstream                               CentOS Stream 8 - AppStream
baseos                                  CentOS Stream 8 - BaseOS
centos-advanced-virtualization          CentOS-8 - Advanced Virtualization
```

```
centos-ceph-pacific                      CentOS-8-stream - Ceph Pacific
centos-nfv-openvswitch                   CentOS-8 - NFV OpenvSwitch
centos-openstack-yoga                    CentOS-8 - OpenStack yoga
centos-rabbitmq-38                       CentOS-8 - RabbitMQ 38
extras                                   CentOS Stream 8 - Extras
extras-common                            CentOS Stream 8 - Extras common packages
powertools                               CentOS Stream 8 - PowerTools
```

（7）安装 OpenStack 的客户端工具和下载工具：

```
[root@control-node ~]# dnf -y install python3-openstackclient wget
```

连同依赖包一共会安装 25 个。

（8）安装抓包工具：

```
[root@xyz ~]# dnf install tcpdump -y
```

（9）升级操作系统并重启：

```
[root@allnodes ~]# dnf upgrade -y
[root@allnodes ~]# poweroff
```

2. 给虚拟机创建快照

给虚拟机创建快照，如图 7-47 所示。

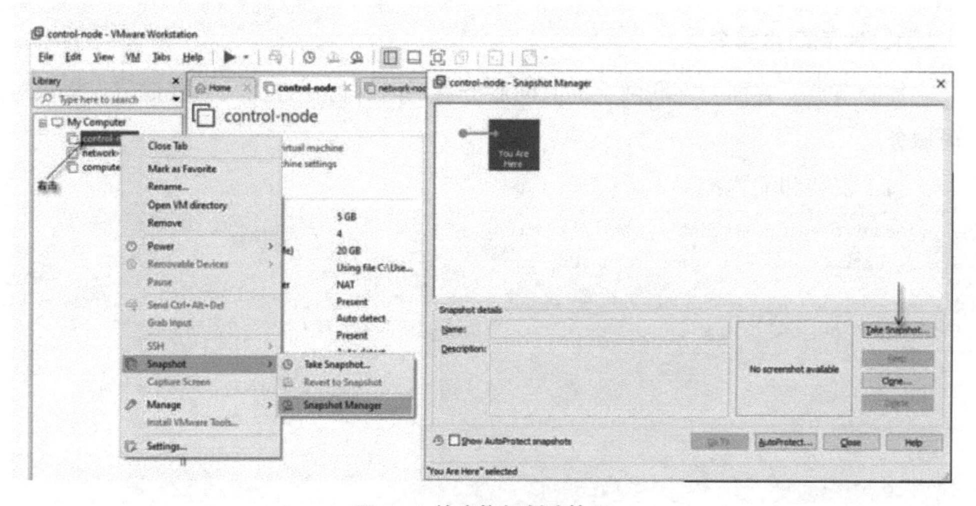

图 7-47 给虚拟机创建快照

3. 远程登录虚拟机

建议远程登录虚拟机总操作，这样内外复制、粘贴都很方便——在 Windows 中按组合键 Ctrl+C 复制，在 Linux 中右击粘贴，或者在 Linux 中选中内容并右击复制，在 Windows 中按组合键 Ctrl+V 粘贴。

Windows 自带了 ssh 命令，允许登录虚拟机，如图 7-48 所示，如果是第一次登录，需要输入“yes”确定指纹数据。

图 7-48 从 Windows 登录虚拟机

7.5.3 安装基础服务

除时间同步服务外，其他的服务只在控制节点上操作。

1. 时间同步服务

控制节点一方面与互联网上的时间服务器对时，另一方面又为其他节点提供对时服务。

（1）安装和配置：

```
[root@control-node ~]# dnf -y install chrony
[root@control-node ~]# vim /etc/chrony.conf
......
pool 2.centos.pool.ntp.org iburst                    #与网上时钟服务器对时
......
allow 10.10.10.0/24                                  #允许局域网内的计算机与本机对时
......

[root@control-node ~]# systemctl restart chronyd
[root@control-node ~]# systemctl enable chronyd
```

上面最后一条命令是激活时钟服务的，只有被激活的服务才会在下次开始时自动启动。在网络节点和计算节点上执行下面的命令：

```
[root@xyz ~]# dnf -y install chrony
[root@xyz ~]# vim /etc/chrony.conf
......
```

```
pool control-node iburst                                                    #与控制节点对时
……
[root@xyz ~]# systemctl restart chronyd
[root@xyz ~]# systemctl enable chronyd
[root@xyz ~]# chronyc sources
MS Name/IP address         Stratum Poll Reach LastRx Last sample
===============================================================================
^? control-node                  0   6     0     -     +0ns[   +0ns] +/-    0ns
```

（2）设置防火墙规则，允许其他节点对时：

```
#允许请求 NTP 服务进入
[root@control-node ~]# firewall-cmd --add-service=ntp --permanent
[root@control-node ~]# firewall-cmd --reload                               #规则立即生效
[root@control-node ~]# firewall-cmd --info-zone=public                     #查看防火墙规则
public (active)
……
  interfaces: ens160 ens224
  sources:
  services: cockpit dhcpv6-client ntp ssh
  ports:
  protocols:
……
```

（3）检查时区：

```
[root@allnodes ~]# timedatectl
               Local time: Sat 2022-04-23 14:58:53 CST
           Universal time: Sat 2022-04-23 06:58:53 UTC
                 RTC time: Sat 2022-04-23 06:58:52
                Time zone: Asia/Shanghai (CST, +0800)
System clock synchronized: yes
              NTP service: active
          RTC in local TZ: no

#如果时区不是亚洲的上海时区，那就使用下面的命令修改
[root@allnodes ~]# timedatectl set-timezone Asia/Shanghai
```

2. 数据库服务

现在 Linux 操作系统上流行的开源 SQL 数据库是 MariaDB，它是 MySQL 的后续版本，与 MySQL 完全兼容。MySQL 已经被 Oracle 公司收购了，目前已经停止了版本更新。

使用下面的命令安装数据库，加上依赖的软件包共有 61 个：

```
[root@control-node ~]# dnf -y install mariadb mariadb-server python2-PyMySQL
```

新建一个配置文件 openstack.cnf：

```
[root@control-node ~]# vim /etc/my.cnf.d/openstack.cnf
[mysqld]
bind-address = 10.10.10.11

default-storage-engine = innodb
innodb_file_per_table = on
max_connections = 4096
collation-server = utf8_general_ci
character-set-server = utf8
```

注意：IP 地址是控制节点的第一块网卡的 IP，要根据实际情况替换。

激活并立即启动数据库服务：

```
[root@control-node ~]# systemctl --now enable mariadb.service
[root@control-node ~]# systemctl status mariadb.service     #查看数据库服务的运行状态
● mariadb.service - MariaDB 10.3 database server
   Loaded: loaded (/usr/lib/systemd/system/mariadb.service; enabled; vendor preset:
disabled)
   Active: active (running) since Fri 2022-04-08 02:09:37 EDT; 17min ago
     Docs: man:mysqld(8)
……
```

进行安全性配置：

```
[root@control-node ~]# mysql_secure_installation
……
Enter current password for root (enter for none):<直接按回车键>
OK, successfully used password, moving on...
……

Set root password? [Y/n]<直接按回车键表示回答 Yes>
New password:<输入密码 MYSQL_PASS>
Re-enter new password:<再输入一次 MYSQL_PASS>
Password updated successfully!
……<此后一直按回车键直到完成>
```

注意：MariaDB 数据库的管理员 root 的密码被修改为 MYSQL_PASS，以后可以使用下面的方式登录数据库：

```
[root@control-node ~]# mysql -uroot -pMYSQL_PASS
Welcome to the MariaDB monitor.  Commands end with ; or \g.
Your MariaDB connection id is 16
Server version: 10.3.28-MariaDB MariaDB Server

Copyright (c) 2000, 2018, Oracle, MariaDB Corporation Ab and others.
```

```
Type 'help;' or '\h' for help. Type '\c' to clear the current input statement.

MariaDB [(none)]>
MariaDB [(none)]> quit                                                          #退出数据库
Bye
[root@control-node ~]#
```

设置防火墙规则，放行 3306 端口（Mariadb 监听 3306/tcp）：

```
[root@control-node ~]# firewall-cmd --add-service=mysql --permanent
success
[root@control-node ~]# firewall-cmd --reload
success
```

3. 消息服务

收发消息是 OpenStack 各个组件之间的通信方法之一，这里使用开源的消息服务软件 RabbitMQ。

（1）安装：

```
[root@control-node ~]# dnf install rabbitmq-server -y
```

（2）激活并立即启动消息服务：

```
[root@control-node ~]# systemctl --now enable rabbitmq-server.service
```

（3）查看被监听的端口：

```
[root@control-node ~]# ss -tunlp
State    Recv-Q  Send-Q   Local Address:Port     Peer Address:Port
LISTEN   0       128            0.0.0.0:25672         0.0.0.0:*
LISTEN   0       128        10.10.10.11:3306          0.0.0.0:*
LISTEN   0       128                 *:5672                *:*
```

（4）在 RabbitMQ 中增加用户并设置密码，收发消息必须使用此用户（用户名为 openstack，密码为 RABBIT_PASS）：

```
[root@control-node ~]# rabbitmqctl add_user openstack RABBIT_PASS
Adding user "openstack" …
```

（5）设置 openstack 用户具备配置、读和写的权限：

```
[root@control-node ~]# rabbitmqctl set_permissions openstack ".*" ".*" ".*"
Setting permissions for user "openstack" in vhost "/" ...
```

（6）让防火墙放行 5672/tcp 端口：

```
[root@control-node ~]# firewall-cmd --add-port=5672/tcp --permanent
success
[root@control-node ~]# firewall-cmd --reload
success
```

（7）列出 RabbitMQ 中的用户、权限：

```
[root@control-node ~]# rabbitmqctl list_users
Listing users ...
user    tags
openstack       []
guest   [administrator]
[root@control-node ~]# rabbitmqctl list_permissions
Listing permissions for vhost "/" ...
user    configure       write   read
guest   .*      .*      .*
openstack       .*      .*      .*
```

执行“rabbitmqctl --help”命令获取在线帮助，此命令的功能很多，如删除用户、修改密码等。比如，执行“rabbitmqctl change_password openstack A1b2C3”命令将 openstack 用户的密码修改为 A1b2C3。

4．内存缓存服务

OpenStack 的 Keystone 使用内存高速缓存来保存令牌，这里使用开源的 MamCache 软件来实现内存高速缓存服务。

（1）安装：

```
[root@control-node ~]# dnf -y install memcached python3-memcached
```

（2）配置：

```
[root@control-node ~]# vim /etc/sysconfig/Memcached
……
OPTIONS="-l 127.0.0.1,::1,control-node"                    #也可以使用 IP 地址
```

（3）激活并立即启动服务：

```
[root@control-node ~]# systemctl --now enable memcached.service
```

（4）让 MemCached 在消息服务启动之后启动（否则开机时 MemCached 会启动失败）：

```
[root@control-node ~]# sed -i 's|network.target|rabbitmq-server.service|g' \
  /usr/lib/systemd/system/memcached.service
[root@control-node ~]# systemctl daemon-reload
```

（5）让防火墙放行内存高速缓存服务：

```
[root@control-node ~]# firewall-cmd --add-service=memcache --permanent
success
[root@control-node ~]# firewall-cmd --reload
success
```

5. 总结

（1）检查服务对应的端口是否被监听：

```
[root@control-node ~]# ss -utnlp
Netid State   Recv-Q Send-Q    Local Address:Port     Peer Address:Port
udp   UNCONN 0      0              0.0.0.0:123          0.0.0.0:*
udp   UNCONN 0      0            127.0.0.1:323          0.0.0.0:*
udp   UNCONN 0      0                [::1]:323            [::]:*
tcp   LISTEN 0      128            0.0.0.0:25672        0.0.0.0:*
tcp   LISTEN 0      128        10.10.10.11:3306         0.0.0.0:*
tcp   LISTEN 0      128        10.10.10.11:11211        0.0.0.0:*
tcp   LISTEN 0      128          127.0.0.1:11211        0.0.0.0:*
tcp   LISTEN 0      128            0.0.0.0:4369         0.0.0.0:*
tcp   LISTEN 0      128            0.0.0.0:22           0.0.0.0:*
tcp   LISTEN 0      128                  *:5672               *:*
tcp   LISTEN 0      128              [::1]:11211           [::]:*
tcp   LISTEN 0      128               [::]:4369            [::]:*
tcp   LISTEN 0      128               [::]:22              [::]:*
```

时钟服务的端口为 123，消息服务的端口为 5672，数据库服务的端口为 3306，内存高速缓存服务的端口为 11211。

（2）查看时钟同步服务的运行状态：

```
[root@control-node ~]# systemctl status chronyd
● chronyd.service - NTP client/server
   Loaded: loaded (/usr/lib/systemd/system/chronyd.service; enabled; vendor preset:
enabled)
   Active: active (running) since Fri 2022-04-08 03:10:53 EDT; 6min ago
     Docs: man:chronyd(8)
……
```

（3）查看数据库服务的运行状态：

```
[root@control-node ~]# systemctl status mariadb
● mariadb.service - MariaDB 10.3 database server
   Loaded: loaded (/usr/lib/systemd/system/mariadb.service; enabled; vendor preset:
disabled)
   Active: active (running) since Fri 2022-04-08 03:10:54 EDT; 8min ago
     Docs: man:mysqld(8)
……
```

（4）查看消息服务的运行状态：

```
[root@control-node ~]# systemctl status rabbitmq-server.service
● rabbitmq-server.service - RabbitMQ broker
   Loaded: loaded (/usr/lib/systemd/system/rabbitmq-server.service; enabled; vendor
preset: disabled)
```

```
   Active: active (running) since Fri 2022-04-08 03:11:02 EDT; 9min ago
......
```

（5）查看内存缓存服务的运行状态：

```
[root@control-node ~]# systemctl status memcached.service
● memcached.service - memcached daemon
   Loaded: loaded (/usr/lib/systemd/system/memcached.service; enabled; vendor preset:
disabled)
   Active: active (running) since Fri 2022-04-08 03:12:45 EDT; 9min ago
 Main PID: 2166 (memcached)
......
```

（6）查看防火墙的规则：

```
[root@control-node ~]# firewall-cmd --info-zone=public
public (active)
  target: default
  icmp-block-inversion: no
  interfaces: ens160 ens224
  sources:
  services: cockpit dhcpv6-client memcache mysql ntp ssh
  ports: 5672/tcp
  protocols:
  forward: no
  masquerade: no
  forward-ports:
  source-ports:
  icmp-blocks:
  rich rules:
```

（7）确保 control-node 解析第一块网卡的 IP 地址：

```
[root@control-node ~(admin)]# ping control-node -c 3
PING control-node (10.10.10.11) 56(84) bytes of data.
64 bytes from control-node (10.10.10.11): icmp_seq=1 ttl=64 time=0.035 ms
64 bytes from control-node (10.10.10.11): icmp_seq=2 ttl=64 time=0.093 ms
64 bytes from control-node (10.10.10.11): icmp_seq=3 ttl=64 time=0.036 ms

--- control-node ping statistics ---
3 packets transmitted, 3 received, 0% packet loss, time 2086ms
rtt min/avg/max/mdev = 0.035/0.054/0.093/0.028 ms

[root@control-node ~(admin)]# ip a
......
2: ens160: <BROADCAST,MULTICAST,UP,LOWER_UP> mtu 1500 qdisc mq state UP group default
qlen 1000
    link/ether 00:0c:29:2c:c5:f3 brd ff:ff:ff:ff:ff:ff
    inet 10.10.10.11/24 brd 10.10.10.255 scope global noprefixroute ens160
```

```
        valid_lft forever preferred_lft forever
    inet6 fe80::20c:29ff:fe2c:c5f3/64 scope link noprefixroute
        valid_lft forever preferred_lft foreve
……
```

为了便于以后回滚，强烈建议现在关闭计算机，创建一个快照。这样如果后续的操作出错且无法排除错误，就可以回滚到现在这个点，重新开始进行下面的操作。

7.5.4 身份认证服务：Keystone

此服务只在控制节点上操作。

1．安装

1）创建数据库

我们要创建一个名为 keystone 的数据库，创建一个名为 keystone 的数据库用户，并且赋予用户对数据库的完全控制权限：

```
[root@control-node ~]# mysql -uroot -pMYSQL_PASS
MariaDB [(none)]> CREATE DATABASE keystone;
MariaDB [(none)]> GRANT ALL PRIVILEGES ON keystone.* TO 'keystone'@'localhost'
IDENTIFIED BY 'KEYSTONE_DBPASS';
MariaDB [(none)]> GRANT ALL PRIVILEGES ON keystone.* TO 'keystone'@'%' IDENTIFIED BY
'KEYSTONE_DBPASS';
MariaDB [(none)]> exit
```

注意：数据库用户 keystone 的密码是 KEYSTONE_DBPASS，使用其他的名称和密码也可以，只要和后面的配置一样即可。

2）安装软件

安装 Keystone 和依赖包，一共有 130 个：

```
[root@control-node ~]# dnf install openstack-keystone httpd python3-mod_wsgi -y
```

3）配置

主要是告诉 Keystone 如何访问数据库（上面我们已经创建），使用什么类型的令牌。

（1）编辑主配置文件：

```
[root@control-node ~]# vim /etc/keystone/keystone.conf
……
[database]
connection = mysql+pymysql://keystone:KEYSTONE_DBPASS@control-node/keystone
……
```

```
[token]
provider = fernet
……
```

配置文件中已经存在[database]和[token]等节，我们不需要额外增加节名，直接在vim中输入“/^[database]”搜索关键字“[database]”，从而快速定位到[database]节，然后在下面定义访问数据库的配置项，本例连接数据库的配置项说明如图7-49所示。

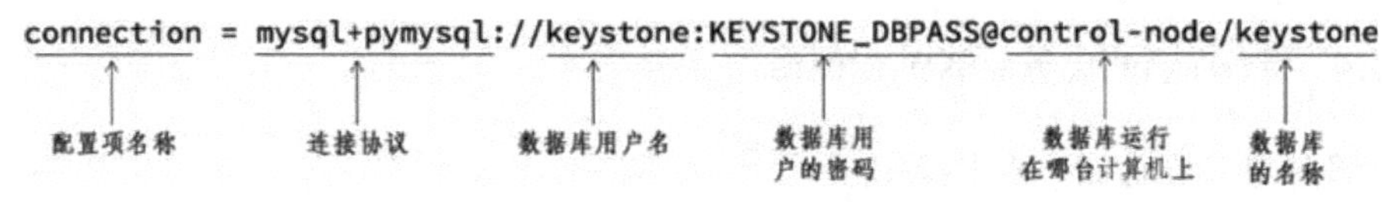

图7-49 连接数据库的配置项说明

数据库用户名、数据库用户的密码、数据库运行的计算机名称和数据库名称要根据实际情况填写。

（2）导入初始化数据：

```
[root@control-node ~]# su -s /bin/sh -c "keystone-manage db_sync" keystone
```

这条命令的意思是切换到操作系统用户 keystone，然后执行“keystone-manage db_sync”命令把初始化数据导入数据库。这个命令没有任何输出，如果很快就结束，很可能导入失败。验证导入是否成功请参考7.5.14节排错。

（3）初始化Fernet密码库：

```
[root@control-node ~]# keystone-manage fernet_setup --keystone-user keystone \
  --keystone-group keystone                          #产生对令牌进行加密和解密的密码
[root@control-node ~]# keystone-manage credential_setup --keystone-user \
  keystone --keystone-group keystone                 #产生对重要凭证加密和解密的密码
```

上面第一条命令产生的密码专门用于加密令牌（产生令牌时需要加密）和解密令牌（验证令牌时需要解密），因此这是对称密钥。如果这个密码泄露了，那么整个Keystone身份认证系统就不安全了。为了增强安全性，强烈建议定期更换密码（使用“keystone-manage fernet_rotate --keystone-user keystone --keystone-group keystone”命令完成）。

上面第二条命令产生另一个对称密码，专门用于加密和解密一些重要的凭据（不是令牌），这个密码最好也定期更换（使用“keystone-manage credential_rotate --keystone-user keystone --keystone-group”命令完成）。

（4）构建身份认证服务：

```
[root@control-node ~]# keystone-manage bootstrap --bootstrap-password \
  ADMIN_PASS \
  --bootstrap-admin-url http://control-node:5000/v3/  \
```

```
  --bootstrap-internal-url http://control-node:5000/v3/  \
  --bootstrap-public-url http://control-node:5000/v3/  \
  --bootstrap-region-id RegionOne
```

上面这条命令表明：Keystone 的管理员 admin 的密码是 ADMIN_PASS，3 个调用端点的端口都是 5000。注意每一行末尾的“\”为续行符，后面不能有空格。

在 Linux 中，一条很长的命令允许分成多行输入，在每行的末尾增加续行符“\”即可，上面的命令也可以在一行上输入，但这种自动折行很难看。例如：

```
keystone-manage bootstrap --bootstrap-password ADMIN_PASS --bootstrap-admin-url
http://control-node:5000/v3/ --bootstrap-internal-url http://control-node:5000/v3/ --
bootstrap-public-url http://control-node:5000/v3/ --bootstrap-region-id RegionOne
```

（5）配置网站服务：

```
[root@control-node ~]# vim /etc/httpd/conf/httpd.conf
......
ServerName control-node                                          #大概在第 98 行
......
```

（6）在网站服务的配置目录中建立连接文件，指到 Keystone 的配置文件：

```
[root@control-node ~]# ln -s /usr/share/keystone/wsgi-keystone.conf \
  /etc/httpd/conf.d/
```

（7）激活并立即启动网站服务：

```
[root@control-node ~]# systemctl --now enable httpd.service
```

网站服务的日志保存在/var/log/httpd 目录中，Keystone 服务的日志保存在/var/log/keystone 目录中，如果遇到问题，可以查看目录中的日志。

验证服务运行的状况可以使用下面的命令：

```
[root@control-node ~]# systemctl status httpd
● httpd.service - The Apache HTTP Server
   Loaded: loaded (/usr/lib/systemd/system/httpd.service; enabled; vendor preset: disabled)
   Active: active (running) since Fri 2022-05-13 15:59:50 CST; 24s ago
     Docs: man:httpd.service(8)
......
#enabled 表明服务已经激活，下次开机时会自动启动。active(running)表示目前运行正常。

[root@control-node ~]# ss -tnlp                                  #查看服务监听的 TCP 端口
State  Recv-Q Send-Q Local Address:Port  Peer Address:Port  Process
LISTEN 0      128          0.0.0.0:25672      0.0.0.0:*      ......
LISTEN 0      128      10.10.10.11:3306       0.0.0.0:*      ......
LISTEN 0      128          0.0.0.0:4369       0.0.0.0:*      ......
LISTEN 0      128          0.0.0.0:22         0.0.0.0:*      ......
LISTEN 0      128                *:5000             *:*      ......
LISTEN 0      128                *:5672             *:*      ......
```

```
LISTEN 0      128                *:80               *:*       ……
LISTEN 0      128            [::]:4369           [::]:*       ……
```

可以发现：Keystone身份认证服务监听5000端口，网站服务监听80端口。相应的端口处于监听状态，说明服务运行正常。

4）创建环境变量文件

```
[root@control-node ~]# vim ~/admin-openrc                    #Keystone管理员的环境变量
export OS_PROJECT_DOMAIN_NAME=Default
export OS_USER_DOMAIN_NAME=Default
export OS_PROJECT_NAME=admin
export OS_USERNAME=admin
export OS_PASSWORD=ADMIN_PASS
export OS_AUTH_URL=http://control-node:5000/v3
export OS_IDENTITY_API_VERSION=3
export OS_IMAGE_API_VERSION=2
export PS1='[\u@\h \W(admin)]\$ '

[root@control-node ~]# vim ~/demo-openrc                     #Keystone普通用户的环境变量
export OS_PROJECT_DOMAIN_NAME=Default
export OS_USER_DOMAIN_NAME=Default
export OS_PROJECT_NAME=myproject
export OS_USERNAME=myuser
export OS_PASSWORD=MYUSER_PASS
export OS_AUTH_URL=http://control-node:5000/v3
export OS_IDENTITY_API_VERSION=3
export OS_IMAGE_API_VERSION=2
export PS1='[\u@\h \W(myuser)]\$ '
```

以后要切换环境变量时使用source或.执行即可，比如：

```
[root@control-node ~]# source ~/admin-openrc                 #切换到管理员的环境变量
[root@control-node ~]# source ~/demo-openrc                  #切换到普通用户的环境变量
```

这两条命令等价于下面的两条命令：

```
[root@control-node ~]# . ~/admin-openrc                      #切换到管理员的环境变量
[root@control-node ~]# . ~/demo-openrc                       #切换到普通用户的环境变量
```

可使用下面的命令查看目前的环境变量：

```
[root@control-node ~]# env | grep OS_
OS_IMAGE_API_VERSION=2
OS_AUTH_URL=http://control-node:5000/v3
OS_PROJECT_NAME=admin
OS_PROJECT_DOMAIN_NAME=Default
OS_USER_DOMAIN_NAME=Default
OS_IDENTITY_API_VERSION=3
```

```
OS_PASSWORD=ADMIN_PASS
OS_USERNAME=admin
```

5）设置防火墙规则

由于其他节点需要访问身份认证服务，所以需要设置本机的 5000/tcp 端口能进入，使用下面的命令设置此防火墙规则：

```
#放行 500/tcp 端口，并且规则永久有效
[root@control-node ~]# firewall-cmd --add-port=5000/tcp --permanent
[root@control-node ~]# firewall-cmd --reload                      #使规则生效
[root@control-node ~]# firewall-cmd --info-zone=public            #查看已有的防火墙规则
......
services: cockpit dhcpv6-client memcache mysql ntp ssh
ports: 5672/tcp 5000/tcp
......
```

2．管理

1）创建域、项目、用户和角色

接下来我们尝试创建一个域、一个项目、一个用户和一个角色，来验证 Keystone 是否安装成功。

（1）首先切换到管理员环境（创建域、项目、用户和角色需要 Keystone 的管理员才行）：

```
[root@control-node ~]# . ~/admin-openrc
```

（2）创建域 example：

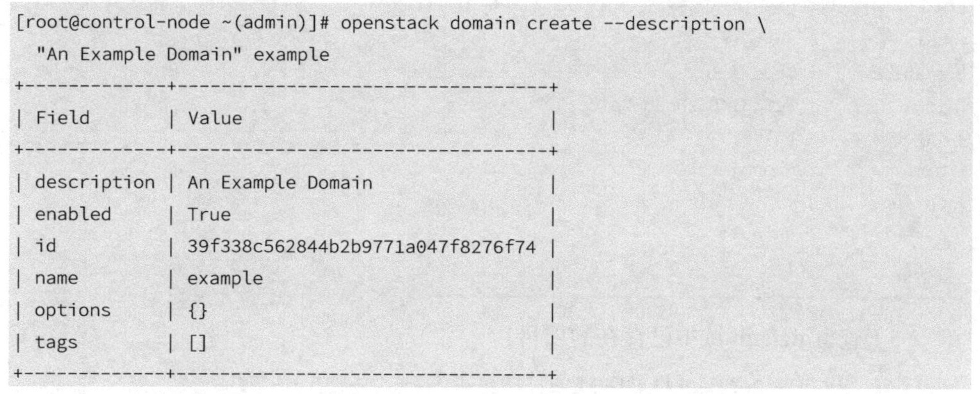

```
[root@control-node ~(admin)]# openstack domain create --description \
  "An Example Domain" example
+-------------+----------------------------------+
| Field       | Value                            |
+-------------+----------------------------------+
| description | An Example Domain                |
| enabled     | True                             |
| id          | 39f338c562844b2b9771a047f8276f74 |
| name        | example                          |
| options     | {}                               |
| tags        | []                               |
+-------------+----------------------------------+
```

Keystone 中的每一个对象（如域、项目、用户、角色等）都有一个唯一的 ID，所以名字可以相同。

“openstack domain”命令用于管理域，其中，使用“openstack domain --help”命令

可以获得在线帮助，列出现有的域使用“openstack domain list”命令，删除域使用“openstack domain delete <域名>”命令（“<域名>”部分也可以使用“<域 ID>”）。

下面我们来创建两个项目。

（3）在 default 域中创建项目 service：

```
[root@control-node ~(admin)]# openstack project create --domain default \
  --description "Service Project" service
+-------------+----------------------------------+
| Field       | Value                            |
+-------------+----------------------------------+
| description | Service Project                  |
| domain_id   | default                          |
| enabled     | True                             |
| id          | e998363ac5254a61adf5a23c54fdea5f |
| is_domain   | False                            |
| name        | service                          |
| options     | {}                               |
| parent_id   | default                          |
| tags        | []                               |
+-------------+----------------------------------+
```

（4）在 default 域中创建项目 myproject：

```
[root@control-node ~(admin)]# openstack project create --domain default \
  --description "Demo Project" myproject
+-------------+----------------------------------+
| Field       | Value                            |
+-------------+----------------------------------+
| description | Demo Project                     |
| domain_id   | default                          |
| enabled     | True                             |
| id          | 3c0c6148638b4be2a7cc3927c1a1e39e |
| is_domain   | False                            |
| name        | myproject                        |
| options     | {}                               |
| parent_id   | default                          |
| tags        | []                               |
+-------------+----------------------------------+
```

（5）查看 default 域中已存在的项目：

```
[root@control-node ~(admin)]# openstack project list --domain default
+----------------------------------+-----------+
| ID                               | Name      |
+----------------------------------+-----------+
| b8545e3fc3b34c99bf7090ad5a04e25d | admin     |
```

```
| 3c0c6148638b4be2a7cc3927c1a1e39e | myproject |
| e998363ac5254a61adf5a23c54fdea5f | service   |
+----------------------------------+-----------+
```

由于默认的域就是 default，所以上面的命令可以省略参数“--domain default”。接下来再来创建一个普通用户 myuser。

（6）创建用户 myuser（密码是 MYUSER_PASS）：

```
[root@control-node ~(admin)]# openstack user create --domain default \
  --password MYUSER_PASS myuser
+---------------------+----------------------------------+
| Field               | Value                            |
+---------------------+----------------------------------+
| domain_id           | default                          |
| enabled             | True                             |
| id                  | dc25903b88e64ba2992cd3b1d2cfcf77 |
| name                | myuser                           |
| options             | {}                               |
| password_expires_at | None                             |
+---------------------+----------------------------------+
```

（7）查看已有的用户：

```
[root@control-node ~(admin)]# openstack user list
+----------------------------------+--------+
| ID                               | Name   |
+----------------------------------+--------+
| 7361c9e66ec54b44b9848ba7424fdea0 | admin  |
| dc25903b88e64ba2992cd3b1d2cfcf77 | myuser |
+----------------------------------+--------+
```

再来创建一个普通用户角色。

（8）创建角色 myrole：

```
[root@control-node ~(admin)]# openstack role create myrole
+-------------+----------------------------------+
| Field       | Value                            |
+-------------+----------------------------------+
| description | None                             |
| domain_id   | None                             |
| id          | 48401683b7f749589a2c4c32513d8716 |
| name        | myrole                           |
| options     | {}                               |
+-------------+----------------------------------+
```

（9）查看 Keystone 中已有的角色：

```
[root@control-node ~(admin)]# openstack role list
```

```
+----------------------------------+--------+
| ID                               | Name   |
+----------------------------------+--------+
| 064a61daae0140b1ac12557fe90f0580 | reader |
| 1aa0fe5867954be794f4d3c1942ba556 | admin  |
| 48401683b7f749589a2c4c32513d8716 | myrole |
| c6b948929cf748489e32ad92e23ec19f | member |
+----------------------------------+--------+
```

其中内置的角色是 admin、member 和 reader，权限依次降低。角色、用户、项目都有相应的删除、修改等子命令，如“openstack role delete”“openstack user delete”“openstack project delete”等。使用“openstack user --help”命令可以获得在线帮助。

下面我们给 myuser 用户在 myproject 项目上授予 myrole 角色：

```
[root@control-node ~(admin)]# openstack role add --project myproject \
  --user myuser myrole
```

授权一定要明确 3 个主体，缺一不可，即给谁在什么东西上授予什么权限。在 Keystone 中，既可以在域上授权，也可以在项目上授权。

2）获取令牌

下面我们手工来获取令牌，以便进一步验证身份认证服务。

（1）删除 OS_AUTH_URL 和 OS_PASSWORD 环境变量：

```
[root@control-node ~(admin)]# unset OS_AUTH_URL OS_PASSWORD
```

（2）获取管理员的令牌（24 小时内有效）：

```
[root@control-node ~(admin)]# openstack --os-auth-url \
  http://control-node:5000/v3 --os-project-domain-name Default \
  --os-user-domain-name Default  --os-project-name admin \
  --os-username admin token issue
Password: 输入密码 ADMIN_PASS
+------------+--------------------------------------------------------------......
| Field      | Value
+------------+--------------------------------------------------------------......
| expires    | 2022-05-13T09:14:47+0000
| id         | gAAAAABifhN3q4dgt8iVkYNq9ZEn8MdodQcPIS6c7x7g_emR9gBfKh1wvha......
| project_id | b8545e3fc3b34c99bf7090ad5a04e25d
| user_id    | 7361c9e66ec54b44b9848ba7424fdea0
+------------+--------------------------------------------------------------......
```

权限就包含在令牌的具有 184 个字符的 ID 中。相应地，收回（删除）令牌可以使用“openstack token revoke <令牌的 ID>”命令。

7.5.5 镜像服务：Glance

此服务只在控制节点上操作。

1. 安装

1）创建数据库

我们要创建一个名为 glance 的数据库，创建一个名为 glance 的数据库用户，密码是 GLANCE_DBPAS，并且赋予用户对数据库的完全控制权限：

```
[root@control-node ~(admin)]# mysql -uroot -pMYSQL_PASS
MariaDB [(none)]> CREATE DATABASE glance;
MariaDB [(none)]> GRANT ALL PRIVILEGES ON glance.* TO 'glance'@'localhost' IDENTIFIED
BY 'GLANCE_DBPASS';
MariaDB [(none)]> GRANT ALL PRIVILEGES ON glance.* TO 'glance'@'%' IDENTIFIED BY
'GLANCE_DBPASS';
MariaDB [(none)]> exit
```

2）在 Keystone 中创建用户、镜像服务和调用端点

（1）切换到管理员环境：

```
[root@control-node ~(admin)]# source ~/admin-openrc
```

（2）创建用户 glance：

```
[root@control-node ~(admin)]# openstack user create --domain default \
  --password GLANCE_PASS glance
```

（3）授予 glance 用户在 service 项目上的管理员权限：

```
[root@control-node ~(admin)]# openstack role add --project service \
  --user glance admin
```

（4）创建一个服务，名字是 glance，服务类型是 image（专门对外提供镜像服务）：

```
[root@control-node ~(admin)]# openstack service create --name glance \
  --description "OpenStack Image" image
```

（5）创建 3 个服务调用端点，分别服务管理员、OpenStack 的其他组件和公众：

```
[root@control-node ~(admin)]# openstack endpoint create --region RegionOne \
  image admin http://control-node:9292                    #专门服务管理员的窗口

[root@control-node ~(admin)]# openstack endpoint create --region RegionOne \
  image internal http://control-node:9292                 #服务 OpenStack 的其他组件

[root@control-node ~(admin)]# openstack endpoint create --region RegionOne \
  image public http://control-node:9292                   #服务公众
```

```
[root@control-node ~(admin)]# openstack endpoint list       #查看已经创建的调用端点
+-----+-----------+--------------+--------------+---------+-----------+------------------------------+
| ID  | Region    | Service Name | Service Type | Enabled | Interface | URL                          |
+-----+-----------+--------------+--------------+---------+-----------+------------------------------+
...d7 | RegionOne | glance       | image        | True    | public    | http://control-node:9292     |
...23 | RegionOne | keystone     | identity     | True    | public    | http://control-node:5000/v3/ |
...78 | RegionOne | keystone     | identity     | True    | admin     | http://control-node:5000/v3/ |
...28 | RegionOne | keystone     | identity     | True    | internal  | http://control-node:5000/v3/ |
...b3 | RegionOne | glance       | image        | True    | admin     | http://control-node:9292     |
...87 | RegionOne | glance       | image        | True    | internal  | http://control-node:9292     |
+-----+-----------+--------------+--------------+---------+-----------+------------------------------+
```

如果不小心创建错了或者多创建了，可以使用“openstack endpoint delete d48e6f5998a5411a807d06a6fd3cd965”命令删除（使用端点的 ID 以明确指定要删除的调用端点，因为 ID 是唯一的）。

3）安装软件

连同依赖的软件包，一共会安装 141 个软件：

```
[root@control-node ~(admin)]# dnf install openstack-glance -y
```

4）配置

告诉 Glance 如何访问数据库（上面我们已经创建）、如何获取身份认证服务、以及镜像文件保存在何处。

（1）编辑主配置文件：

```
[root@control-node ~(admin)]# vim /etc/glance/glance-api.conf
......
[database]
connection = mysql+pymysql://glance:GLANCE_DBPASS@control-node/glance
......
[keystone_authtoken]
www_authenticate_uri  = http://control-node:5000
auth_url = http://control-node:5000
memcached_servers = control-node:11211
auth_type = password
project_domain_name = Default
user_domain_name = Default
project_name = service
username = glance
password = GLANCE_PASS
......
[paste_deploy]
```

```
flavor = keystone
……
[glance_store]
stores = file,http
default_store = file
filesystem_store_datadir = /var/lib/glance/images/
……
```

文件中已经存在[database]、[keystone_authtoken]、[paste_deploy]和[glance_store]等节，配置项只能放在相应的节中，不能放错，比如[database]节定义 Glance 如何访问数据库，配置项说明如图 7-50 所示。

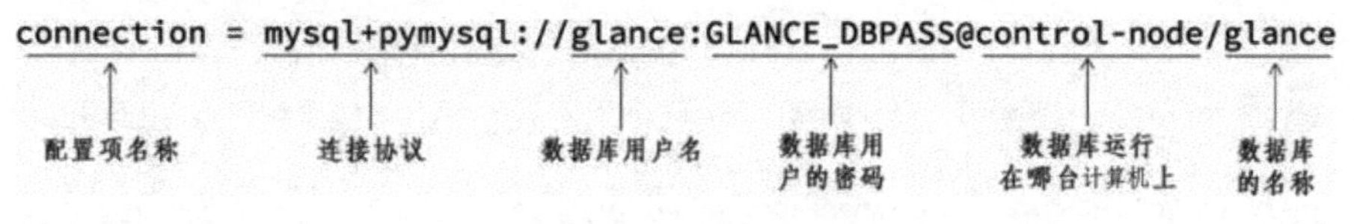

图 7-50 配置项说明

[keystone_authtoken]节定义 Glance 如何获取身份认证服务（访问 Keystone），本例就是使用 glance 用户和密码 GLANCE_PASS 访问 http://control-node:5000 端点中 default 域的 service 项目。

[glance_store]节定义镜像保存在何处。Glance 服务相当于仓库管理员，它专门管理镜像，而这些镜像就保存在仓库中。本例表明镜像以文件的形式保存在本机硬盘的/var/lib/glance/images/目录中。镜像主要是各种操作系统的安装 ISO 文件和虚拟机对应的宿主机上的文件。

（2）导入初始化数据：

```
[root@control-node ~(admin)]# su -s /bin/sh -c "glance-manage db_sync" glance
INFO  [alembic.runtime.migration] Context impl MySQLImpl.
INFO  [alembic.runtime.migration] Will assume non-transactional DDL.
INFO  [alembic.runtime.migration] Running upgrade  -> liberty, liberty initial
……
```

如果导入失败，可参考 7.5.14 节排错。日志文件放在/var/log/glance 目录中。

最后激活并启动 Glance：

```
[root@control-node ~(admin)]# systemctl --now enable \
  openstack-glance-api.service

[root@control-node ~(admin)]# ss -tnlp|grep 9292                 #查看 9292 端口是否被监听
LISTEN 0      128        0.0.0.0:9292        0.0.0.0:*     users:((" glance-ap…

[root@control-node ~(admin)]# systemctl status openstack-glance-api #查看服务的状态
```

```
   openstack-glance-api.service - OpenStack Image Service (code-named Glance) API server
   Loaded: loaded (/usr/lib/systemd/system/openstack-glance-api.service; enabled;
vendor preset: disabled)
   Active: active (running) since Wed 2022-04-06 02:35:23 EDT; 19h ago
……
```

5）设置防火墙规则

由于其他节点需要访问镜像服务，所以放行本机的 9292/tcp 端口，使用下面的命令设置此防火墙规则：

```
[root@control-node ~(admin)]# firewall-cmd --add-port=9292/tcp --permanent
[root@control-node ~(admin)]# firewall-cmd --reload

[root@control-node ~(admin)]# firewall-cmd --info-zone=public   #查看已有的防火墙规则
……
services: cockpit dhcpv6-client memcache mysql ntp ssh
ports: 5672/tcp 5000/tcp 9292/tcp
……
```

2．管理

接下来，我们创建一个安装镜像来验证是否成功部署 Glance。在控制节点上操作。

1）准备 CirrOS 镜像

CirrOS 是一个很小的 Linux 操作系统，只有 12MB。这个操作系统没有其他价值，只用于测试云上的虚拟机，只需 64MB 的内存和 1GB 的磁盘就可以启动它：

```
[root@control-node ~(admin)]# . ~/admin-openrc
[root@control-node ~(admin)]# wget \
  http://download.cirros-cloud.net/0.4.0/cirros-0.4.0-x86_64-disk.img
```

第 2 条命令是从网上下载 cirros-0.4.0-x86_64-disk.img 镜像文件，网址最终被定位到 github.com。如果下载失败，请多尝试几次。

把下载的镜像上传到由 Glance 管理的镜像仓库中（即目录/var/lib/glance/images/）：

```
[root@control-node ~(admin)]# glance image-create --name "cirros" --file \
  cirros-0.4.0-x86_64-disk.img --disk-format qcow2 --container-format bare \
  --visibility=public

[root@control-node ~(admin)]# openstack image list                #显示仓库中的镜像
+--------------------------------------+--------+--------+
| ID                                   | Name   | Status |
```

```
+--------------------------------------+--------+--------+
| 21fc86cf-dd55-48a7-b268-c203df23b48b | cirros | active |
+--------------------------------------+--------+--------+

[root@control-node ~(admin)]# ls -l /var/lib/glance/images/
total 12420
-rw-r----- 1 glance glance 12716032 Apr  8 04:16 21fc86cf-dd55-48a7-b268-c203df23b48b
```

由此可见，镜像本身以文件的形式保存在/var/lib/glance/images 目录中，文件名就是镜像的 ID。

2）准备 Debian 10 镜像

Debian 这个 Linux 操作系统在企业里被大量使用，下面我们把它上传给 Glance。

```
[root@control-node ~(admin)]# wget \
  http://cdimage.debian.org/cdimage/cloud/OpenStack/current-10/debian-10-openstack-amd64.qcow2

[root@control-node ~(admin)]# openstack image create --container-format bare \
  --disk-format qcow2 --file debian-10-openstack-amd64.qcow2 debian-10 \
  --visibility=public

[root@control-node ~(admin)]# openstack image list                    #显示仓库中的镜像
+--------------------------------------+-----------+--------+
| ID                                   | Name      | Status |
+--------------------------------------+-----------+--------+
| 21fc86cf-dd55-48a7-b268-c203df23b48b | cirros    | active |
| dd8995db-1d61-4945-9895-fb9a600a1889 | debian-10 | active |
+--------------------------------------+-----------+--------+

[root@control-node ~(admin)]# ls -l /var/lib/glance/images/
total 571992
-rw-r----- 1 glance glance  12716032 May 13 16:44 21fc86cf-dd55-48a7-b268-c203df23b48b
-rw-r----- 1 glance glance 568521728 May 13 17:02 dd8995db-1d61-4945-9895-fb9a600a1889
```

至此，我们已经准备了两个虚拟机镜像，以后可以直接启动它们，只不过都是下载别人做好的。下面我们自己来上传一个 Windows 7 的安装 ISO 镜像文件。

3）上传 Windows 7 的安装 ISO 镜像文件

首先把 Windows 7 的安装 ISO 镜像文件上传到控制节点，比如我的 cn_windows_7_ professional_with_sp1_x86_dvd_u_677162.iso 放在计算机的 D:\softwares 目录中，直接使用 Windows 自带的 scp 命令上传即可：

```
D:\software>scp cn_windows_7_professional_with_sp1_x86_dvd_u_677162.iso
```

```
root@10.10.10.11:.
root@10.10.10.11's password:
cn_windows_7_professional_with_sp1_x86_dvd_u_677162.iso     100% 2530MB 133.3MB/s 00.18

D:\software>
```

然后在控制节点上使用下面的命令把 Windows 7 的安装 ISO 镜像文件加入 Glance：

```
[root@control-node ~(admin)]# openstack image create --container-format bare \
  --disk-format iso --file \
  cn_windows_7_professional_with_sp1_x86_dvd_u_677162.iso --public win7-x64.iso
```

最后查看 Glance 管理的镜像有哪些：

```
[root@control-node ~(admin)]# openstack image list
+--------------------------------------+-------------+--------+
| ID                                   | Name        | Status |
+--------------------------------------+-------------+--------+
| 21fc86cf-dd55-48a7-b268-c203df23b48b | cirros      | active |
| dd8995db-1d61-4945-9895-fb9a600a1889 | debian-10   | active |
| 1e2f6353-36d4-4fc4-8caa-c8ee77ad7fe9 | win7-x64.iso | active |
+--------------------------------------+-------------+--------+

[root@control-node ~(admin)]# ls -l /var/lib/glance/images/
total 3163084
-rw-r----- 1 glance glance 2653276160 May 13 17:12 1e2f6353-36d4-4fc4-8caa-c8ee77ad7fe9
-rw-r----- 1 glance glance   12716032 May 13 16:44 21fc86cf-dd55-48a7-b268-c203df23b48b
-rw-r----- 1 glance glance  568521728 May 13 17:02 dd8995db-1d61-4945-9895-fb9a600a1889
```

其中 cirros 和 debian-10 是虚拟机镜像，可以直接启动，win7-x64.iso 是 Windows 7 的安装镜像，在虚拟机中充当安装光盘。

7.5.6 资源追踪服务：Placement

此服务只在控制节点上操作。

1. 安装

1）创建数据库

我们要创建一个名为 placement 的数据库，以及一个名为 placement 的数据库用户，用户的密码为 PLACEMENT_DBPASS，并且赋予用户对数据库的完全控制权限：

```
[root@control-node ~(admin)]# mysql -uroot -pMYSQL_PASS
MariaDB [(none)]> CREATE DATABASE placement;
MariaDB [(none)]> GRANT ALL PRIVILEGES ON placement.* TO 'placement'@'localhost'
```

```
IDENTIFIED BY 'PLACEMENT_DBPASS';
MariaDB [(none)]> GRANT ALL PRIVILEGES ON placement.* TO 'placement'@'%' IDENTIFIED BY
'PLACEMENT_DBPASS';
MariaDB [(none)]> exit
```

2）在 Keystone 中创建用户、镜像服务和调用端点

（1）切换到管理员环境：

```
[root@control-node ~(admin)]# . ~/admin-openrc
```

（2）创建用户 placement：

```
[root@control-node ~(admin)]# openstack user create --domain default \
 --password PLACEMENT_PASS placement
```

（3）授予 placement 用户在 service 项目上的管理员权限：

```
[root@control-node ~(admin)]# openstack role add --project service --user \
 placement admin
```

（4）创建一个服务，名字是 placement，服务类型是 placement（专门对外提供资源统计服务）：

```
[root@control-node ~(admin)]# openstack service create --name placement \
 --description "Placement API" placement
```

（5）创建 3 个服务调用端点，分别服务管理员、OpenStack 的其他组件和公众：

```
[root@control-node ~(admin)]# openstack endpoint create --region RegionOne \
 placement admin http://control-node:8778                        #服务管理员

[root@control-node ~(admin)]# openstack endpoint create --region RegionOne \
 placement internal http://control-node:8778                     #服务 OpenStack 的其他组件

[root@control-node ~(admin)]# openstack endpoint create --region RegionOne \
 placement public http://control-node:8778                       #服务公众

[root@control-node ~(admin)]# openstack endpoint list            #查看已经创建的调用端点
+-----+-----------+--------------+--------------+---------+-----------+----------------------------+
| ID  | Region    | Service Name | Service Type | Enabled | Interface | URL                        |
+-----+-----------+--------------+--------------+---------+-----------+----------------------------+
...d7 | RegionOne | glance       | image        | True    | public    | http://control-node:9292   |
...7c | RegionOne | placement    | placement    | True    | public    | http://control-node:8778   |
...5e | RegionOne | placement    | placement    | True    | admin     | http://control-node:8778   |
...23 | RegionOne | keystone     | identity     | True    | public    | http://control-node:5000/v3/ |
...be | RegionOne | placement    | placement    | True    | internal  | http://control-node:8778   |
...78 | RegionOne | keystone     | identity     | True    | admin     | http://control-node:5000/v3/ |
...28 | RegionOne | keystone     | identity     | True    | internal  | http://control-node:5000/v3/ |
...b3 | RegionOne | glance       | image        | True    | admin     | http://control-node:9292   |
...87 | RegionOne | glance       | image        | True    | internal  | http://control-node:9292   |
```

```
+-----+-----------+-------------+-------------+---------+-----------+-----------------------------+
```

如果不小心创建错了或者多创建了，可以使用“openstack endpoint delete 3f015be2408649cb94043cfb281b40a6”命令删除（使用端点的 ID 以明确指定要删除的那个调用端点，因为 ID 是唯一的）。

3）安装软件

连同依赖的软件包，一共会安装 7 个软件：

```
[root@control-node ~(admin)]# dnf install openstack-placement-api \
 python3-osc-placement -y
```

其中，python3-osc-placement 是操纵 placement 跟踪的资源的命令行工具。

4）配置

告诉 Placement 如何访问数据库（上面我们已经创建）、如何获取身份认证服务。

（1）编辑主配置文件：

```
[root@control-node ~(admin)]# vim /etc/placement/placement.conf
......
[placement_database]
connection = mysql+pymysql://placement:PLACEMENT_DBPASS@control-node/placement
......
[api]
auth_strategy = keystone
......
[keystone_authtoken]
auth_url = http://control-node:5000/v3
memcached_servers = control-node:11211
auth_type = password
project_domain_name = Default
user_domain_name = Default
project_name = service
username = placement
password = PLACEMENT_PASS
......
```

文件中已经存在[placement_database]、[keystone_authtoken]和[api]等节，配置项只能放在相应的节中，不能放错，比如[placement_database]节定义 Placement 如何访问数据库。

（2）修改文件（在</VirtualHost>前加粗的内容）：

```
[root@control-node ~(admin)]# vim /etc/httpd/conf.d/00-placement-api.conf
......
```

```
    <Directory /usr/bin>
      Require all granted
    </Directory>
</VirtualHost>
```

（3）导入初始化数据：

```
[root@control-node ~(admin)]# su -s /bin/sh -c "placement-manage db sync" \
  placement
```

如果导入失败，可以参考 7.5.14 节排错。日志文件放在/var/log/placement 目录中。

查看 httpd 服务程序：

```
[root@control-node ~(admin)]# systemctl restart httpd

[root@control-node ~(admin)]# ss -tnlp|grep 8778                    #查看8778端口是否被监听
LISTEN 0      128                  *:8778              *:*     users:(("httpd", …
```

5）设置防火墙规则

由于其他节点需要访问 Placement 服务，所以要放行本机的 8778/tcp 端口，使用下面的命令设置此防火墙规则：

```
[root@control-node ~(admin)]# firewall-cmd --add-port=8778/tcp --permanent
success
[root@control-node ~(admin)]# firewall-cmd --reload
success
[root@control-node ~(admin)]# firewall-cmd --info-zone=public      #查看已有的防火墙规则
……
services: cockpit dhcpv6-client memcache mysql ntp ssh
ports: 5672/tcp 5000/tcp 9292/tcp 8778/tcp
……
```

2. 管理

接下来我们来验证是否成功部署 Placement：

```
[root@control-node ~(admin)]# . admin-openrc
[root@control-node ~(admin)]# placement-status upgrade check      #运行状况检查
+------------------------------------------------------------------------------+
| Upgrade Check Results                                                        |
+------------------------------------------------------------------------------+
| Check: Missing Root Provider IDs                                             |
| Result: Success                                                              |
| Details: None                                                                |
+------------------------------------------------------------------------------+
| Check: Incomplete Consumers                                                  |
| Result: Success                                                              |
| Details: None                                                                |
```

```
+---------------------------------------------------------------------+
| Check: Policy File JSON to YAML Migration                           |
| ......                                                              |
+---------------------------------------------------------------------+
```

7.5.7 计算服务：Nova

此服务在控制节点和计算节点上操作。

1．安装

1）在控制节点上操作

（1）创建数据库。

我们要创建3个库：nova、nova_api和nova_cell0，创建一个名为nova的数据库用户，用户的密码为NOVA_DBPASS，并且赋予用户对3个数据库的完全控制权限：

```
[root@control-node ~(admin)]# mysql -uroot -pMYSQL_PASS
MariaDB [(none)]> CREATE DATABASE nova;
MariaDB [(none)]> GRANT ALL PRIVILEGES ON nova.* TO 'nova'@'localhost' IDENTIFIED BY
'NOVA_DBPASS';
MariaDB [(none)]> GRANT ALL PRIVILEGES ON nova.* TO 'nova'@'%' IDENTIFIED BY
'NOVA_DBPASS';

MariaDB [(none)]> CREATE DATABASE nova_api;
MariaDB [(none)]> GRANT ALL PRIVILEGES ON nova_api.* TO 'nova'@'localhost' IDENTIFIED
BY 'NOVA_DBPASS';
MariaDB [(none)]> GRANT ALL PRIVILEGES ON nova_api.* TO 'nova'@'%' IDENTIFIED BY
'NOVA_DBPASS';

MariaDB [(none)]> CREATE DATABASE nova_cell0;
MariaDB [(none)]> GRANT ALL PRIVILEGES ON nova_cell0.* TO 'nova'@'localhost' IDENTIFIED
BY 'NOVA_DBPASS';
MariaDB [(none)]> GRANT ALL PRIVILEGES ON nova_cell0.* TO 'nova'@'%' IDENTIFIED BY
'NOVA_DBPASS';

MariaDB [(none)]> FLUSH PRIVILEGES;

MariaDB [(none)]> exit
```

（2）在Keystone中创建用户、镜像服务和调用端点。

切换到管理员环境：

```
[root@control-node ~(admin)]# . ~/admin-openrc
```

创建用户 nova：

```
[root@control-node ~(admin)]# openstack user create --domain default \
  --password NOVA_PASS nova
```

授予 nova 用户在 service 项目上的管理员权限：

```
[root@control-node ~(admin)]# openstack role add --project service \
  --user nova admin
```

创建一个服务，名字是 nova，服务类型是 compute（专门对外提供计算服务）：

```
[root@control-node ~(admin)]# openstack service create --name nova \
 --description "OpenStack Compute" compute
```

创建 3 个服务调用端点，分别服务管理员、OpenStack 的其他组件和公众：

```
[root@control-node ~(admin)]# openstack endpoint create --region RegionOne \
  compute admin http://control-node:8774/v2.1                      #服务管理员

[root@control-node ~(admin)]# openstack endpoint create --region RegionOne \
  compute internal http://control-node:8774/v2.1                   #服务 OpenStack 的其他组件

[root@control-node ~(admin)]# openstack endpoint create --region RegionOne \
  compute public http://control-node:8774/v2.1                     #服务公众

[root@control-node ~(admin)]# openstack endpoint list               #查看已经创建的调用端点
+-----+-----------+--------------+--------------+---------+-----------+-------------------------------+
| ID  | Region    | Service Name | Service Type | Enabled | Interface | URL                           |
+-----+-----------+--------------+--------------+---------+-----------+-------------------------------+
...78 | RegionOne | nova         | compute      | True    | admin     | http://control-node:8774/v2.1 |
...c4 | RegionOne | nova         | compute      | True    | internal  | http://control-node:8774/v2.1 |
...4d | RegionOne | nova         | compute      | True    | public    | http://control-node:8774/v2.1 |
...b3 | RegionOne | glance       | image        | True    | admin     | http://control-node:9292      |
...87 | RegionOne | glance       | image        | True    | internal  | http://control-node:9292      |
...d7 | RegionOne | glance       | image        | True    | public    | http://control-node:9292      |
...78 | RegionOne | keystone     | identity     | True    | admin     | http://control-node:5000/v3/  |
...28 | RegionOne | keystone     | identity     | True    | internal  | http://control-node:5000/v3/  |
...23 | RegionOne | keystone     | identity     | True    | public    | http://control-node:5000/v3/  |
...7c | RegionOne | placement    | placement    | True    | public    | http://control-node:8778      |
...5e | RegionOne | placement    | placement    | True    | admin     | http://control-node:8778      |
...be | RegionOne | placement    | placement    | True    | internal  | http://control-node:8778      |
+-----+-----------+--------------+--------------+---------+-----------+-------------------------------+
```

（3）安装软件。

连同依赖的软件包，一共会安装 45 个软件：

```
[root@control-node ~(admin)]# dnf install openstack-nova-api \
  openstack-nova-conductor openstack-nova-novncproxy openstack-nova-scheduler -y
```

（4）配置。

告诉Nova如何访问数据库（上面我们已经创建）、如何获取身份认证服务、如何发送消息、如何获取Placement服务等。

编辑主配置文件：

```
[root@control-node ~(admin)]# vim /etc/nova/nova.conf
[DEFAULT]
my_ip = 10.10.10.11                                                #本机管理网的 IP 地址
log_dir = /var/log/nova
state_path = /var/lib/nova
enabled_apis = osapi_compute,metadata                              #只激活计算和元数据两个 API
transport_url = rabbit://openstack:RABBIT_PASS@control-node:5672 #如何发送消息
[api]
auth_strategy=keystone
[api_database]
connection=mysql+pymysql://nova:NOVA_DBPASS@control-node/nova_api
......
[database]
connection=mysql+pymysql://nova:NOVA_DBPASS@control-node/nova    #如何访问数据库 nova
......
[glance]                                                           #如何获取镜像服务
api_servers = http://control-node:9292
......
[keystone_authtoken]                                               #如何获取身份认证服务
www_authenticate_uri = http://control-node:5000/
auth_url = http://control-node:5000/
memcached_servers = control-node:11211
auth_type = password
project_domain_name = Default
user_domain_name = Default
project_name = service
username = nova
password = NOVA_PASS
......
[oslo_concurrency]
lock_path=/var/lib/nova/tmp
......
[placement]                                                        #如何获取资源统计服务
region_name = RegionOne
project_domain_name = Default
project_name = service
auth_type = password
user_domain_name = Default
```

```
auth_url = http://control-node:5000/v3
username = placement
password = PLACEMENT_PASS
......
[vnc]                                                    #如何通过浏览器访问虚拟机的屏幕
enabled=true
server_listen=$my_ip
server_proxyclient_address=$my_ip
......
```

上面列举出来的节中，其他行全部注释或者删除。

向 nova_api 数据库中导入初始化数据：

```
[root@control-node ~(admin)]# su -s /bin/sh -c "nova-manage api_db sync" nova
```

如果导入失败，可以参考 7.5.14 节排错。日志文件放在/var/log/nova 目录中。

注册 cell0 数据库（在 nova_api 库的 cell_mappings 中插入一条记录）：

```
[root@control-node ~(admin)]# su -s /bin/sh -c "nova-manage cell_v2 map_cell0" \
  nova
```

注册 cell1 数据库：

```
[root@control-node ~(admin)]# su -s /bin/sh -c "nova-manage cell_v2 \
  create_cell --name=cell1 --verbose" nova
--transport-url not provided in the command line, using the value [DEFAULT]/transport_url ...
--database_connection not provided in the command line, using the value [database]/connect...
caf46c55-acf4-4820-9a30-f92608efa0f9
```

向 nova 数据库中导入初始化数据：

```
[root@control-node ~(admin)]# su -s /bin/sh -c "nova-manage db sync" nova
```

检查 cell0 数据库和 cell1 数据库是否注册成功：

```
[root@control-node ~(admin)]# su -s /bin/sh \
  -c "nova-manage cell_v2 list_cells" nova
+-------+--------------------------------------+------------------------------------------------+
| Name  |                 UUID                 |                  Transport URL             ... |
+-------+--------------------------------------+------------------------------------------------+
| cell0 | 00000000-0000-0000-0000-000000000000 |                      none:/                 ...|
| cell1 | 2a784f8c-0f70-4f4c-8753-58c2da3d5f1e | rabbit://openstack:****@control-node:5672...|
+-------+--------------------------------------+------------------------------------------------+
```

激活并理解驱动有关服务：

```
[root@control-node ~(admin)]# systemctl stop openstack-nova-api.service \
  openstack-nova-scheduler.service openstack-nova-conductor.service \
  openstack-nova-novncproxy.service                      #停止有关服务

[root@control-node ~(admin)]# rm -rf /var/log/nova/*      #删除所有日志文件
```

```
[root@control-node ~(admin)]# systemctl --now enable \
  openstack-nova-api.service openstack-nova-scheduler.service \
  openstack-nova-conductor.service openstack-nova-novncproxy.service

[root@control-node ~(admin)]# ss -tnlp | grep 8774              #查看 8774 端口是否被监听
LISTEN 0      128          0.0.0.0:8774        0.0.0.0:*    users:(("nova- api" …
```

（5）设置防火墙规则。

由于其他节点需要访问 nova_api 服务，所以要放行本机的 8774/tcp 等端口，使用下面的命令设置此防火墙规则：

```
[root@control-node ~(admin)]# firewall-cmd \
  --add-port={6080/tcp,6081/tcp,6082/tcp,8774/tcp,8775/tcp} --permanent
[root@control-node ~(admin)]# firewall-cmd --reload

[root@control-node ~(admin)]# firewall-cmd --info-zone=public    #查看已有的防火墙规则
……
services: cockpit dhcpv6-client memcache mysql ntp ssh
ports: 5672/tcp 5000/tcp 9292/tcp 8778/tcp 6080/tcp 6081/tcp 6082/tcp 8774/tcp 8775/tcp
……
```

其中 6080/tcp、6081/tcp 和 6082/tcp 三个端口是以后浏览器能访问虚拟机的控制台（屏幕）。

2）在计算节点上操作

（1）安装软件。

连同依赖的软件包，一共会安装 453 个软件：

```
[root@compute-node ~]# dnf install openstack-nova-compute -y
```

（2）配置。

告诉 Nova 如何访问数据库（上面我们已经创建）、如何获取身份认证服务、如何发送消息、如何获取 Placement 服务等。

编辑主配置文件：

```
[root@compute-node ~]# vim /etc/nova/nova.conf
[DEFAULT]
my_ip=10.10.10.13                                                 #本机管理网的 IP 地址
state_path = /var/lib/nova
log_dir = /var/log/nova
enabled_apis=osapi_compute,metadata
transport_url=rabbit://openstack:RABBIT_PASS@control-node:5672    #如何发送消息
compute_driver=libvirt.LibvirtDriver                              #虚拟化驱动器
[api]
auth_strategy=keystone
```

```
......
[keystone_authtoken]                                        #如何获取身份认证服务
www_authenticate_uri = http://control-node:5000/
auth_url = http://control-node:5000/
memcached_servers = control-node:11211
auth_type = password
project_domain_name = Default
user_domain_name = Default
project_name = service
username = nova
password = NOVA_PASS
......
[glance]                                                    #如何获取镜像服务
api_servers = http://control-node:9292
......
[oslo_concurrency]
lock_path=/var/lib/nova/tmp
......
[placement]                                                 #如何获取资源统计服务
region_name = RegionOne
project_domain_name = Default
project_name = service
auth_type = password
user_domain_name = Default
auth_url = http://control-node:5000/v3
username = placement
password = PLACEMENT_PASS
......
[vnc]                                                       #如何通过浏览器访问虚拟机的屏幕
enabled=true
server_listen=0.0.0.0
server_proxyclient_address=$my_ip
novncproxy_base_url=http://control-node:6080/vnc_auto.html
......
```

上面列举出来的节中，其他行全部注释或者删除。

（3）扫尾工作。

检查 CPU 是否支持虚拟化：

```
[root@compute-node ~]# egrep -c '(vmx|svm)' /proc/cpuinfo
4
```

如果显示为 0，则表示 CPU 不支持虚拟化，请确认 CPU 是否启用了虚拟化功能。对于 CPU 不支持虚拟化的计算机，只能使用 QEMU 而不能使用 KVM——确保

/etc/nova/nova.conf 中的[libvirt]节下存在 virt_type=qemu。

让防火墙放行 5900-5999/tcp 端口：

```
[root@compute-node ~]# firewall-cmd --add-port=5900-5999/tcp --permanent
success
[root@compute-node ~]# firewall-cmd --reload
success

[root@compute-node ~]# firewall-cmd --info-zone=public
……
  interfaces: ens160 ens224
  sources:
  services: cockpit dhcpv6-client ssh
  ports: 5900-5999/tcp
  protocols:
  forward: no
……
```

激活并启动相关服务：

```
[root@compute-node ~]# systemctl stop libvirtd.service \
  openstack-nova-compute.service
[root@compute-node ~]# rm -rf /var/log/nova/* /var/log/libvirt/*
[root@compute-node ~]# systemctl --now enable libvirtd.service \
  openstack-nova-compute.service
```

3）在控制节点上操作

扫尾工作主要包括如下几项。

检查数据库中是否存在计算节点：

```
[root@control-node ~]# . admin-openrc
[root@control-node ~(admin)]# openstack compute service list --service \
  nova-compute
+----+--------------+--------------+------+---------+-------+----------------------------+
| ID | Binary       | Host         | Zone | Status  | State | Updated At                 |
+----+--------------+--------------+------+---------+-------+----------------------------+
|  8 | nova-compute | compute-node | nova | enabled | up    | 2022-05-13T10:25:36.000000 |
+----+--------------+--------------+------+---------+-------+----------------------------+
```

检查是否存在未加入 cell 的计算节点，如果存在就把它加入 cell1 中：

```
[root@control-node ~(admin)]# su -s /bin/sh \
  -c "nova-manage cell_v2 discover_hosts --verbose" nova
Found 2 cell mappings.
Skipping cell0 since it does not contain hosts.
Getting computes from cell 'cell1': 2a784f8c-0f70-4f4c-8753-58c2da3d5f1e
Checking host mapping for compute host 'compute-node': 7a2f2ae9-a635-49ef-bc5e-7e3be1b7216c
```

```
Creating host mapping for compute host 'compute-node': 7a2f2ae9-a635-49ef-bc5e-7e3be1b7216c
Found 1 unmapped computes in cell: 2a784f8c-0f70-4f4c-8753-58c2da3d5f1e
```

注意：以后每当增加一台计算计算，都要运行一次上面的命令把计算节点加入cell1 中，或者设置控制节点自动发现并把新增的计算节点加入 cell1 中——确保/etc/nova/nova.conf 文件的[scheduler]节中存在 discover_hosts_in_cells_interval = 300 配置项，此配置项表示每隔 300 秒就检查一次。

把一个计算节点加入 cell1 中，本质上就是在 nova_api 数据库的 host_mappings 表中增加一条记录：<主机名>，<cell1 的 id>。cell_mappings 表登记了全部的 cell。

2. 管理

接下来我们来验证是否成功部署 Nova，确保控制节点上启用了 nova-conductor 和 nova-scheduler 两个服务，计算节点了启用了 nova-compute 服务。

在控制节点上操作：

```
[root@control-node ~]# . admin-openrc

#查看资源提供者
[root@control-node ~(admin)]# openstack resource provider list
+--------------------------------------+--------------+------------+------------------+
| uuid                                 | name         | generation | roo…             |
+--------------------------------------+--------------+------------+------------------+
| 116396a2-c142-4112-aa39-c3afffc1c0e6 | compute-node |          4 | 116…             |
+--------------------------------------+--------------+------------+------------------+

#进一步查看资源提供者提供的资源清单
[root@control-node ~(admin)]# openstack resource provider inventory list \
  7a2f2ae9-a635-49ef-bc5e-7e3be1b7216c
+----------------+------------------+----------+----------+----------+-----------+-------+------+
| resource_class | allocation_ratio | min_unit | max_unit | reserved | step_size | total | used |
+----------------+------------------+----------+----------+----------+-----------+-------+------+
| VCPU           |             16.0 |        1 |        4 |        0 |         1 |     4 |    0 |
| MEMORY_MB      |              1.5 |        1 |     3704 |      512 |         1 |  3704 |    0 |
| DISK_GB        |              1.0 |        1 |       27 |        0 |         1 |    27 |    0 |
+----------------+------------------+----------+----------+----------+-----------+-------+------+

#查看 Nova 组件启动的服务
[root@control-node ~(admin)]# openstack compute service list
+----+----------------+--------------+----------+---------+-------+----------------------------+
| ID | Binary         | Host         | Zone     | Status  | State | Updated At                 |
+----+----------------+--------------+----------+---------+-------+----------------------------+
|  3 | nova-conductor | control-node | internal | enabled | up    | 2022-05-13T10:27:47.000000 |
```

```
| 6 | nova-scheduler | control-node | internal | enabled | up    | 2022-05-13T10:27:38.000000 |
| 8 | nova-compute   | compute-node | nova     | enabled | up    | 2022-05-13T10:27:46.000000 |
+----+----------------+--------------+----------+---------+-------+----------------------------+
```

检查控制节点上的调用端点：

```
[root@control-node ~(admin)]# openstack catalog list
+-----------+-----------+-----------------------------------------+
| Name      | Type      | Endpoints                               |
+-----------+-----------+-----------------------------------------+
| nova      | compute   | RegionOne                               |
|           |           |   internal: http://control-node:8774/v2.1 |
|           |           | RegionOne                               |
|           |           |   public: http://control-node:8774/v2.1   |
|           |           | RegionOne                               |
|           |           |   admin: http://control-node:8774/v2.1    |
|           |           |                                         |
| keystone  | identity  | RegionOne                               |
|           |           |   internal: http://control-node:5000/v3/  |
|           |           | RegionOne                               |
|           |           |   admin: http://control-node:5000/v3/     |
|           |           | RegionOne                               |
|           |           |   public: http://control-node:5000/v3/    |
|           |           |                                         |
| placement | placement | RegionOne                               |
|           |           |   admin: http://control-node:8778         |
|           |           | RegionOne                               |
|           |           |   internal: http://control-node:8778      |
|           |           | RegionOne                               |
|           |           |   public: http://control-node:8778        |
|           |           |                                         |
| glance    | image     | RegionOne                               |
|           |           |   internal: http://control-node:9292      |
|           |           | RegionOne                               |
|           |           |   admin: http://control-node:9292         |
|           |           | RegionOne                               |
|           |           |   public: http://control-node:9292        |
|           |           |                                         |
+-----------+-----------+-----------------------------------------+
```

检查镜像：

```
[root@control-node ~(admin)]# openstack image list
+--------------------------------------+--------------+--------+
| ID                                   | Name         | Status |
+--------------------------------------+--------------+--------+
| 21fc86cf-dd55-48a7-b268-c203df23b48b | cirros       | active |
```

```
| dd8995db-1d61-4945-9895-fb9a600a1889 | debian-10    | active |
| 1e2f6353-36d4-4fc4-8caa-c8ee77ad7fe9 | win7-x64.iso | active |
+--------------------------------------+--------------+--------+
```

检查 cell 和 Placement API 是否工作正常：

```
[root@control-node ~(admin)]# nova-status upgrade check
+-------------------------------------------+
| Upgrade Check Results                     |
+-------------------------------------------+
| Check: Cells v2                           |
| Result: Success                           |
| Details: None                             |
+-------------------------------------------+
| Check: Placement API                      |
| Result: Success                           |
| Details: None                             |
+-------------------------------------------+
| Check: Cinder API                         |
| Result: Success                           |
| Details: None                             |
+-------------------------------------------+
| Check: Policy Scope-based Defaults        |
| Result: Success                           |
| Details: None                             |
+-------------------------------------------+
| Check: Policy File JSON to YAML Migration |
| Result: Success                           |
| Details: None                             |
+-------------------------------------------+
| Check: Older than N-1 computes            |
| Result: Success                           |
| Details: None                             |
+-------------------------------------------+
| Check: hw_machine_type unset              |
| Result: Success                           |
| Details: None                             |
+-------------------------------------------+
```

检查控制节点和计算节点的错误日志：

```
[root@control-node ~(admin)]# grep ERROR /var/log/nova/*
[root@compute-node ~]# grep ERROR /var/log/nova/*
```

在正常情况下，上面两条命令应该没有输出，如果有输出，则表明存在问题，也许是历史遗留的问题，这时可以进一步处理：关闭服务，删除日志文件，再次启动服务，看看还有没有错误，可以参考下面的操作。

在控制节点上操作：

```
[root@control-node ~(admin)]# systemctl stop openstack-nova-api.service \
 openstack-nova-conductor.service openstack-nova-novncproxy.service \
 openstack-nova-scheduler.service
[root@control-node ~(admin)]# rm -rf /var/log/nova/*
[root@control-node ~(admin)]# systemctl start openstack-nova-api.service \
 openstack-nova-conductor.service openstack-nova-novncproxy.service \
 openstack-nova-scheduler.service
[root@control-node ~(admin)]# grep ERROR /var/log/nova/*
```

在计算节点上操作：

```
[root@compute-node ~]# systemctl stop openstack-nova-compute.service
[root@compute-node ~]# rm -rf /var/log/nova/*
[root@compute-node ~]# systemctl start openstack-nova-compute.service
[root@compute-node ~]# grep ERROR /var/log/nova/*
```

3. 创建虚拟机模板

创建两个虚拟机模板。其中一个模板只有 64MB 内存、1GB 硬盘、1 个 CPU，可以用来跑 CirrOS 镜像。另一个模板是 2GB 内存、10GB 磁盘，2 个 CPU，可以安装 Debian 操作系统或者 Windows 7 操作系统。

在控制节点上操作：

```
[root@control-node ~(admin)]# openstack flavor create --id 0 --vcpus 1 \
  --ram 64 --disk 1 m1.nano

[root@control-node ~(admin)]# openstack flavor create --id 1 --vcpus 2 \
  --ram 2048 --disk 10 vm.linux
```

7.5.8 组网服务：Neutron

先关闭控制节点、网络节点和计算节点，然后创建快照。

我们先使用 Open vSwitch 实验 Provider 网络（即供应商网络），也就是之后创建的虚拟机的 IP 地址直接采用物理局域网的 IP 地址。

1. 安装

1）在控制节点上操作

（1）创建数据库。

我们要创建一个名为 neutron 的数据库，创建一个名为 neutron 的数据库用户，用户的密码为 NEUTRON_DBPASS，并且授予用户对这个数据库的完全控制权限：

```
[root@control-node ~]# mysql -uroot -pMYSQL_PASS
MariaDB [(none)]> CREATE DATABASE neutron;

MariaDB [(none)]> GRANT ALL PRIVILEGES ON neutron.* TO 'neutron'@'localhost' IDENTIFIED
BY 'NEUTRON_DBPASS';
MariaDB [(none)]> GRANT ALL PRIVILEGES ON neutron.* TO 'neutron'@'%' IDENTIFIED BY
'NEUTRON_DBPASS';

MariaDB [(none)]> exit
```

（2）在 Keystone 中创建用户、镜像服务和调用端点。

切换到管理员环境：

```
[root@control-node ~]# . ~/admin-openrc
```

创建用户 neutron：

```
[root@control-node ~(admin)]# openstack user create --domain default \
  --password NEUTRON_PASS neutron
```

授予 neutron 用户在 service 项目上的管理员权限：

```
[root@control-node ~(admin)]# openstack role add --project service \
  --user neutron admin
```

创建一个服务，名字是 neutron，服务类型是 network（专门对外提供计算服务）：

```
[root@control-node ~(admin)]# openstack service create --name neutron \
 --description "OpenStack Networking" network
```

创建 3 个服务调用端点，分别服务管理员、OpenStack 的其他组件和公众：

```
[root@control-node ~(admin)]# openstack endpoint create --region RegionOne \
  network admin http://control-node:9696                      #服务管理员

[root@control-node ~(admin)]# openstack endpoint create --region RegionOne \
  network internal http://control-node:9696                   #服务 OpenStack 的其他组件

[root@control-node ~(admin)]# openstack endpoint create --region RegionOne \
  network public http://control-node:9696                     #服务公众

[root@control-node ~(admin)]# openstack endpoint list         #查看已经创建的调用端点
+-----+-----------+--------------+--------------+---------+-----------+-------------------------------+
| ID  | Region    | Service Name | Service Type | Enabled | Interface | URL                           |
+-----+-----------+--------------+--------------+---------+-----------+-------------------------------+
...78 | RegionOne | nova         | compute      | True    | admin     | http://control-node:8774/v2.1 |
...c4 | RegionOne | nova         | compute      | True    | internal  | http://control-node:8774/v2.1 |
...4d | RegionOne | nova         | compute      | True    | public    | http://control-node:8774/v2.1 |
...b3 | RegionOne | glance       | image        | True    | admin     | http://control-node:9292      |
...87 | RegionOne | glance       | image        | True    | internal  | http://control-node:9292      |
...d7 | RegionOne | glance       | image        | True    | public    | http://control-node:9292      |
```

```
...78 | RegionOne | keystone     | identity    | True    | admin     | http://control-node:5000/v3/  |
...28 | RegionOne | keystone     | identity    | True    | internal  | http://control-node:5000/v3/  |
...23 | RegionOne | keystone     | identity    | True    | public    | http://control-node:5000/v3/  |
...20 | RegionOne | neutron      | network     | True    | admin     | http://control-node:9696      |
...fe | RegionOne | neutron      | network     | True    | internal  | http://control-node:9696      |
...6d | RegionOne | neutron      | network     | True    | public    | http://control-node:9696      |
...7c | RegionOne | placement    | placement   | True    | public    | http://control-node:8778      |
...5e | RegionOne | placement    | placement   | True    | admin     | http://control-node:8778      |
...be | RegionOne | placement    | placement   | True    | internal  | http://control-node:8778      |
+-----+-----------+--------------+-------------+---------+-----------+-------------------------------+
```

（3）安装软件。

连同依赖的软件包，一共会安装 26 个软件：

```
[root@control-node ~(admin)]# dnf install openstack-neutron \
  openstack-neutron-ml2 -y
```

（4）配置。

告诉 Neutron 如何访问数据库（上面我们已经创建）、如何获取身份认证服务、如何发送消息、如何获取计算服务等。

编辑主配置文件：

```
[root@control-node ~(admin)]# vim /etc/neutron/neutron.conf
[DEFAULT]
core_plugin = ml2
service_plugins = router
auth_strategy = keystone
state_path = /var/lib/neutron
dhcp_agent_notification = True
allow_overlapping_ips = True
notify_nova_on_port_status_changes = True                    #当网络拓扑改变时通知 Nova
notify_nova_on_port_data_changes = True
transport_url = rabbit://openstack:RABBIT_PASS@control-node        #如何发送消息
......
[database]
connection = mysql+pymysql://neutron:NEUTRON_DBPASS@control-node/neutron
......
[keystone_authtoken]                                         #如何获取身份认证服务
www_authenticate_uri = http://control-node:5000
auth_url = http://control-node:5000
memcached_servers = control-node:11211
auth_type = password
project_domain_name = default
user_domain_name = default
project_name = service
```

```
username = neutron
password = NEUTRON_PASS
......
[oslo_concurrency]
lock_path = $state_path/tmp
......
[nova]                                                         #如何请求计算服务
auth_url = http://control-node:5000
auth_type = password
project_domain_name = default
user_domain_name = default
region_name = RegionOne
project_name = service
username = nova
password = NOVA_PASS
```

上面列举出来的节中，其他行全部注释或者删除。

配置二层插件：

```
[root@control-node ~(admin)]# vim /etc/neutron/plugins/ml2/ml2_conf.ini
#在末尾添加下面几行
[ml2]
type_drivers = flat,vlan,gre,vxlan
tenant_network_types =
mechanism_drivers = openvswitch
extension_drivers = port_security
```

配置元数据代理：

```
[root@control-node ~(admin)]# vim /etc/neutron/metadata_agent.ini
#确保在[DEFAULT]节中存在下面两行
nova_metadata_host = control-node
metadata_proxy_shared_secret = METADATA_SECRET
#确保在[cache]节中存在下面一行
memcache_servers = control-node:11211
```

修改计算服务的配置，使计算服务知道如何访问 Neutron 服务：

```
[root@control-node ~(admin)]# vim /etc/nova/nova.conf          #修改[neutron]节
......
[neutron]
auth_url = http://control-node:5000
auth_type = password
project_domain_name = default
user_domain_name = default
region_name = RegionOne
project_name = service
username = neutron
```

```
password = NEUTRON_PASS
service_metadata_proxy = True
metadata_proxy_shared_secret = METADATA_SECRET
……
```

建立符号连接文件：

```
[root@control-node ~(admin)]# ln -s /etc/neutron/plugins/ml2/ml2_conf.ini \
  /etc/neutron/plugin.ini
```

向 neutron 数据库中导入初始化数据：

```
[root@control-node ~(admin)]# su -s /bin/bash neutron -c \
  "neutron-db-manage --config-file /etc/neutron/neutron.conf \
  --config-file /etc/neutron/plugin.ini upgrade head"
INFO  [alembic.runtime.migration] Context impl MySQLImpl.
INFO  [alembic.runtime.migration] Will assume non-transactional DDL.
  Running upgrade for neutron ...
INFO  [alembic.runtime.migration] Context impl MySQLImpl.
INFO  [alembic.runtime.migration] Will assume non-transactional DDL.
INFO  [alembic.runtime.migration] Running upgrade  -> kilo
……
  OK
```

如果导入失败，可以参考 7.5.14 节排错。日志文件放在/var/log/neutron 目录中。

激活并理解驱动有关服务：

```
#重启 nova-api 服务
[root@control-node ~(admin)]# systemctl restart openstack-nova-api
[root@control-node ~(admin)]# systemctl enable --now neutron-server \
  neutron-metadata-agent

[root@control-node ~(admin)]# ss -tnlp | grep 9696                #查看 9696 端口是否被监听
LISTEN 0      128           0.0.0.0:9696       0.0.0.0:*    users:(("neutron-s ...
```

（5）设置防火墙规则。

由于其他节点需要访问组网服务，所以要放行本机的 9696/tcp 端口，使用下面的命令设置此防火墙规则：

```
[root@control-node ~(admin)]# firewall-cmd --add-port=9696/tcp --permanent
success
[root@control-node ~(admin)]# firewall-cmd --reload
success

[root@control-node ~(admin)]# firewall-cmd --info-zone=public     #查看已有的防火墙规则
……
services: cockpit dhcpv6-client memcache mysql ntp ssh
ports: 5672/tcp 5000/tcp 9292/tcp 8778/tcp 6080/tcp 6081/tcp 6082/tcp 8774/tcp 8775/tcp
```

```
9696/tcp
......
```

2）在网络节点上操作

（1）安装软件。

连同依赖的软件包，一共会安装244个软件：

```
[root@network-node ~]# dnf install openstack-neutron openstack-neutron-ml2 \
  openstack-neutron-openvswitch libibverbs -y
```

（2）配置。

告诉Neutron如何获取身份认证服务、如何发送消息等。

编辑主配置文件：

```
[root@network-node ~]# vim /etc/neutron/neutron.conf
[DEFAULT]
core_plugin = ml2
service_plugins = router
auth_strategy = keystone
state_path = /var/lib/neutron
allow_overlapping_ips = True
transport_url = rabbit://openstack:RABBIT_PASS@control-node      #如何发送消息
......
[keystone_authtoken]                                             #如何获取身份认证服务
www_authenticate_uri = http://control-node:5000
auth_url = http://control-node:5000
memcached_servers = control-node:11211
auth_type = password
project_domain_name = default
user_domain_name = default
project_name = service
username = neutron
password = NEUTRON_PASS
......
[oslo_concurrency]
lock_path = $state_path/lock
......
```

配置三层代理：

```
[root@network-node ~]# vim /etc/neutron/l3_agent.ini
[DEFAULT]
interface_driver = openvswitch
......
```

配置 dhcp 代理：

```
[root@network-node ~]# vim /etc/neutron/dhcp_agent.ini
[DEFAULT]
interface_driver = openvswitch
dhcp_driver = neutron.agent.linux.dhcp.Dnsmasq
enable_isolated_metadata = true
……
```

配置元数据代理：

```
[root@network-node ~]# vim /etc/neutron/metadata_agent.ini
[DEFAULT]
nova_metadata_host = control-node
metadata_proxy_shared_secret = METADATA_SECRET
……
[cache]
memcache_servers = control-node:11211
……
```

配置二层插件：

```
[root@network-node ~]# vim /etc/neutron/plugins/ml2/ml2_conf.ini
#在末尾添加下面几行
[ml2]
type_drivers = flat,vlan,gre,vxlan
tenant_network_types =
mechanism_drivers = openvswitch
extension_drivers = port_security
```

配置 OVS 代理：

```
[root@network-node ~]# vim /etc/neutron/plugins/ml2/openvswitch_agent.ini     #在末尾添加
[securitygroup]
firewall_driver = openvswitch
enable_security_group = true
enable_ipset = true
```

建立符号连接文件：

```
[root@network-node ~]# ln -s /etc/neutron/plugins/ml2/ml2_conf.ini \
  /etc/neutron/plugin.ini
```

（3）扫尾工作。

激活并立即启动相关服务：

```
[root@network-node ~]# systemctl enable --now openvswitch.service
[root@network-node ~]# systemctl --now enable neutron-dhcp-agent.service \
  neutron-l3-agent.service neutron-metadata-agent.service \
  neutron-openvswitch-agent.service
```

3）在计算节点上操作

（1）安装软件。

连同依赖的软件包，一共会安装29个软件：

```
[root@compute-node ~]# dnf install openstack-neutron openstack-neutron-ml2 \
  openstack-neutron-openvswitch -y
```

（2）配置。

告诉Neutron如何获取身份认证服务、如何发送消息等。

编辑主配置文件：

```
[root@compute-node ~]# vim /etc/neutron/neutron.conf
[DEFAULT]
core_plugin = ml2
service_plugins = router
auth_strategy = keystone
state_path = /var/lib/neutron
allow_overlapping_ips = True
transport_url = rabbit://openstack:RABBIT_PASS@control-node          #如何发送消息
……
[keystone_authtoken]                                                  #如何获取身份认证服务
www_authenticate_uri = http://control-node:5000
auth_url = http://control-node:5000
memcached_servers = control-node:11211
auth_type = password
project_domain_name = default
user_domain_name = default
project_name = service
username = neutron
password = NEUTRON_PASS
……
[oslo_concurrency]
lock_path = $state_path/lock
……


[root@compute-node ~]# vim /etc/neutron/plugins/ml2/ml2_conf.ini      #在末尾添加
[ml2]
type_drivers = flat,vlan,gre,vxlan
tenant_network_types =
mechanism_drivers = openvswitch
extension_drivers = port_security
```

```
[root@compute-node ~]# vim /etc/neutron/plugins/ml2/openvswitch_agent.ini  #在末尾添加
[securitygroup]
firewall_driver = openvswitch
enable_security_group = true
enable_ipset = true

[root@compute-node ~]# vim /etc/nova/nova.conf
#在[DEFAULT]节中添加下面三行
use_neutron = True
vif_plugging_is_fatal = True
vif_plugging_timeout = 300
#确保存在下面若干行
[neutron]
auth_url = http://control-node:5000
auth_type = password
project_domain_name = default
user_domain_name = default
region_name = RegionOne
project_name = service
username = neutron
password = NEUTRON_PASS
service_metadata_proxy = True
metadata_proxy_shared_secret = METADATA_SECRET

[root@compute-node ~]# ln -s /etc/neutron/plugins/ml2/ml2_conf.ini \
  /etc/neutron/plugin.ini
```

（3）扫尾工作。

激活并立即启动相关服务：

```
[root@compute-node ~]# systemctl restart openstack-nova-compute
[root@compute-node ~]# systemctl enable --now openvswitch.service
[root@compute-node ~]# systemctl --now enable neutron-openvswitch-agent
```

2. 验证

在控制节点上操作。

查看与网络有关的服务代理：

```
[root@control-node ~]# . admin-openrc
[root@control-node ~]# openstack network agent list
--+--------------------+--------------+-------------------+-------+-------+--------------------------+
..| Agent Type         | Host         | Availability Zone | Alive | State | Binary                   |
--+--------------------+--------------+-------------------+-------+-------+--------------------------+
..| Open vSwitch agent | compute-node | None              | :-)   | UP    | neutron-openvswitch-agent |
..| DHCP agent         | network-node | nova              | :-)   | UP    | neutron-dhcp-agent       |
```

```
..| Open vSwitch agent | network-node | None               | :-)   | UP    | neutron-openvswitch-agent |
..| Metadata agent     | network-node | None               | :-)   | UP    | neutron-metadata-agent    |
..| Metadata agent     | control-node | None               | :-)   | UP    | neutron-metadata-agent    |
..| L3 agent           | network-node | nova               | :-)   | UP    | neutron-l3-agent          |
--+--------------------+--------------+--------------------+-------+-------+---------------------------+
```

注意6个代理的状态都是UP，否则在排除错误之前不要往下做。

7.5.9 Provider网络

我们来进行Provider网络实战。

1. 配置

1）创建网桥

在网络节点和计算节点上操作：

```
[root@xyz ~]# ovs-vsctl add-br br-ens224                     #创建网桥br-ens224
[root@xyz ~]# ovs-vsctl add-port br-ens224 ens224            #把网卡ens224加入网桥
```

网桥名称br-ens224可以随意设置，但是一定要把第二块网卡（本例是ens224）加入网桥。使用“ip a”命令可以查看计算机中的网卡名称和配置。网络节点和计算节点上的网卡名称有可能不相同，这一点要特别小心。

2）修改配置文件

在网络节点上操作：

```
[root@network-node ~]# vim /etc/neutron/plugins/ml2/ml2_conf.ini
#在末尾添加下面两行
[ml2_type_flat]
flat_networks = physnet1

[root@network-node ~]# vim /etc/neutron/plugins/ml2/openvswitch_agent.ini
#在末尾添加下面两行
[ovs]
bridge_mappings = physnet1:br-ens224
```

以后创建的Provider网络会通过br-ens224网桥经ens224物理网卡连接外网。

在计算节点上操作：

```
[root@compute-node ~]# vim /etc/neutron/plugins/ml2/ml2_conf.ini
#在末尾添加下面两行
[ml2_type_flat]
flat_networks = physnet1
```

```
[root@compute-node ~]# vim /etc/neutron/plugins/ml2/openvswitch_agent.ini
#在末尾添加下面两行
[ovs]
bridge_mappings = physnet1:br-ens224
```

3）重启 OVS 服务

在网络节点和计算节点上操作：

```
[root@xyz ~]# systemctl restart neutron-openvswitch-agent
[root@xyz ~]# ovs-vsctl list-br                              #显示存在的网桥
br-ens224
br-int
[root@xyz ~]# ovs-vsctl list-ports br-ens224                 #列举网桥 br-ens224 上的端口
ens224
phy-br-ens224
[root@xyz ~]# ovs-vsctl list-ports br-int                    #列举网桥 br-int 上的端口
int-br-ens224
```

2．准备工作

1）创建网络

首先要创建网络，然后在网络上创建子网，子网上分配 IP 地址池，这样以后的虚拟机就从这个地址池中获取 IP 地址。

Provider 网络就是供应商网络，也就是机房的局域网，之后创建的虚拟机的 IP 地址需要占用局域网内的 IP 地址，所以地址不能与物理机的冲突。

（1）切换到管理员环境：

```
[root@control-node ~]# . admin-openrc
```

（2）创建网络 Provider-NET1：

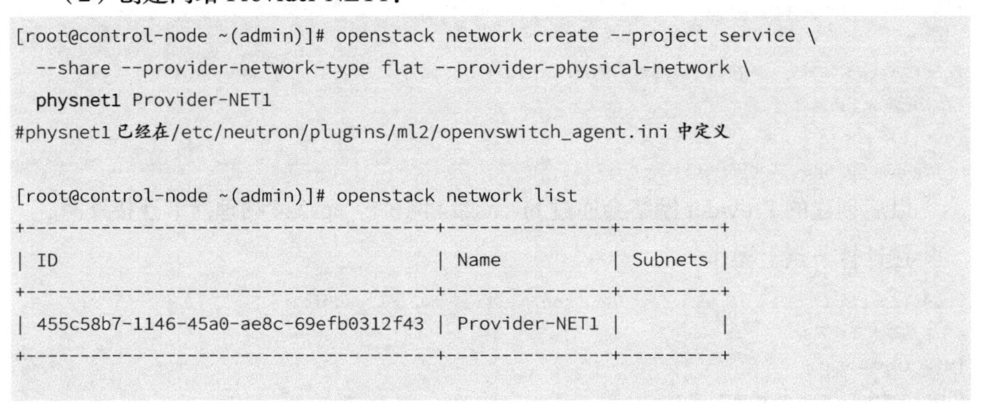

```
[root@control-node ~(admin)]# openstack network create --project service \
  --share --provider-network-type flat --provider-physical-network \
  physnet1 Provider-NET1
#physnet1 已经在/etc/neutron/plugins/ml2/openvswitch_agent.ini 中定义

[root@control-node ~(admin)]# openstack network list
+--------------------------------------+---------------+---------+
| ID                                   | Name          | Subnets |
+--------------------------------------+---------------+---------+
| 455c58b7-1146-45a0-ae8c-69efb0312f43 | Provider-NET1 |         |
+--------------------------------------+---------------+---------+
```

（3）创建子网 Provider-SUBNET1：

```
[root@control-node ~(admin)]# openstack subnet create --network Provider-NET1 \
  --project service --subnet-range 192.168.0.0/24 --allocation-pool \
  start=192.168.0.31,end=192.168.0.39 --gateway 192.168.0.1 --dns-nameserver \
  202.96.128.86 Provider-SUBNET1
```

注意：网络 192.168.0.0/24 就是桥接网卡接入的物理局域网，网关、DNS 与局域网一样，如果要定义多个 DNS，请重复使用参数--dns-nameserver，比如--dns-nameserver 202.96.128.86 --dns-nameserver 9.9.9.9。定义的 IP 地址池 192.168.0.31-192.168.0.39 不能被局域网内的其他设备占用。

（4）列出存在的子网：

```
[root@control-node ~(admin)]# openstack subnet list
------+------------------+--------------------------------------+----------------+
| ID  | Name             | Network                              | Subnet         |
------+------------------+--------------------------------------+----------------+
...9b | Provider-SUBNET1 | 455c58b7-1146-45a0-ae8c-69efb0312f43 | 192.168.0.0/24 |
------+------------------+--------------------------------------+----------------+
```

2）创建密钥对

创建非对称密钥的目的是方便以后使用公钥登录虚拟机。不创建也可以，以后直接使用密码登录。

（1）切换到普通用户环境（myuser）：

```
[root@control-node ~]# . demo-openrc
```

（2）创建密钥对：

```
[root@control-node ~(myuser)]# ssh-keygen -q -N ""
Enter file in which to save the key (/root/.ssh/id_rsa):<直接按回车键>

[root@control-node ~(myuser)]# openstack keypair create --public-key \
  /root/.ssh/id_rsa.pub mykey

[root@control-node ~(myuser)]# openstack keypair list
+-------+-------------------------------------------------+------+
| Name  | Fingerprint                                     | Type |
+-------+-------------------------------------------------+------+
| mykey | cd:5c:b7:4d:83:cc:d1:83:a0:3a:36:dc:62:a6:ca:cd | ssh  |
+-------+-------------------------------------------------+------+
```

3）添加安全组规则

设置防火墙规则，允许 ping 通虚拟机，允许 SSH 登录虚拟机：

```
[root@control-node ~(myuser)]# openstack security group rule create --proto \
  icmp default

[root@control-node ~(myuser)]# openstack security group rule create --proto \
  tcp --dst-port 22 default
```

3. 创建并启动虚拟机

好了，经过长时间的操作，我们终于可以在云上创建并启动虚拟机了。在控制节点上操作。

1）再次检查确认

```
[root@control-node ~]# . demo-openrc                                    #切换到普通用户
```

（1）查看虚拟机模板：

```
[root@control-node ~(myuser)]# openstack flavor list
+----+----------+------+------+-----------+-------+-----------+
| ID | Name     |  RAM | Disk | Ephemeral | VCPUs | Is Public |
+----+----------+------+------+-----------+-------+-----------+
| 0  | m1.nano  |   64 |    1 |         0 |     1 | True      |
| 1  | vm.linux | 2048 |   10 |         0 |     2 | True      |
+----+----------+------+------+-----------+-------+-----------+
```

（2）查看镜像：

```
[root@control-node ~(myuser)]# openstack image list
+--------------------------------------+--------------+--------+
| ID                                   | Name         | Status |
+--------------------------------------+--------------+--------+
| 21fc86cf-dd55-48a7-b268-c203df23b48b | cirros       | active |
| dd8995db-1d61-4945-9895-fb9a600a1889 | debian-10    | active |
| 1e2f6353-36d4-4fc4-8caa-c8ee77ad7fe9 | win7-x64.iso | active |
+--------------------------------------+--------------+--------+
```

（3）查看网络：

```
[root@control-node ~(myuser)]# openstack network list
+--------------------------------------+---------------+--------------------------------------+
| ID                                   | Name          | Subnets                              |
+--------------------------------------+---------------+--------------------------------------+
| 455c58b7-1146-45a0-ae8c-69efb0312f43 | Provider-NET1 | ecd92a09-54d9-436b-acc3-a9c1414dfa9b |
+--------------------------------------+---------------+--------------------------------------+
```

（4）查看安全组：

```
[root@control-node ~(myuser)]# openstack security group list
--------------------------+---------+-------------------------+----------------------------------+------+
| ID                      | Name    | Description             | Project                          | Tags |
```

```
------------------------+---------+----------------------+-----------------------------------+------+
...107-8504-b5c6b0b7ff98 | default | Default security group | 3c0c6148638b4be2a7cc3927c1a1e39e | []   |
------------------------+---------+----------------------+-----------------------------------+------+
```

（5）查看安全组中的防火墙规则：

```
[root@control-node ~(myuser)]# openstack security group show default
......................................................................
...... port_range_max='22', port_range_min='22', protocol='tcp'  ......
...... protocol='icmp', remote_ip_prefix='0.0.0.0/0', standard_a ......
......................................................................
```

发现22端口和icmp可以闯过防火墙。

（6）查看密钥对：

```
[root@control-node ~(myuser)]# openstack keypair list
+-------+-------------------------------------------------+------+
| Name  | Fingerprint                                     | Type |
+-------+-------------------------------------------------+------+
| mykey | cd:5c:b7:4d:83:cc:d1:83:a0:3a:36:dc:62:a6:ca:cd | ssh  |
+-------+-------------------------------------------------+------+
```

2）创建虚拟机

```
[root@control-node ~(myuser)]# openstack server create --flavor m1.nano \
  --image cirros --security-group default --nic \
  net-id=455c58b7-1146-45a0-ae8c-69efb0312f43 --key-name mykey Provider-VM
```

其中 455c58b7-1146-45a0-ae8c-69efb0312f43 为网络 Provider-NET1 的 ID，m1.nano、cirros、default、mykey都要与实际情况相符，虚拟机的名称为Provider-VM。输出中虚拟机状态为building，即正在创建。

过一会儿再次查看虚拟机的创建进展：

```
[root@control-node ~(myuser)]# openstack server list
+--------------------------------------+-------------+--------+----------------------------+--------+---------+
| ID                                   | Name        | Status | Networks                   | Image  | Flavor  |
+--------------------------------------+-------------+--------+----------------------------+--------+---------+
| 9a59af9d-4918-4135-97d1-f542bc1a6260 | Provider-VM | ACTIVE | Provider-NET1=192.168.0.33 | cirros | m1.nano |
+--------------------------------------+-------------+--------+----------------------------+--------+---------+
```

状态ACTIVE表明创建并启动虚拟机成功，而且虚拟机分配的IP地址为192.168.0.33，落在子网Provider-SUBNET1定义的IP池中。

如果状态不是ACTIVE，则表明虚拟机创建并启动失败，可能的原因很多，请参考7.5.14节排错。

我们创建子网时分配的地址池为192.168.0.31～196.168.0.39，10.10.10.33被分配给了刚刚创建的第一台虚拟机，而192.168.0.31被分配给了网络节点上的br-int网桥上的一个 tap 设备，此 tap 连接 qdhcp 名字空间。

3）登录虚拟机

```
[root@control-node ~(myuser)]# ping -c 3 192.168.0.33        #看看能否 ping 通虚拟机的 IP 地址
PING 192.168.0.33 (192.168.0.33) 56(84) bytes of data.
64 bytes from 192.168.0.33: icmp_seq=1 ttl=128 time=2.81 ms
64 bytes from 192.168.0.33: icmp_seq=2 ttl=128 time=1.12 ms
64 bytes from 192.168.0.33: icmp_seq=3 ttl=128 time=0.797 ms
……

[root@control-node ~(myuser)]# ssh cirros@192.168.0.33      #登录虚拟机
The authenticity of host '192.168.0.33 (192.168.0.33)' can't be established.
ECDSA key fingerprint is SHA256:xGyI0HBUDep4B4KOrASAHx23nOf2EW4FGTf2sWjkf2w.
Are you sure you want to continue connecting (yes/no/[fingerprint])? yes
Warning: Permanently added '192.168.0.33' (ECDSA) to the list of known hosts.
$ ip a
1: lo: <LOOPBACK,UP,LOWER_UP> mtu 65536 qdisc noqueue qlen 1
    link/loopback 00:00:00:00:00:00 brd 00:00:00:00:00:00
    inet 127.0.0.1/8 scope host lo
       valid_lft forever preferred_lft forever
    inet6 ::1/128 scope host
       valid_lft forever preferred_lft forever
2: eth0: <BROADCAST,MULTICAST,UP,LOWER_UP> mtu 1500 qdisc pfifo_fast qlen 1000
    link/ether fa:16:3e:37:37:e4 brd ff:ff:ff:ff:ff:ff
    inet 192.168.0.33/24 brd 192.168.0.255 scope global eth0
       valid_lft forever preferred_lft forever
    inet6 fe80::f816:3eff:fe37:37e4/64 scope link
       valid_lft forever preferred_lft forever
$ exit
Connection to 192.168.0.33 closed.
[root@control-node ~(myuser)]#
```

不用输入密码就能登录，因为直接使用了公钥。

还可以通过浏览器登录，方法如下：

```
[root@control-node ~(myuser)]# openstack console url show Provider-VM
+----------+-----------------------------------------------------------------------------------------+
| Field    | Value                                                                                   |
+----------+-----------------------------------------------------------------------------------------+
| protocol | vnc                                                                                     |
| type     | novnc                                                                                   |
| url      | http://control-node:6080/vnc_auto.html?path=%3Ftoken%3D4f390241-26e3-4bca-ac4f-4b816c69004c |
+----------+-----------------------------------------------------------------------------------------+
```

然后用浏览器打开网址 http://control-node:6080/vnc_auto.html?path=%3Ftoken%

3D4f390241-26e3-4bca-ac4f-4b816c69004c，可以看到虚拟机的控制台（屏幕），如果浏览器所在的计算机无法解析机器名称 control-node，请替换为控制节点的 IP 地址，例如：

http://10.10.10.11:6080/vnc_auto.html?path=%3Ftoken%3D4f390241-26e3-4bca-ac4f-4b816c69004c

虚拟机的浏览器控制台如图 7-51 所示。

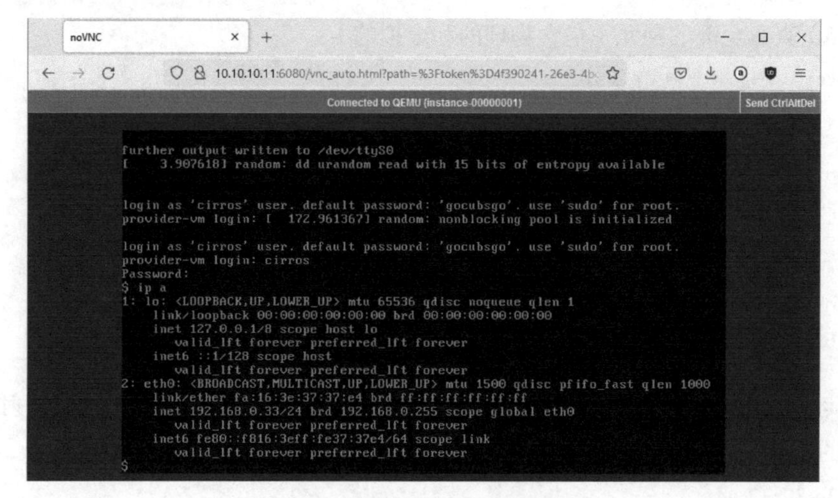

图 7-51 虚拟机的浏览器控制台

输入用户 cirros 和密码 gocubsgo 即可登录虚拟机。

4. 检查虚拟机的网络通路

如果不想深入了解 Neutron 网络的内部连通性，可以跳过本小节。

1）在计算节点上操作

（1）查看正在运行的虚拟机：

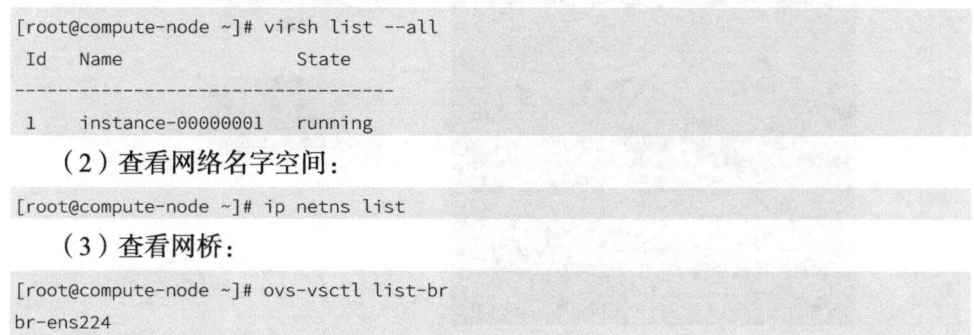

```
[root@compute-node ~]# virsh list --all
 Id   Name                State
-----------------------------------
 1    instance-00000001   running
```

（2）查看网络名字空间：

```
[root@compute-node ~]# ip netns list
```

（3）查看网桥：

```
[root@compute-node ~]# ovs-vsctl list-br
br-ens224
br-int
```

（4）查看每个网桥上接插的网卡：

```
[root@compute-node ~]# ovs-vsctl list-ports br-int
int-br-ens224
tapc098d0d3-b7
[root@compute-node ~]# ovs-vsctl list-ports br-ens224
ens224
phy-br-ens224
```

（5）查看全部的网元（包含物理的和虚拟的）：

```
[root@compute-node ~]# ip link
……
5: ovs-system: <BROADCAST,MULTICAST> mtu 1500 qdisc noop state DOWN mode DEFA…
    link/ether c2:92:c6:6d:c2:dd brd ff:ff:ff:ff:ff:ff
6: br-int: <BROADCAST,MULTICAST> mtu 1500 qdisc noop state DOWN mode DEFAULT …
    link/ether 6e:fd:cd:86:b4:4b brd ff:ff:ff:ff:ff:ff
7: br-ens224: <BROADCAST,MULTICAST> mtu 1500 qdisc noop state DOWN mode DEFAU…
    link/ether 00:0c:29:42:6a:89 brd ff:ff:ff:ff:ff:ff
8: tapc098d0d3-b7: <BROADCAST,MULTICAST,UP,LOWER_UP> mtu 1500 qdisc fq_codel …
    link/ether fe:16:3e:37:37:e4
```

其中，tapc098d0d3-b7 是一块虚拟网卡，它接插在 br-int 网桥上，同时映射为虚拟机的网卡，所以在宿主机上和虚拟机里看到的 MAC 地址是一样的，都是 fe:16:3e:37:37:e4。

（6）查看网桥和虚拟机的连接情况：

```
[root@compute-node ~]# ovs-vsctl show
```

基于 Provider 网络的虚拟机联网如图 7-52 所示。

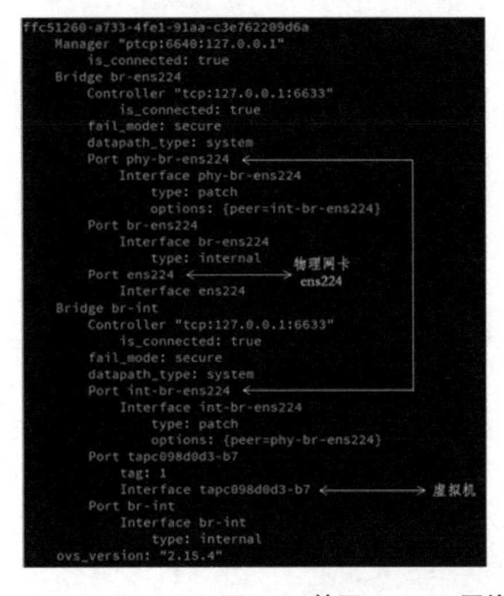

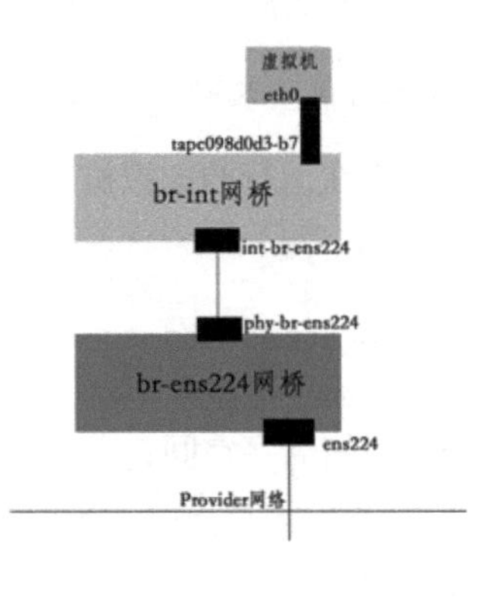

图 7-52 基于 Provider 网络的虚拟机联网

2）在网络节点上操作

（1）查看网络名字空间：

```
[root@network-node ~]# ip netns list                              #存在一个网络名字空间
qdhcp-455c58b7-1146-45a0-ae8c-69efb0312f43 (id: 0)
```

此网络名字空间是专门提供 dhcp 服务的，为虚拟机分配 IP 地址。

（2）进一步查看此网络名字空间中的网元：

```
[root@network-node ~]# ip netns exec \
  qdhcp-455c58b7-1146-45a0-ae8c-69efb0312f43 ip a
1: lo: <LOOPBACK,UP,LOWER_UP> mtu 65536 qdisc noqueue state UNKNOWN group default qlen 1000
    link/loopback 00:00:00:00:00:00 brd 00:00:00:00:00:00
    inet 127.0.0.1/8 scope host lo
       valid_lft forever preferred_lft forever
    inet6 ::1/128 scope host
       valid_lft forever preferred_lft forever
8: tap37c28d44-6f: <BROADCAST,MULTICAST,UP,LOWER_UP> mtu 1500 qdisc noqueue state UNKNOWN …
    link/ether fa:16:3e:41:4f:2d brd ff:ff:ff:ff:ff:ff
    inet 169.254.169.254/32 brd 169.254.169.254 scope global tap37c28d44-6f
       valid_lft forever preferred_lft forever
    inet 192.168.0.31/24 brd 192.168.0.255 scope global tap37c28d44-6f
       valid_lft forever preferred_lft forever
    inet6 fe80::a9fe:a9fe/64 scope link
       valid_lft forever preferred_lft forever
    inet6 fe80::f816:3eff:fe41:4f2d/64 scope link
       valid_lft forever preferred_lft forever
```

IP 地址 192.168.0.31 配置在网卡 tap37c28d44-6f 上，此网卡上的另一个 IP 地址 169.254.169.254 由 neutron-metadata-agent 进程监听，把虚拟机的元数据请求转发到 nova-api-metadata 服务，最终由 nova-api-metadata 返回元数据。

（3）查看网桥：

```
[root@network-node ~]# ovs-vsctl list-br
br-ens224
br-int
```

（4）查看每个网桥上接插的网卡：

```
[root@network-node ~]# ovs-vsctl list-ports br-int
int-br-ens224
tap37c28d44-6f

[root@network-node ~]# ovs-vsctl list-ports br-ens224
ens224
phy-br-ens224
```

（5）查看网桥的连接情况：

```
[root@network-node ~]# ovs-vsctl show
……
    Bridge br-ens224
……
        Port ens224
            Interface ens224
        Port phy-br-ens224
            Interface phy-br-ens224
                type: patch
                options: {peer=int-br-ens224}
        Port br-ens224
            Interface br-ens224
                type: internal
    Bridge br-int
……
        Port int-br-ens224
            Interface int-br-ens224
                type: patch
                options: {peer=phy-br-ens224}
        Port br-int
            Interface br-int
                type: internal
        Port tap37c28d44-6f                              #接到 qdhcp-455c58b7…网络名字空间
            tag: 1
            Interface tap37c28d44-6f
                type: internal
```

两个网桥的连接方法与计算节点上的一样。

（6）查看全部的网元（包含物理的和虚拟的）：

```
[root@compute-node ~]# ip link
……
5: ovs-system: <BROADCAST,MULTICAST> mtu 1500 qdisc noop state DOWN mode DEFAULT group def…
    link/ether f2:52:d2:ae:5b:bd brd ff:ff:ff:ff:ff:ff
6: br-int: <BROADCAST,MULTICAST> mtu 1500 qdisc noop state DOWN mode DEFAULT group default…
    link/ether da:bb:8f:e1:df:46 brd ff:ff:ff:ff:ff:ff
7: br-ens224: <BROADCAST,MULTICAST> mtu 1500 qdisc noop state DOWN mode DEFAULT group defa…
    link/ether 00:0c:29:f1:d2:4d brd ff:ff:ff:ff:ff:ff
```

3）在控制节点上操作

查看全部的网卡配置：

```
[root@control-node ~]# ip a
```

```
1: lo: <LOOPBACK,UP,LOWER_UP> mtu 65536 qdisc noqueue state UNKNOWN group default qlen 1000
    link/loopback 00:00:00:00:00:00 brd 00:00:00:00:00:00
    inet 127.0.0.1/8 scope host lo
       valid_lft forever preferred_lft forever
    inet6 ::1/128 scope host
       valid_lft forever preferred_lft forever
2: ens160: <BROADCAST,MULTICAST,UP,LOWER_UP> mtu 1500 qdisc mq state UP group default qlen...
    link/ether 00:0c:29:2c:c5:f3 brd ff:ff:ff:ff:ff:ff
    inet 10.10.10.11/24 brd 10.10.10.255 scope global noprefixroute ens160
       valid_lft forever preferred_lft forever
    inet6 fe80::20c:29ff:fe2c:c5f3/64 scope link noprefixroute
       valid_lft forever preferred_lft forever
```

没有发现网桥。

4）检查数据包路径

下面我们通过在各个网元处抓包来进一步检查网络通路：从虚拟机往外 ping，然后在各个网元处抓包。虚拟机与外部网络的通路理论上如图 7-53 所示。

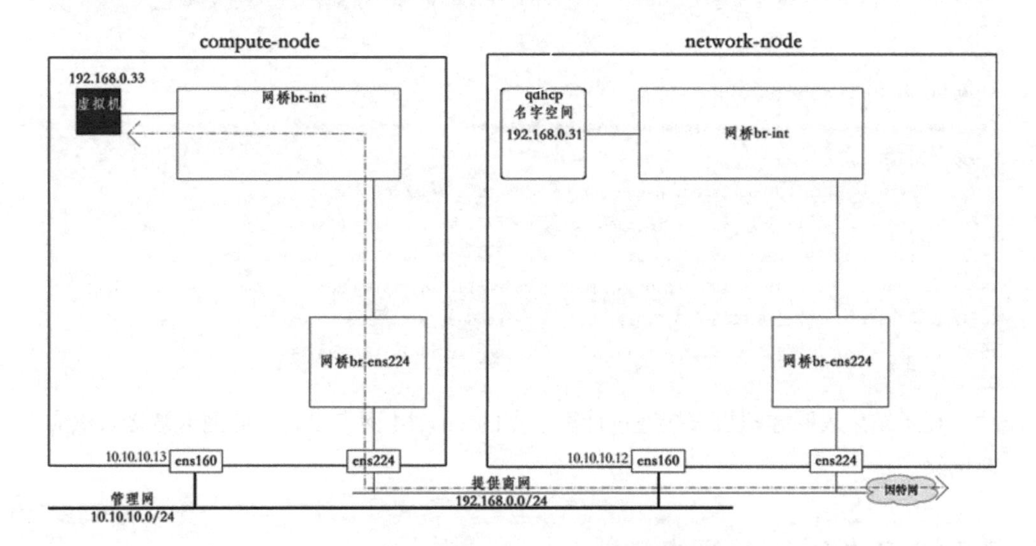

图 7-53 虚拟机与外部网络的通路

（1）往外 ping。

从 Windows 登录虚拟机并不断往外 ping 数据包，如图 7-54 所示。

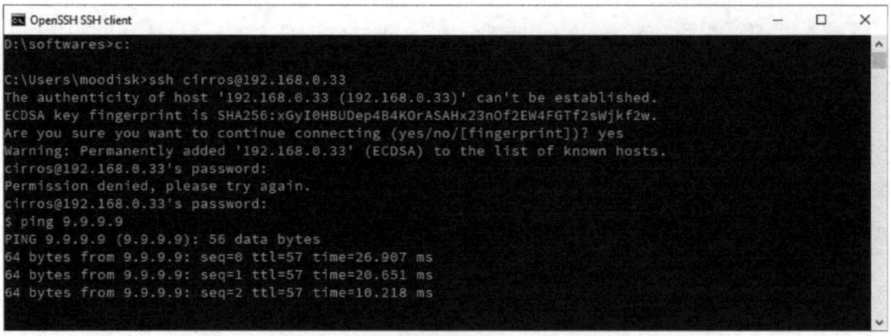

```
D:\softwares>c:

C:\Users\moodisk>ssh cirros@192.168.0.33
The authenticity of host '192.168.0.33 (192.168.0.33)' can't be established.
ECDSA key fingerprint is SHA256:xGyI0HBUDep4B4KOrASAHx23nOf2EW4FGTf2sWjkf2w.
Are you sure you want to continue connecting (yes/no/[fingerprint])? yes
Warning: Permanently added '192.168.0.33' (ECDSA) to the list of known hosts.
cirros@192.168.0.33's password:
Permission denied, please try again.
cirros@192.168.0.33's password:
$ ping 9.9.9.9
PING 9.9.9.9 (9.9.9.9): 56 data bytes
64 bytes from 9.9.9.9: seq=0 ttl=57 time=26.907 ms
64 bytes from 9.9.9.9: seq=1 ttl=57 time=20.651 ms
64 bytes from 9.9.9.9: seq=2 ttl=57 time=10.218 ms
```

图 7-54 登录虚拟机并往外 ping 数据包

（2）在计算节点上抓包：

```
[root@compute-node ~]# tcpdump -ni tapc098d0d3-b7 -p icmp          #抓包虚拟机网卡
dropped privs to tcpdump
tcpdump: verbose output suppressed, use -v or -vv for full protocol decode
listening on tapc098d0d3-b7, link-type EN10MB (Ethernet), capture size 262144 bytes
16:42:03.260126 IP 192.168.0.33 > 9.9.9.9: ICMP echo request, id 45313, seq 124, length 64
16:42:03.268167 IP 9.9.9.9 > 192.168.0.33: ICMP echo reply, id 45313, seq 124, length 64
16:42:04.260684 IP 192.168.0.33 > 9.9.9.9: ICMP echo request, id 45313, seq 125, length 64
16:42:04.272724 IP 9.9.9.9 > 192.168.0.33: ICMP echo reply, id 45313, seq 125, length 64
……

#抓包 Provider 网络上的物理网卡 ens224
[root@compute-node ~]# tcpdump -ni ens224 -p icmp
dropped privs to tcpdump
tcpdump: verbose output suppressed, use -v or -vv for full protocol decode
listening on ens224, link-type EN10MB (Ethernet), capture size 262144 bytes
16:42:27.273911 IP 192.168.0.35 > 9.9.9.9: ICMP echo request, id 45313, seq 148, length 64
16:42:27.284788 IP 9.9.9.9 > 192.168.0.35: ICMP echo reply, id 45313, seq 148, length 64
16:42:28.274641 IP 192.168.0.35 > 9.9.9.9: ICMP echo request, id 45313, seq 149, length 64
16:42:28.284946 IP 9.9.9.9 > 192.168.0.35: ICMP echo reply, id 45313, seq 149, length 64
……
```

显示结果表明虚拟机直接通过计算节点的 ens224 网卡出去，此网卡被接入供应商网络。

7.5.10 Self-Service 网络

首先把 3 个节点回滚到快照“Before Provider”。

到此，我们已经做完了 Provider 网络的实验，接下来做 Self-Service 网络实验。前面讲过，Provider 网络上的虚拟机使用“桥接”网卡，其 IP 地址必须取自物理局域网的地址池，而 Self-Service 网络的虚拟机相当于是 NAT 网卡，拥有自己的网络，通过映射到物理局域网内的 IP（称为浮动 IP）来实现内外部连通。

1. 配置

1）在控制节点上操作

```
[root@control-node ~]# vim /etc/neutron/plugins/ml2/ml2_conf.ini        #确保有如下配置
[ml2]
type_drivers = flat,vlan,gre,vxlan
tenant_network_types = vxlan

[ml2_type_flat]
flat_networks = physnet1

[ml2_type_vxlan]
vni_ranges = 1:1000

[root@control-node ~]# systemctl restart neutron-server
```

保留其他配置项不动。

2）在网络节点上操作

（1）创建网桥 br-ens224 并接入物理网卡 ens224，如果已经存在就忽略警告：

```
[root@network-node ~]# ovs-vsctl add-br br-ens224
[root@network-node ~]# ovs-vsctl add-port br-ens224 ens224

[root@network-node ~]# vim /etc/neutron/plugins/ml2/ml2_conf.ini        #确保有如下配置
[ml2]
type_drivers = flat,vlan,gre,vxlan
tenant_network_types = vxlan

[ml2_type_flat]
flat_networks = physnet1

[ml2_type_vxlan]
vni_ranges = 1:1000

[root@network-node ~]# vim /etc/neutron/plugins/ml2/openvswitch_agent.ini
                                                                        #确保有如下配置
[agent]
tunnel_types = vxlan
prevent_arp_spoofing = True

[ovs]
```

```
bridge_mappings = physnet1:br-ens224
local_ip = 20.20.20.12                                      #叠加网的 IP 地址

[root@network-node ~]# systemctl stop neutron-dhcp-agent.service \
  neutron-l3-agent.service neutron-metadata-agent.service \
  neutron-openvswitch-agent.service

[root@network-node ~]# rm -rf /var/log/neutron/*
[root@network-node ~]# systemctl start neutron-dhcp-agent.service \
  neutron-l3-agent.service neutron-metadata-agent.service \
  neutron-openvswitch-agent.service
[root@network-node ~]# grep ERROR /var/log/neutron/*        #没有错误信息表示成功

#设置防火墙规则，放行 vxlan/udp 口
[root@network-node ~]# firewall-cmd --add-port=4789/udp --permanent
success
[root@network-node ~]# firewall-cmd --reload
success
```

3）在计算节点上操作

```
[root@compute-node ~]# ovs-vsctl add-br br-ens224
[root@compute-node ~]# ovs-vsctl add-port br-ens224 ens224

[root@compute-node ~]# vim /etc/neutron/plugins/ml2/ml2_conf.ini #确保有如下配置
[ml2]
type_drivers = flat,vlan,gre,vxlan
tenant_network_types = vxlan

[ml2_type_flat]
flat_networks = physnet1

[ml2_type_vxlan]
vni_ranges = 1:1000

[root@compute-node ~]# vim /etc/neutron/plugins/ml2/openvswitch_agent.ini
[agent]
tunnel_types = vxlan
prevent_arp_spoofing = True

[ovs]
local_ip = 20.20.20.13                                      #叠加网的 IP 地址

[root@compute-node ~]# systemctl restart neutron-openvswitch-agent
```

```
#设置防火墙规则，放行 vxlan/udp 口
[root@compute-node ~]# firewall-cmd --add-port=4789/udp --permanent
success
[root@compute-node ~]# firewall-cmd --reload
success
```

2. 创建路由器、内/外部网

以下可以在任何一个节点上操作（建议在控制节点上操作）。

（1）创建外部网络 Provider-NET2：

```
[root@control-node ~]# . admin-openrc
[root@control-node ~(admin)]# openstack network create \
  --provider-physical-network physnet1 --provider-network-type flat \
  --external Provider-NET2
```

注意：具备外部属性（由--external 参数定义）的 Provider 网络才允许加到路由器的广域网口。

（2）在网络 Provider-NET2 上创建子网 Provider-SUBNET2（地址池只能落在物理局域网内）：

```
[root@control-node ~(admin)]# openstack subnet create Provider-SUBNET2 \
  --network Provider-NET2 --subnet-range 192.168.0.0/24 \
  --allocation-pool start=192.168.0.40,end=192.168.0.59 \
  --gateway 192.168.0.1 --dns-nameserver 202.96.128.86 \
  --dns-nameserver 9.9.9.9 --no-dhcp
```

（3）创建租户自己的路由器：

```
[root@control-node ~]# . demo-openrc
[root@control-node ~(myuser)]# openstack router create SelfService-RT
```

（4）创建租户网络 SelfService-NET1（之后创建的虚拟机就使用此网络，相当于一个 NAT 局域网）：

```
[root@control-node ~(myuser)]# openstack network create SelfService-NET1
```

注意：普通用户执行此命令不能带任何参数，关键的参数取自 ml2_conf.ini 文件中的 tenant_network_types = vxlan 和 vni_ranges = 1:1000。

（5）在 SelfService-NET1 网络上创建子网 SelfService-SUBNET1（地址池允许随便定义）：

```
[root@control-node ~(myuser)]# openstack subnet create SelfService-SUBNET1 \
  --network SelfService-NET1 --subnet-range 192.168.100.0/24 \
  --gateway 192.168.100.1 --dns-nameserver 202.96.128.86
```

（6）把子网 SelfService-SUBNET1 添加到路由器的 LAN 口：

```
[root@control-node ~(myuser)]# openstack router add subnet SelfService-RT \
```

```
SelfService-SUBNET1
```

（7）把外部网络 Provider-NET2 加入路由器的广域网口，这样就用路由器 SelfService-RT 连通了内/外两个网络（即 SelfService-NET1 和 Provider-NET2）：

```
[root@control-node ~(myuser)]# openstack router set SelfService-RT \
  --external-gateway Provider-NET2
[root@control-node ~(myuser)]# openstack router show SelfService-RT
+-------------------------+----------------------------------------------------------------+
| Field                   | Value                                                          |
+-------------------------+----------------------------------------------------------------+
| admin_state_up          | UP                                                             |
| availability_zone_hints |                                                                |
| availability_zones      | nova                                                           |
| created_at              | 2022-05-14T01:43:54Z                                           |
| description             |                                                                |
| external_gateway_info   | {"network..."ip_address": "192.168.0.53"}], "enable_snat": true} |
| flavor_id               | None                                                           |
| id                      | f3df6595-7594-482f-bcdb-5be9cc8bcc93                           |
| interfaces_info         | ..."ip_address": "192.168.100.1", "subnet_id": " cfde6688-8c2... |
| name                    | SelfService-RT                                                 |
| project_id              | 3c0c6148638b4be2a7cc3927c1a1e39e                               |
| revision_number         | 4                                                              |
| routes                  |                                                                |
| status                  | ACTIVE                                                         |
| tags                    |                                                                |
| updated_at              | 2022-05-14T01:54:10Z                                           |
+-------------------------+----------------------------------------------------------------+
```

发现内网网关为 192.168.100.1，外网网关为 192.168.0.53。

3．创建并启动虚拟机

以下在控制节点上操作：

```
[root@control-node ~(admin)]# . demo-openrc
[root@control-node ~(myuser)]# openstack flavor list
+----+----------+------+------+-----------+-------+-----------+
| ID | Name     |  RAM | Disk | Ephemeral | VCPUs | Is Public |
+----+----------+------+------+-----------+-------+-----------+
| 0  | m1.nano  |   64 |    1 |         0 |     1 | True      |
| 1  | vm.linux | 2048 |   10 |         0 |     2 | True      |
+----+----------+------+------+-----------+-------+-----------+

[root@control-node ~(myuser)]# openstack image list
+--------------------------------------+-------------+--------+
| ID                                   | Name        | Status |
```

```
+--------------------------------------+--------------+--------+
| 21fc86cf-dd55-48a7-b268-c203df23b48b | cirros       | active |
| dd8995db-1d61-4945-9895-fb9a600a1889 | debian-10    | active |
| 1e2f6353-36d4-4fc4-8caa-c8ee77ad7fe9 | win7-x64.iso | active |
+--------------------------------------+--------------+--------+

[root@control-node ~(myuser)]# openstack network list
+--------------------------------------+-----------------+--------------------------------------+
| ID                                   | Name            | Subnets                              |
+--------------------------------------+-----------------+--------------------------------------+
| 5c40718a-573f-4d6a-a8c5-b0099741fedc | SelfService-NET1 | cfde6688-8c2e-484c-8775-ce4fcb8901f0 |
| cef38844-7d29-448e-bc2d-efec908e2a0e | Provider-NET2   | b8f83829-b95f-4237-bf59-22a69e0a1fbd |
+--------------------------------------+-----------------+--------------------------------------+

#创建公/私钥对
[root@control-node ~(myuser)]# ssh-keygen -q -N ""
Enter file in which to save the key (/root/.ssh/id_rsa):<直接按回车键>
[root@control-node ~(myuser)]# openstack keypair create --public-key \
  /root/.ssh/id_rsa.pub mykey2

#允许外面 ping 通虚拟机
[root@control-node ~(myuser)]# openstack security group rule create --protocol \
  icmp --ingress default

#允许外面通过 SSH 登录虚拟机
[root@control-node ~(myuser)]# openstack security group rule create --protocol \
  tcp --dst-port 22:22 default

#列出安全组 Default 中的防火墙规则
[root@control-node ~(myuser)]# openstack security group rule list default
+--------------------------------------+-------------+-----------+-----------+------------+-----------+
| ID                                   | IP Protocol | Ethertype | IP Range  | Port Range | Direction |
+--------------------------------------+-------------+-----------+-----------+------------+-----------+
| 2c937c96-0b24-491e-b21c-97c24cbbda89 | None        | IPv6      | ::/0      |            | ingress   |
| 741c15bf-af0c-4aaa-8db2-402c630fe1f5 | icmp        | IPv4      | 0.0.0.0/0 |            | ingress   |
| d29d314a-8778-4a2a-b910-1d11d6c35f7b | None        | IPv4      | 0.0.0.0/0 |            | egress    |
| d99a83e3-c7e5-41b8-bc4f-c96c2ab491a8 | None        | IPv4      | 0.0.0.0/0 |            | ingress   |
| f13c3599-df15-431c-88af-0b50c8b19ef4 | tcp         | IPv4      | 0.0.0.0/0 | 22:22      | ingress   | |
f774b7b0-204e-403c-a2d9-fad61d72efa6 | None        | IPv6      | ::/0      |            | egress    |
+--------------------------------------+-------------+-----------+-----------+------------+-----------+

#创建虚拟机，注意加重字体部分要与实际情况相符（上面查询的结果）
[root@control-node ~(myuser)]# openstack server create --flavor m1.nano \
  --image cirros --security-group default --nic \
```

```
  net-id=5c40718a-573f-4d6a-a8c5-b0099741fedc --key-name mykey2 SelfService-VM
#创建的虚拟机名为 SelfService-VM，连接在 SelfService-NET1 租户网上

#过一分钟左右查看虚拟机状态
[root@control-node ~(myuser)]# openstack server list
+--------------------+----------------+--------+-------------------------------------+--------+---------+
| ID                 | Name           | Status | Networks                            | Image  | Flavor  |
+--------------------+----------------+--------+-------------------------------------+--------+---------+
| ...365-a6273d1440ce | SelfService-VM | ACTIVE | SelfService-NET1=192.168.100.251 | cirros | m1.nano |
+--------------------+----------------+--------+-------------------------------------+--------+---------+
```

这时虚拟机只有租户网地址 192.168.100.251，外面是没法访问的。如果状态不是 ACTIVE，请参考 7.5.14 节排错。

```
#查看绑定到虚拟机的网络接口
[root@control-node ~(myuser)]# openstack port list
+-------+------+-------------------+--------------------------------------------------------------+--------+
| ID    | Name | MAC Address       | Fixed IP Addresses                                           | Status |
+-------+------+-------------------+--------------------------------------------------------------+--------+
| ...ca |      | fa:16:3e:e7:d9:78 | ip_address='192.168.100.2', subnet_id='...ce4fcb8901f0'   | ACTIVE |
| ...98 |      | fa:16:3e:2f:fd:b7 | ip_address='192.168.100.1', subnet_id='...ce4fcb8901f0'   | ACTIVE |
| ...07 |      | fa:16:3e:53:eb:1c | ip_address='192.168.100.251', subnet_id='...4fcb8901f0'   | ACTIVE |
+-------+------+-------------------+--------------------------------------------------------------+--------+
#可以看到网卡的 MAC 地址和分配的 IP 地址

#在计算节点上查看虚拟机的网络接口
[root@compute-node ~]# virsh list
 Id    Name                           State
----------------------------------------------------
 1     instance-00000001              running

[root@compute-node ~]# virsh domiflist instance-00000001
Interface        Type       Source     Model       MAC
-------------------------------------------------------------------
 tapbd2f1579-d2   bridge     br-int     virtio      fa:16:3e:53:eb:1c

#创建一个浮动 IP 地址（取自 Provider-NET2 网络）以便让虚拟机连通外网
[root@control-node ~(myuser)]# openstack floating ip create Provider-NET2
+---------------------+--------------------------------------+
| Field               | Value                                |
+---------------------+--------------------------------------+
| ...                 |                                      |
| floating_ip_address | 192.168.0.45                         |
| ...                 |                                      |
+---------------------+--------------------------------------+
```

```
#把浮动 IP 地址附加给虚拟机 SelfService-VM
[root@control-node ~(myuser)]# openstack server add floating ip SelfService-VM \
  192.168.0.45
[root@control-node ~(myuser)]# openstack server list
+--------+----------------+--------+-----------------------------------------------------+--------+---------+
| ID     | Name           | Status | Networks                                            | Image  | Flavor  |
+--------+----------------+--------+-----------------------------------------------------+--------+---------+
| ...ce  | SelfService-VM | ACTIVE | SelfService-NET1=192.168.0.45, 192.168.100.251      | cirros | m1.nano |
+--------+----------------+--------+-----------------------------------------------------+--------+---------+
```

外部地址 192.168.0.45 与内部地址 192.168.100.251 进行了 NAT 转换，外面只要访问 192.168.0.45 就能访问虚拟机 SelfService-VM，其实在路由器的广域网口额外增加了 192.168.0.45。

```
#ping 虚拟机
[root@control-node ~(myuser)]# ping -c 3 192.168.0.45
PING 192.168.0.45 (192.168.0.45) 56(84) bytes of data.
64 bytes from 192.168.0.45: icmp_seq=1 ttl=128 time=3.05 ms
64 bytes from 192.168.0.45: icmp_seq=2 ttl=128 time=1.01 ms
^C

#登录虚拟机 SelfService-VM
[root@control-node ~(myuser)]# ssh cirros@192.168.0.45
The authenticity of host '192.168.0.45 (192.168.0.45)' can't be established.
ECDSA key fingerprint is SHA256:XU5FwdVCQJcHBhmY5KYA9xMiu5XuKHExHqcAL9qEX9g.
Are you sure you want to continue connecting (yes/no/[fingerprint])? yes
Warning: Permanently added '192.168.0.45' (ECDSA) to the list of known hosts.
$ ip a
1: lo: <LOOPBACK,UP,LOWER_UP> mtu 65536 qdisc noqueue qlen 1
    link/loopback 00:00:00:00:00:00 brd 00:00:00:00:00:00
    inet 127.0.0.1/8 scope host lo
       valid_lft forever preferred_lft forever
    inet6 ::1/128 scope host
       valid_lft forever preferred_lft forever
2: eth0: <BROADCAST,MULTICAST,UP,LOWER_UP> mtu 1450 qdisc pfifo_fast qlen 1000
    link/ether fa:16:3e:53:eb:1c brd ff:ff:ff:ff:ff:ff
    inet 192.168.100.251/24 brd 192.168.100.255 scope global eth0
       valid_lft forever preferred_lft forever
    inet6 fe80::f816:3eff:fe53:eb1c/64 scope link
       valid_lft forever preferred_lft forever
$ exitConnection to 192.168.0.45 closed.
[root@control-node ~(myuser)]#
```

4. 检查虚拟机的网络通路

理论上，虚拟机的连通路径如图 7-55 所示。

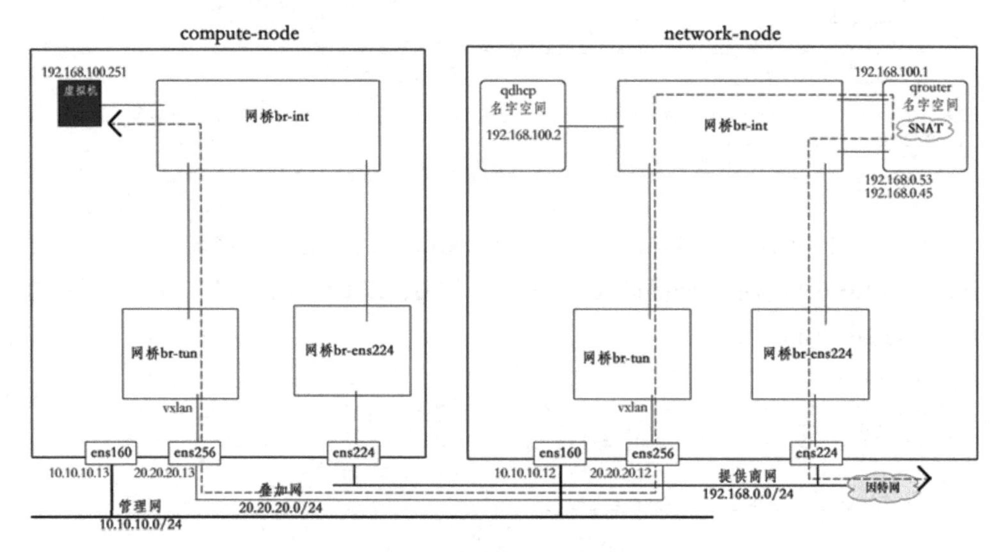

图 7-55 虚拟机的连通路径

叠加网就是 Self-Service 网络，上面主要是虚拟机的网络流量。

qdhcp 名字空间的功能是自动分配 IP 地址，而 qrouter 名字空间负责路由并完成 SNAT。下面我们来验证实际的情况是不是与理论一致。

qrouter 路由器的广域网口配置了两个提供商网络的 IP 地址，即 192.168.0.53 和 192.168.0.45，其中 192.168.0.45 是前面创建的动态 IP 地址，与虚拟机的 192.168.100.251 做 SNAT——从虚拟机来的包的源 IP 地址（即 192.168.100.251）被更换为 192.168.0.45。显然如果创建了多个动态 IP 地址，那么这些 IP 地址都被配置在路由器的这个端口上。

1）在控制节点上操作

启动虚拟机：

```
[root@control-node ~(myuser)]# openstack server start SelfService-VM
[root@control-node ~(myuser)]# openstack server list
+-------+----------------+--------+------------------------------------------------+--------+---------+
| ID    | Name           | Status | Networks                                       | Image  | Flavor  |
+-------+----------------+--------+------------------------------------------------+--------+---------+
| ...ce | SelfService-VM | ACTIVE | SelfService-NET1=192.168.0.45, 192.168.100.251 | cirros | m1.nano |
+-------+----------------+--------+------------------------------------------------+--------+---------+
```

2）在网络节点上操作

（1）查看网络名字空间：

```
[root@network-node ~]# ip netns list
qdhcp-5c40718a-573f-4d6a-a8c5-b0099741fedc (id: 0)
qrouter-f3df6595-7594-482f-bcdb-5be9cc8bcc93 (id: 1)
```

即存在两个网络名字空间。

（2）查看网桥：

```
[root@network-node ~]# ovs-vsctl list-br
br-ens224
br-int
br-tun
```

（3）查看 qdhcp-5c40718a-573f-4d6a-a8c5-b0099741fedc 网络名字空间中的网卡：

```
[root@network-node ~]# ip netns exec \
  qdhcp-5c40718a-573f-4d6a-a8c5-b0099741fedc ip a
10: tap4e8753e0-52: <BROADCAST,MULTICAST,UP,LOWER_UP> mtu 1450 qdisc noqueue state UNKNOWN ...
    link/ether fa:16:3e:e7:d9:78 brd ff:ff:ff:ff:ff:ff
    inet 192.168.100.2/24 brd 192.168.100.255 scope global tap4e8753e0-52
       valid_lft forever preferred_lft forever
    inet 169.254.169.254/32 brd 169.254.169.254 scope global tap4e8753e0-52
       valid_lft forever preferred_lft forever
    inet6 fe80::a9fe:a9fe/64 scope link
       valid_lft forever preferred_lft forever
    inet6 fe80::f816:3eff:fee7:d978/64 scope link
       valid_lft forever preferred_lft forever
```

（4）查看 qrouter-f3df6595-7594-482f-bcdb-5be9cc8bcc93 网络名字空间中的网卡：

```
[root@network-node ~]# ip netns exec \
  qrouter-f3df6595-7594-482f-bcdb-5be9cc8bcc93 ip a
11: qr-8b0ef632-2d: <BROADCAST,MULTICAST,UP,LOWER_UP> mtu 1450 qdisc noqueue ...
    link/ether fa:16:3e:2f:fd:b7 brd ff:ff:ff:ff:ff:ff
    inet 192.168.100.1/24 brd 192.168.100.255 scope global qr-8b0ef632-2d
       valid_lft forever preferred_lft forever
    inet6 fe80::f816:3eff:fe2f:fdb7/64 scope link
       valid_lft forever preferred_lft forever
12: qg-c966a532-6b: <BROADCAST,MULTICAST,UP,LOWER_UP> mtu 1500 qdisc noqueue ...
    link/ether fa:16:3e:73:12:f4 brd ff:ff:ff:ff:ff:ff
    inet 192.168.0.53/24 brd 192.168.0.255 scope global qg-c966a532-6b
       valid_lft forever preferred_lft forever
    inet 192.168.0.45/32 brd 192.168.0.45 scope global qg-c966a532-6b
       valid_lft forever preferred_lft forever
    inet6 fe80::f816:3eff:fe73:12f4/64 scope link
       valid_lft forever preferred_lft forever
```

路由器的出口配置了两个 Provider 网络中的 IP 地址，而在 Self-Service 网口配置了 192.168.100.1，这个就是 Self-Service 网的网关。

（5）查看三个网桥和两个网络名字空间的连接：

```
[root@network-node ~]# ovs-vsctl show
```

结果如图 7-56 所示。

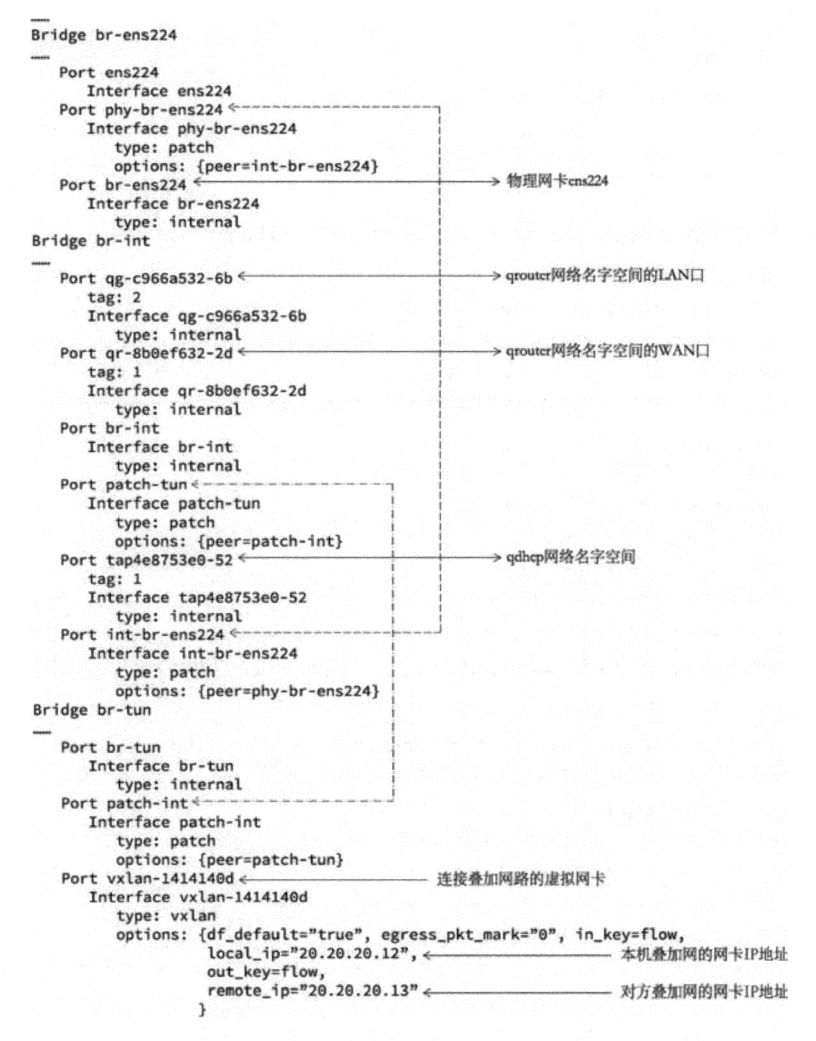

图 7-56 三个网桥和两个网络名字空间的连接

网桥 br-tun 上的虚拟网络接口 vxlan-1414140d 接入叠加网，由此可见完全符合理论上的连通图（参考图 7-55）。

3）在计算节点上操作

（1）查看网络名字空间：

```
[root@compute-node ~]# ip netns list
```

没有网络名字空间。

（2）查看网桥：

```
[root@compute-node ~]# ovs-vsctl list-br
br-ens224
br-int
br-tun
```

（3）查看三个网桥的连通情况：

```
[root@compute-node ~]# ovs-vsctl show
```

结果如图 7-57 所示。

```
......
Bridge br-ens224
......
    Port br-ens224 <-------------------> 物理网卡ens224
        Interface br-ens224
            type: internal
    Port phy-br-ens224
        Interface phy-br-ens224
            type: patch
            options: {peer=int-br-ens224}
    Port ens224
        Interface ens224
Bridge br-int
......
    Port tapbd2f1579-d2 <-------------------> 物理网卡ens224
        tag: 1
        Interface tapbd2f1579-d2
    Port br-int
        Interface br-int
            type: internal
    Port int-br-ens224
        Interface int-br-ens224
            type: patch
            options: {peer=phy-br-ens224}
    Port patch-tun
        Interface patch-tun
            type: patch
            options: {peer=patch-int}
Bridge br-tun
......
    Port br-tun
        Interface br-tun
            type: internal
    Port patch-int
        Interface patch-int
            type: patch
            options: {peer=patch-tun}
    Port vxlan-1414140c <------------ 连接叠加网路的虚拟网卡
        Interface vxlan-1414140c
            type: vxlan
            options: {df_default="true", egress_pkt_mark="0", in_key=flow,
                      local_ip="20.20.20.13", <------------ 本机叠加网的网卡IP地址
                      out_key=flow,
                      remote_ip="20.20.20.12" <------------ 对方叠加网的网卡IP地址
                      }
```

图 7-57 三个网桥的连通情况

可见完全符合理论。

5. 检查数据包路径

我们下面通过在各个网元处抓包来进一步检查网络通路：从虚拟机中往外 ping，然后在各个网元处抓包。

1）往外 ping

从 Windows 登录虚拟机并不断往外 ping 数据包，如图 7-58 所示。

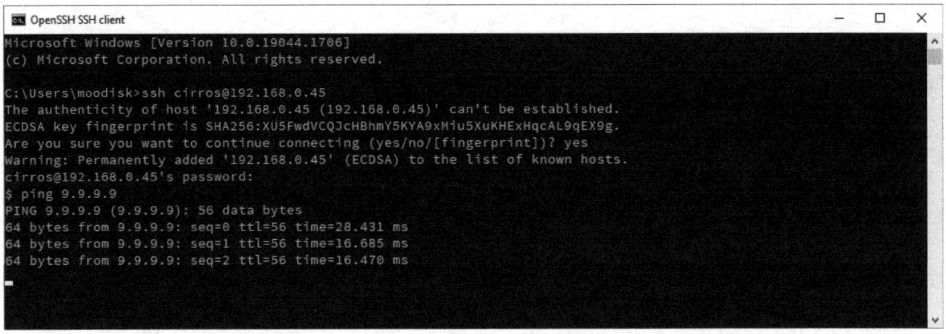

```
OpenSSH SSH client
Microsoft Windows [Version 10.0.19044.1706]
(c) Microsoft Corporation. All rights reserved.

C:\Users\moodisk>ssh cirros@192.168.0.45
The authenticity of host '192.168.0.45 (192.168.0.45)' can't be established.
ECDSA key fingerprint is SHA256:XU5FwdVCQJcHBhmY5KYA9xMiu5XuKHExHqcAL9qEX9g.
Are you sure you want to continue connecting (yes/no/[fingerprint])? yes
Warning: Permanently added '192.168.0.45' (ECDSA) to the list of known hosts.
cirros@192.168.0.45's password:
$ ping 9.9.9.9
PING 9.9.9.9 (9.9.9.9): 56 data bytes
64 bytes from 9.9.9.9: seq=0 ttl=56 time=28.431 ms
64 bytes from 9.9.9.9: seq=1 ttl=56 time=16.685 ms
64 bytes from 9.9.9.9: seq=2 ttl=56 time=16.470 ms
```

图 7-58 从 Windows 登录虚拟机并不断往外 ping 数据包

2）在计算节点上抓包

```
[root@compute-node ~]# tcpdump -ni ens256 -p udp                    #抓包叠加网卡
……
11:34:36.425646 IP 20.20.20.13.33191 > 20.20.20.12.vxlan: VXLAN, flags [I] (0x08), vni 54
IP 192.168.100.251 > 9.9.9.9: ICMP echo request, id 44545, seq 169, length 64
11:34:36.441531 IP 20.20.20.12.41148 > 20.20.20.13.vxlan: VXLAN, flags [I] (0x08), vni 54
IP 9.9.9.9 > 192.168.100.251: ICMP echo reply, id 44545, seq 169, length 64
……
11:34:37.426173 IP 20.20.20.13.33191 > 20.20.20.12.vxlan: VXLAN, flags [I] (0x08), vni 54
IP 192.168.100.251 > 9.9.9.9: ICMP echo request, id 44545, seq 170, length 64
11:34:37.439124 IP 20.20.20.12.41148 > 20.20.20.13.vxlan: VXLAN, flags [I] (0x08), vni 54
IP 9.9.9.9 > 192.168.100.251: ICMP echo reply, id 44545, seq 170, length 64
……
```

出去的 VXLAN 标记为 33191，返回的标记为 41148。由此可知 Self-Service 网上的 ping 包被打包成叠加网上的 VXLAN，并走 UDP 协议。

3）在网络节点上抓包

```
[root@network-node ~]# tcpdump -ni ens256 -p udp                    #抓包叠加网网卡
#抓到的包与计算节点上的一样
```

```
[root@network-node ~]# tcpdump -ni ens224 -p icmp                    #抓包 Provider 网网卡
……
listening on ens224, link-type EN10MB (Ethernet), capture size 262144 bytes
11:44:48.706416 IP 192.168.0.45 > 9.9.9.9: ICMP echo request, id 33992, seq 781, length 64
11:44:48.715534 IP 9.9.9.9 > 192.168.0.45: ICMP echo reply, id 33992, seq 781, length 64
11:44:49.707146 IP 192.168.0.45 > 9.9.9.9: ICMP echo request, id 33992, seq 782, length 64
11:44:49.719933 IP 9.9.9.9 > 192.168.0.45: ICMP echo reply, id 33992, seq 782, length 64
11:44:50.708181 IP 192.168.0.45 > 9.9.9.9: ICMP echo request, id 33992, seq 783, length 64
11:44:50.719847 IP 9.9.9.9 > 192.168.0.45: ICMP echo reply, id 33992, seq 783, length 64
11:44:51.708422 IP 192.168.0.45 > 9.9.9.9: ICMP echo request, id 33992, seq 784, length 64
11:44:51.719875 IP 9.9.9.9 > 192.168.0.45: ICMP echo reply, id 33992, seq 784, length 64
……
```

即 ICMP 包在 192.168.0.45 和 9.9.9.9 之间来回传送，192.168.0.45 是虚拟机的浮动 IP 地址，在路由器上会被替换为虚拟机的租户网 IP 地址，即 192.168.100.251。

进一步在 qrouter-f3df6595-7594-482f-bcdb-5be9cc8bcc93 网络名字空间中抓包。

（1）查看网络名字空间内部的网络接口：

```
[root@network-node ~]# ip netns exec \
  qrouter-f3df6595-7594-482f-bcdb-5be9cc8bcc93 ip link
……
11: qr-8b0ef632-2d: <BROADCAST,MULTICAST,UP,LOWER_UP> mtu 1450 qdisc noqueue state UNKNOWN ...
    link/ether fa:16:3e:2f:fd:b7 brd ff:ff:ff:ff:ff:ff
12: qg-c966a532-6b: <BROADCAST,MULTICAST,UP,LOWER_UP> mtu 1500 qdisc noqueue state UNKNOWN ...
    link/ether fa:16:3e:73:12:f4 brd ff:ff:ff:ff:ff:ff
即 qr-8b0ef632-2d 为 LAN 口，qg-c966a532-6b 为 WAN 口。
```

（2）抓 LAN 口的包：

```
[root@network-node ~]# ip netns exec \
  qrouter-f3df6595-7594-482f-bcdb-5be9cc8bcc93 tcpdump -ni qr-8b0ef632-2d \
  -p icmp
dropped privs to tcpdump
tcpdump: verbose output suppressed, use -v or -vv for full protocol decode
listening on qr-8b0ef632-2d, link-type EN10MB (Ethernet), capture size 262144 bytes
11:52:49.970834 IP 192.168.100.251 > 9.9.9.9: ICMP echo request, id 44545, seq 1262, length 64
11:52:49.985042 IP 9.9.9.9 > 192.168.100.251: ICMP echo reply, id 44545, seq 1262, length 64
11:52:50.971334 IP 192.168.100.251 > 9.9.9.9: ICMP echo request, id 44545, seq 1263, length 64
11:52:50.985207 IP 9.9.9.9 > 192.168.100.251: ICMP echo reply, id 44545, seq 1263, length 64
11:52:51.973216 IP 192.168.100.251 > 9.9.9.9: ICMP echo request, id 44545, seq 1264, length 64
11:52:51.985186 IP 9.9.9.9 > 192.168.100.251: ICMP echo reply, id 44545, seq 1264, length 64
^C
```

（3）抓 WAN 口的包：

```
[root@network-node ~]# ip netns exec \
  qrouter-f3df6595-7594-482f-bcdb-5be9cc8bcc93 tcpdump -ni qg-c966a532-6b \
```

```
  -p icmp
dropped privs to tcpdump
tcpdump: verbose output suppressed, use -v or -vv for full protocol decode
listening on qg-c966a532-6b, link-type EN10MB (Ethernet), capture size 262144 bytes
11:55:31.071552 IP 192.168.0.45 > 9.9.9.9: ICMP echo request, id 33992, seq 1423, length 64
11:55:31.086857 IP 9.9.9.9 > 192.168.0.45: ICMP echo reply, id 33992, seq 1423, length 64
11:55:32.072196 IP 192.168.0.45 > 9.9.9.9: ICMP echo request, id 33992, seq 1424, length 64
11:55:32.086808 IP 9.9.9.9 > 192.168.0.45: ICMP echo reply, id 33992, seq 1424, length 64
11:55:33.072963 IP 192.168.0.45 > 9.9.9.9: ICMP echo request, id 33992, seq 1425, length 64
11:55:33.086810 IP 9.9.9.9 > 192.168.0.45: ICMP echo reply, id 33992, seq 1425, length 64
^C
```

路由器 LAN 网口的 ping 包是 192.168.100.251 <--> 9.9.9.9，而 WAN 网口的 ping 包是 192.168.0.45 <--> 9.9.9.9，即源 IP 地址做了替换。

由于虚拟机的流量都要经过网络节点，所以网络节点就成了瓶颈，这时可以开启分布式路由——虚拟机直接通过计算节点上的路由器进出，从而减轻网络节点的压力。

7.5.11 开放虚拟网络：OVN

OVN（Open Virtual Network）是 Neutron 的一个插件，用以替代原先的二层和三层网络插件，具备明显的性能提升。它具备以下功能。

（1）Logical switches：逻辑交换机，用来进行二层转发。

（2）L2/L3/L4 ACLs：二到四层的 ACL，可以根据报文的 MAC 地址，IP 地址，端口号来进行访问控制。

（3）Logical routers：逻辑路由器，分布式的，用来进行三层转发。

（4）Multiple tunnel overlays：支持多种隧道封装技术，有 Geneve、STT 和 VXLAN。

Neutron Server 不再安装在控制节点上，而是安装在网络节点上，OVN 部署如图 7-59 所示。

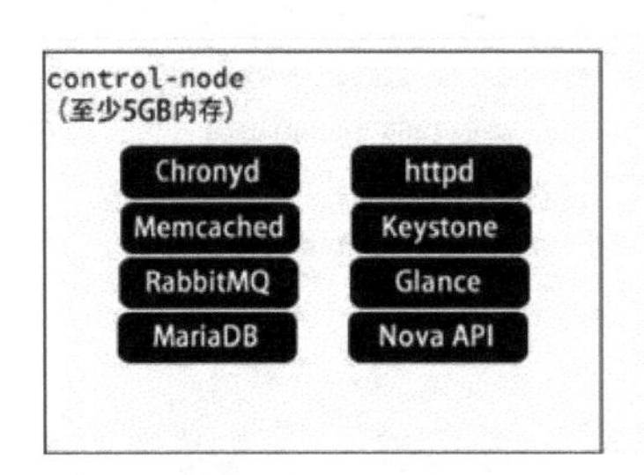

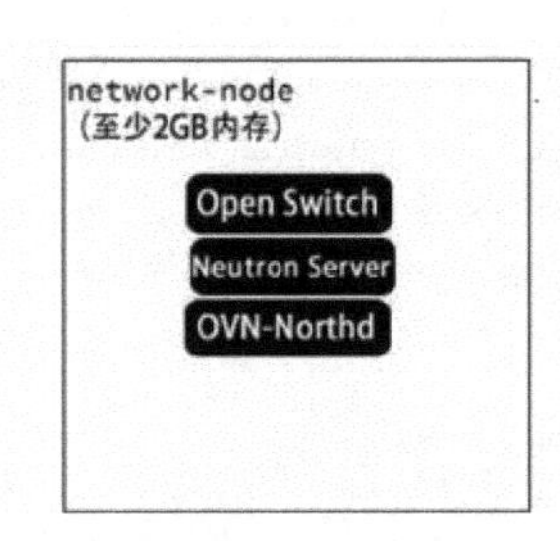

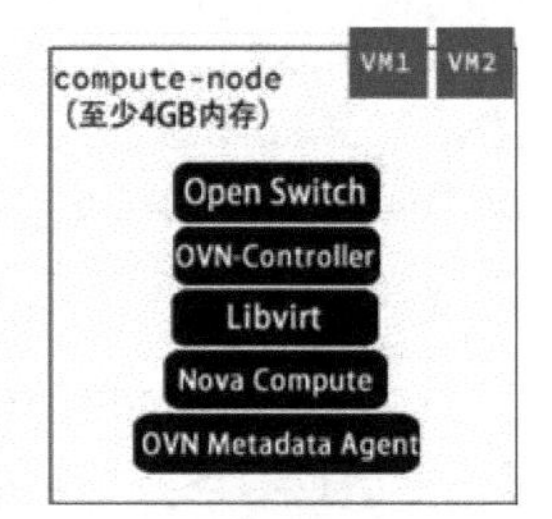

图 7-59 OVN 部署

1. 安装和配置

1）在控制节点上操作

（1）创建数据库。

我们要创建一个名为 neutron 的数据库，一个名为 neutron 的数据库用户，用户的密码为 NEUTRON_DBPASS，并且授予用户对这个数据库的完全控制权限：

```
[root@control-node ~]# mysql -uroot -pMYSQL_PASS
MariaDB [(none)]> CREATE DATABASE neutron;

MariaDB [(none)]> GRANT ALL PRIVILEGES ON neutron.* TO 'neutron'@'localhost' IDENTIFIED
BY 'NEUTRON_DBPASS';
MariaDB [(none)]> GRANT ALL PRIVILEGES ON neutron.* TO 'neutron'@'%' IDENTIFIED BY
'NEUTRON_DBPASS';

MariaDB [(none)]> exit
```

（2）在 Keystone 中创建用户、镜像服务和调用端点。

切换到管理员环境：

```
[root@control-node ~]# . ~/admin-openrc
```

创建用户 neutron：

```
[root@control-node ~(admin)]# openstack user create --domain default \
  --password NEUTRON_PASS neutron
```

授予 neutron 用户在 service 项目上的管理员权限：

```
[root@control-node ~(admin)]# openstack role add --project service --user \
  neutron admin
```

创建一个服务，名字是 neutron，服务类型是 network（专门对外提供计算服务）：

```
[root@control-node ~(admin)]# openstack service create --name neutron \
 --description "OpenStack Networking" network
```

创建 3 个服务调用端点，分别服务管理员、OpenStack 的其他组件和公众：

```
[root@control-node ~(admin)]# openstack endpoint create --region RegionOne \
  network admin http://network-node:9696                      #服务管理员

[root@control-node ~(admin)]# openstack endpoint create --region RegionOne \
  network internal http://network-node:9696                   #服务 OpenStack 的其他组件

[root@control-node ~(admin)]# openstack endpoint create --region RegionOne \
  network public http://network-node:9696                     #服务公众

[root@control-node ~(admin)]# openstack endpoint list         #查看已经创建的调用端点
------+-----------+-------------+-------------+---------+-----------+------------------------------+
```

```
| ID  | Region    | Service Name | Service Type | Enabled | Interface | URL                             |
------+-----------+--------------+--------------+---------+-----------+---------------------------------+
...78 | RegionOne | keystone     | identity     | True    | admin     | http://control-node:5000/v3/    |
...28 | RegionOne | keystone     | identity     | True    | internal  | http://control-node:5000/v3/    |
...23 | RegionOne | keystone     | identity     | True    | public    | http://control-node:5000/v3/    |
...b3 | RegionOne | glance       | image        | True    | admin     | http://control-node:9292        |
...d7 | RegionOne | glance       | image        | True    | public    | http://control-node:9292        |
...87 | RegionOne | glance       | image        | True    | internal  | http://control-node:9292        |
...5e | RegionOne | placement    | placement    | True    | admin     | http://control-node:8778        |
...be | RegionOne | placement    | placement    | True    | internal  | http://control-node:8778        |
...7c | RegionOne | placement    | placement    | True    | public    | http://control-node:8778        |
...78 | RegionOne | nova         | compute      | True    | admin     | http://control-node:8774/v2.1   |
...c4 | RegionOne | nova         | compute      | True    | internal  | http://control-node:8774/v2.1   |
...4d | RegionOne | nova         | compute      | True    | public    | http://control-node:8774/v2.1   |
...fd | RegionOne | neutron      | network      | True    | admin     | http://network-node:9696        |
...9c | RegionOne | neutron      | network      | True    | internal  | http://network-node:9696        |
...0c | RegionOne | neutron      | network      | True    | public    | http://network-node:9696        |
------+-----------+--------------+--------------+---------+-----------+---------------------------------+
```

2）在网络节点上操作

（1）安装软件。

连同依赖的软件包，一共会安装 184 个软件：

```
[root@network-node ~]# dnf install openstack-neutron openstack-neutron-ml2 \
  ovn2.13-central -y
```

（2）配置。

告诉 Neutron 如何获取身份认证服务、如何访问数据库、如何发送消息等。

编辑主配置文件：

```
[root@network-node ~]# vim /etc/neutron/neutron.conf
[DEFAULT]
core_plugin = ml2
service_plugins = ovn-router
auth_strategy = keystone
state_path = /var/lib/neutron
allow_overlapping_ips = True
notify_nova_on_port_status_changes = True
notify_nova_on_port_data_changes = True
transport_url = rabbit://openstack:RABBIT_PASS@control-node        #如何发送消息
......
[keystone_authtoken]                                               #如何获取身份认证服务
www_authenticate_uri = http://control-node:5000
auth_url = http://control-node:5000
```

```
memcached_servers = control-node:11211
auth_type = password
project_domain_name = default
user_domain_name = default
project_name = service
username = neutron
password = NEUTRON_PASS
......
[database]
connection = mysql+pymysql://neutron:NEUTRON_DBPASS@control-node/neutron
......
[oslo_concurrency]
lock_path = $state_path/tmp
......
[nova]
auth_url = http://control-node:5000
auth_type = password
project_domain_name = default
user_domain_name = default
region_name = RegionOne
project_name = service
username = nova
password = NOVA_PASS
```

配置二层代理：

```
[root@network-node ~]# vim /etc/neutron/plugins/ml2/ml2_conf.ini
#末尾添加下面的内容
[ml2]
type_drivers = flat,geneve
tenant_network_types = geneve
mechanism_drivers = ovn
extension_drivers = port_security
overlay_ip_version = 4

[ml2_type_geneve]
vni_ranges = 1:65536
max_header_size = 38

[ml2_type_flat]
flat_networks = *

[securitygroup]
enable_security_group = True
firewall_driver = neutron.agent.linux.iptables_firewall.OVSHybridIptablesFirewallDriver
```

```
[ovn]
# 网络节点的管理网 IP 地址
ovn_nb_connection = tcp:10.10.10.12:6641
ovn_sb_connection = tcp:10.10.10.12:6642
ovn_l3_scheduler = leastloaded
```

配置 OVS 代理：

```
[root@network-node ~]# vim /etc/sysconfig/openvswitch                    #确保存在如下一行
OPTIONS="--ovsdb-server-options='--remote=ptcp:6640:127.0.0.1'"
```

创建连接：

```
[root@network-node ~]# ln -s /etc/neutron/plugins/ml2/ml2_conf.ini \
  /etc/neutron/plugin.ini
```

配置防火墙：

```
[root@network-node ~]# firewall-cmd --add-port={9696/tcp,6641/tcp,6642/tcp} \
  --permanent
success
[root@network-node ~]# firewall-cmd --reload
success
```

（3）扫尾工作。

激活并立即启动 Open vSwitch 服务：

```
[root@network-node ~]# systemctl enable --now openvswitch.service
```

创建网桥 br-int：

```
[root@network-node ~]# ovs-vsctl add-br br-int
```

如果已经存在 br-int，就会警告，请忽视它。

导入初始化数据：

```
[root@network-node ~]# su -s /bin/bash neutron -c "neutron-db-manage \
  --config-file /etc/neutron/neutron.conf --config-file \
  /etc/neutron/plugin.ini upgrade head"
INFO  [alembic.runtime.migration] Context impl MySQLImpl.
……
```

激活并立即启动 ovn-northd 服务：

```
[root@network-node ~]# systemctl enable --now ovn-northd.service
```

修改北向数据库：

```
[root@network-node ~]# ovn-nbctl set-connection ptcp:6641:10.10.10.12 -- \
  set connection . inactivity_probe=60000
```

修改南向数据库：

```
[root@network-node ~]# ovn-sbctl set-connection ptcp:6642:10.10.10.12 -- \
  set connection . inactivity_probe=60000
```

激活并立即启动 neutron-server 服务：

```
[root@network-node ~]# systemctl --now enable neutron-server.service
```

创建网桥 br-ens224：

```
[root@network-node ~]# ovs-vsctl add-br br-ens224
[root@network-node ~]# ovs-vsctl add-port br-ens224 ens224
```

把 Physnet1 网络映射到 br-ens224 网桥：

```
[root@network-node ~]# ovs-vsctl set open . \
  external-ids:ovn-bridge-mappings=physnet1:br-ens224
```

3）在计算节点上操作

（1）安装软件。

连同依赖的软件包，一共会安装 33 个软件：

```
[root@compute-node ~]# dnf install openstack-neutron openstack-neutron-ml2 \
  openstack-neutron-ovn-metadata-agent ovn2.13-host -y
```

（2）配置。

告诉 Neutron 如何获取身份认证服务、如何发送消息等。

编辑主配置文件：

```
[root@compute-node ~]# vim /etc/neutron/neutron.conf
[DEFAULT]
core_plugin = ml2
service_plugins = ovn-router
auth_strategy = keystone
state_path = /var/lib/neutron
allow_overlapping_ips = True
transport_url = rabbit://openstack:RABBIT_PASS@control-node        #如何发送消息
......
[keystone_authtoken]                                               #如何获取身份认证服务
www_authenticate_uri = http://control-node:5000
auth_url = http://control-node:5000
memcached_servers = control-node:11211
auth_type = password
project_domain_name = default
user_domain_name = default
project_name = service
username = neutron
password = NEUTRON_PASS
......
[nova]
auth_url = http://control-node:5000
auth_type = password
```

```
project_domain_name = default
user_domain_name = default
region_name = RegionOne
project_name = service
username = nova
password = NOVA_PASS
……
[oslo_concurrency]
lock_path = $state_path/lock
……

[root@compute-node ~]# vim /etc/neutron/plugins/ml2/ml2_conf.ini #在末尾添加
[ml2]
type_drivers = flat,geneve
tenant_network_types = geneve
mechanism_drivers = ovn
extension_drivers = port_security
overlay_ip_version = 4

[ml2_type_geneve]
vni_ranges = 1:65536
max_header_size = 38

[ml2_type_flat]
flat_networks = *

[securitygroup]
enable_security_group = True
firewall_driver = neutron.agent.linux.iptables_firewall.OVSHybridIptablesFirewallDriver

[ovn]
                                                                    #网络节点的 IP
ovn_nb_connection = tcp:10.10.10.12:6641
ovn_sb_connection = tcp:10.10.10.12:6642
ovn_l3_scheduler = leastloaded
ovn_metadata_enabled = True

[root@compute-node ~]# vim /etc/neutron/neutron_ovn_metadata_agent.ini
[DEFAULT]
nova_metadata_host = 10.10.10.11                                     #nova api 所在节点的 IP 地址
metadata_proxy_shared_secret = METADATA_SECRET
……
[agent]
root_helper = sudo neutron-rootwrap /etc/neutron/rootwrap.conf
```

```
[ovs]
ovsdb_connection = tcp:127.0.0.1:6640

[ovn]
#10.10.10.12 为网络节点的管理网 IP 地址
ovn_sb_connection = tcp:10.10.10.12:6642

[root@compute-node ~]# vim /etc/sysconfig/openvswitch
……
OPTIONS="--ovsdb-server-options='--remote=ptcp:6640:127.0.0.1'"
……

[root@compute-node ~]# vim /etc/nova/nova.conf
#在[DEFAULT]节中添加下面两行
vif_plugging_is_fatal = True
vif_plugging_timeout = 300
#确保存在下面若干行
[neutron]
auth_url = http://control-node:5000
auth_type = password
project_domain_name = default
user_domain_name = default
region_name = RegionOne
project_name = service
username = neutron
password = NEUTRON_PASS
service_metadata_proxy = True
metadata_proxy_shared_secret = METADATA_SECRET

[root@compute-node ~]# ln -s /etc/neutron/plugins/ml2/ml2_conf.ini \
  /etc/neutron/plugin.ini
```

（3）扫尾工作。激活并立即启动相关服务。

激活并启动 Open vSwitch 和 ovn-controller 等服务：

```
[root@compute-node ~]# systemctl enable --now openvswitch ovn-controller \
  neutron-ovn-metadata-agent
```

重启 nova-compute 服务：

```
[root@compute-node ~]# systemctl restart openstack-nova-compute
```

使用 OVS 数据库（IP 地址为 ovsdb-server 服务运行的那台计算机，本例就是网络节点）：

```
[root@compute-node ~]# ovs-vsctl set open . \
  external-ids:ovn-remote=tcp:10.10.10.12:6642
```

使用 Geneve 协议：

```
[root@compute-node ~]# ovs-vsctl set open . external-ids:ovn-encap-type=geneve
```

指名叠加网络的本地端点的 IP 地址（即计算节点的叠加网卡的 IP 地址）：

```
[root@compute-node ~]# ovs-vsctl set open . \
  external-ids:ovn-encap-ip=20.20.20.13
```

创建网桥 br-ens224：

```
[root@compute-node ~]# ovs-vsctl add-br br-ens224
[root@compute-node ~]# ovs-vsctl add-port br-ens224 ens224
```

把 Physnet1 网络映射到 br-ens224 网桥：

```
[root@compute-node ~]# ovs-vsctl set open . \
  external-ids:ovn-bridge-mappings=physnet1:br-ens224
```

4）在控制节点上操作

（1）保证/etc/nova/nova.conf 中存在这些内容：

```
[root@control-node ~]# vim /etc/nova/nova.conf
……
[neutron]
auth_url = http://control-node:5000
auth_type = password
project_domain_name = default
user_domain_name = default
region_name = RegionOne
project_name = service
username = neutron
password = NEUTRON_PASS
service_metadata_proxy = True
metadata_proxy_shared_secret = METADATA_SECRET
……
```

（2）重启 nova-api 服务：

```
[root@control-node ~]# systemctl restart openstack-nova-api
```

（3）查看有关的网络服务启动是否正常：

```
[root@control-node ~(admin)]# openstack network agent list
---------+---------------------+-------------+-------------------+-------+-------+--------------------------+
| ID     | Agent Type          | Host        | Availability Zone | Alive | State | Binary                   |
---------+---------------------+-------------+-------------------+-------+-------+--------------------------+
...8c7ca | OVN Controller agent | compute-node |                  | :-)   | UP    | ovn-controller           |
...0ef14 | OVN Metadata agent   | compute-node |                  | :-)   | UP    | neutron-ovn-metadata-agent |
---------+---------------------+-------------+-------------------+-------+-------+--------------------------+
```

如果只看到一条，请等 1～2 分钟再执行上面的命令。

2. 创建网络和路由

在控制节点上操作。

```
[root@control-node ~(admin)]# openstack router create OVN-RT

[root@control-node ~(admin)]# openstack network create OVN-NET \
  --provider-network-type geneve

[root@control-node ~(admin)]# openstack subnet create OVN-SUBNET --network \
  OVN-NET --subnet-range 192.168.100.0/24 --gateway 192.168.100.1 \
  --dns-nameserver 202.96.128.86

[root@control-node ~(admin)]# openstack router add subnet OVN-RT OVN-SUBNET
[root@control-node ~(admin)]# openstack network list
+--------------------------------------+---------+--------------------------------------+
| ID                                   | Name    | Subnets                              |
+--------------------------------------+---------+--------------------------------------+
| 0a7f7255-855d-428e-9cf8-36f781df4e35 | OVN-NET | 076a05af-5ebf-41a6-ba75-3b778ffe5ed7 |
+--------------------------------------+---------+--------------------------------------+

[root@control-node ~(admin)]# openstack network create \
  --provider-physical-network physnet1 --provider-network-type flat \
  --external Public-NET

[root@control-node ~(admin)]# openstack subnet create Public-SUBNET \
  --network Public-NET --subnet-range 192.168.0/24 --allocation-pool \
  start=192.168.0.70,end=192.168.0.79 --gateway 192.168.0.1 \
  --dns-nameserver 202.96.128.86 --no-dhcp

#把Public-NET接入路由器的WAN口
[root@control-node ~(admin)]# openstack router set OVN-RT \
  --external-gateway Public-NET

[root@control-node ~(admin)]# openstack network list
+--------------------------------------+------------+--------------------------------------+
| ID                                   | Name       | Subnets                              |
+--------------------------------------+------------+--------------------------------------+
| 0a7f7255-855d-428e-9cf8-36f781df4e35 | OVN-NET    | 076a05af-5ebf-41a6-ba75-3b778ffe5ed7 |
| a7bd022d-5a0d-40ca-b506-e233140ec361 | Public-NET | 226d6740-d45b-4f3a-bd04-31577b2617b5 |
+--------------------------------------+------------+--------------------------------------+

#授权myproject项目可以使用OVN-NET网络，因而用户myuser也能使用
[root@control-node ~(admin)]# netID=$(openstack network list | grep OVN-NET \
  | awk '{ print $2 }')
```

```
[root@control-node ~(admin)]# prjID=$(openstack project list | grep myproject \
  | awk '{ print $2 }')


[root@control-node ~(admin)]# openstack network rbac create --target-project \
  $prjID --type network --action access_as_shared $netID

[root@control-node ~(admin)]# openstack router show OVN-RT
+-------------------------+-------------------------------------------------------------------+
| Field                   | Value                                                             |
+-------------------------+-------------------------------------------------------------------+
| admin_state_up          | UP                                                                |
| availability_zone_hints |                                                                   |
| availability_zones      |                                                                   |
| created_at              | 2022-05-14T07:31:53Z                                              |
| description             |                                                                   |
| external_gateway_info   | {"network..."ip_address": "192.168.0.70"}], "enable_snat": true}  |
| flavor_id               | None                                                              |
| id                      | b5131040-396c-432c-b75f-34adb2dda279                              |
| interfaces_info         | ..."ip_address": "192.168.100.1", "subnet_id": "076a05af-5eb ...  |
| name                    | OVN-RT                                                            |
| project_id              | b8545e3fc3b34c99bf7090ad5a04e25d                                  |
| revision_number         | 4                                                                 |
| routes                  |                                                                   |
| status                  | ACTIVE                                                            |
| tags                    |                                                                   |
| updated_at              | 2022-05-14T07:34:13Z                                              |
+-------------------------+-------------------------------------------------------------------+
```

创建的 OVN 网络拓扑如图 7-60 所示。

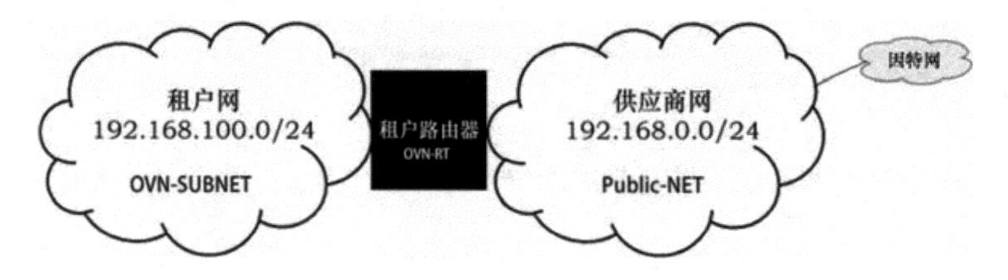

图 7-60 OVN 网络拓扑

3. 创建虚拟机

```
[root@control-node ~]# . demo-openrc
[root@control-node ~(myuser)]# openstack flavor list
+----+----------+------+------+-----------+-------+-----------+
| ID | Name     |  RAM | Disk | Ephemeral | VCPUs | Is Public |
+----+----------+------+------+-----------+-------+-----------+
```

```
| 0  | m1.nano   |   64 |    1 |         0 |     1 | True      |
| 1  | vm.linux | 2048 |   10 |         0 |     2 | True      |
+----+-----------+------+------+-----------+-------+-----------+

[root@control-node ~(myuser)]# openstack image list
+--------------------------------------+-------------+--------+
| ID                                   | Name        | Status |
+--------------------------------------+-------------+--------+
| 21fc86cf-dd55-48a7-b268-c203df23b48b | cirros      | active |
| dd8995db-1d61-4945-9895-fb9a600a1889 | debian-10   | active |
| 1e2f6353-36d4-4fc4-8caa-c8ee77ad7fe9 | win7-x64.iso | active |
+--------------------------------------+-------------+--------+

[root@control-node ~(myuser)]# openstack network list
+--------------------------------------+------------+--------------------------------------+
| ID                                   | Name       | Subnets                              |
+--------------------------------------+------------+--------------------------------------+
| 0a7f7255-855d-428e-9cf8-36f781df4e35 | OVN-NET    | 076a05af-5ebf-41a6-ba75-3b778ffe5ed7 |
| a7bd022d-5a0d-40ca-b506-e233140ec361 | Public-NET | 226d6740-d45b-4f3a-bd04-31577b2617b5 |
+--------------------------------------+------------+--------------------------------------+

#创建公/私钥对
[root@control-node ~(myuser)]# ssh-keygen -q -N ""
Enter file in which to save the key (/root/.ssh/id_rsa):
/root/.ssh/id_rsa already exists.
Overwrite (y/n)? y

[root@control-node ~(myuser)]# openstack keypair create --public-key \
  ~/.ssh/id_rsa.pub mykey

[root@control-node ~(myuser)]# openstack security group rule create \
  --proto icmp default

[root@control-node ~(myuser)]# openstack security group rule create \
  --proto tcp --dst-port 22 default

[root@control-node ~(myuser)]# netID=$(openstack network list | grep OVN-NET \
  | awk '{ print $2 }')

#创建虚拟机
[root@control-node ~(myuser)]# openstack server create --flavor m1.nano \
  --image cirros --security-group default --nic net-id=$netID \
  --key-name mykey OVN-VM
```

```
[root@control-node ~(myuser)]# openstack server list
+--------------------------------------+--------+--------+-------------------------+--------+---------+
| ID                                   | Name   | Status | Networks                | Image  | Flavor  |
+--------------------------------------+--------+--------+-------------------------+--------+---------+
| 4a04833d-6faa-4251-8994-1cc5e3acd019 | OVN-VM | ACTIVE | OVN-NET=192.168.100.53 | cirros | m1.nano |
+--------------------------------------+--------+--------+-------------------------+--------+---------+
```

4．为虚拟机添加浮动 IP 地址

```
[root@control-node ~]# . demo-openrc
```

（1）查看是否存在空闲的浮动 IP 地址：

```
[root@control-node ~(myuser)]# openstack floating ip list
```

（2）创建浮动 IP 地址：

```
[root@control-node nova(myuser)]# openstack floating ip create Public-NET
+---------------------+--------------------------------------+
| Field               | Value                                |
+---------------------+--------------------------------------+
……
| floating_ip_address | 192.168.0.79                         |
……
| name                | 192.168.0.79                         |
+---------------------+--------------------------------------+
```

（3）把刚创建的浮动 IP 地址附加到虚拟机：

```
[root@control-node ~(myuser)]# openstack server add floating ip OVN-VM \
  192.168.0.79

[root@control-node ~(myuser)]# openstack server list
+-----------------------+--------+--------+-------------------------------------------+--------+---------+
| ID                    | Name   | Status | Networks                                  | Image  | Flavor  |
+-----------------------+--------+--------+-------------------------------------------+--------+---------+
| ...0-9600-9e1a1147630b | OVN-VM | ACTIVE | OVN-NET=192.168.0.79, 192.168.100.235 | cirros | m1.nano |
+-----------------------+--------+--------+-------------------------------------------+--------+---------+

[root@control-node ~(myuser)]# ping 192.168.0.79
PING 192.168.0.79 (192.168.0.79) 56(84) bytes of data.
64 bytes from 192.168.0.79: icmp_seq=1 ttl=128 time=4.02 ms
64 bytes from 192.168.0.79: icmp_seq=2 ttl=128 time=1.37 ms
^C

#登录虚拟机
[root@control-node ~(myuser)]# ssh cirros@192.168.0.79
The authenticity of host '192.168.0.79 (192.168.0.79)' can't be established.
ECDSA key fingerprint is SHA256:VLGe7+ctVZeYALz3fL/Z10WOnwbOmNtTdIsnIxJ8Jmc.
```

```
Are you sure you want to continue connecting (yes/no/[fingerprint])? yes
Warning: Permanently added '192.168.0.79' (ECDSA) to the list of known hosts.
cirros@192.168.0.79's password:
$ ip a
……
2: eth0: <BROADCAST,MULTICAST,UP,LOWER_UP> mtu 1442 qdisc pfifo_fast qlen 1000
    link/ether fa:16:3e:39:22:60 brd ff:ff:ff:ff:ff:ff
    inet 192.168.100.235/24 brd 192.168.100.255 scope global eth0
……
$ exit
Connection to 192.168.0.79 closed.
[root@control-node ~(myuser)]#
```

5. 检查连通性

1）在网络节点上操作

```
[root@network-node ~]# ovs-vsctl list-br
br-ens224
br-int

[root@network-node ~]# ovs-vsctl show
47efebd3-812c-413a-9263-9273936602f7
    Bridge br-ens224
        Port ens224
            Interface ens224
        Port br-ens224
            Interface br-ens224
                type: internal
    Bridge br-int
        Port br-int
            Interface br-int
                type: internal
ovs_version: "2.15.4"

[root@network-node ~]# ovn-nbctl show
switch 7133ccd4-87a5-43b8-8969-a5ebe94070ec (neutron-a7bd022d-5a0d-40ca-b...) (aka Public-NET)
    port provnet-27f0ea03-aec0-4cbc-833d-1d2626400f3a
        type: localnet
        addresses: ["unknown"]
    port 2abc2fd9-52dc-43a6-994f-ef1ab6d6a7ed
        type: router
        router-port: lrp-2abc2fd9-52dc-43a6-994f-ef1ab6d6a7ed
switch 73100b81-e013-45ec-9fa7-340aaa449c9e (neutron-0a7f7255-855d-428e-9cf8...) (aka OVN-NET)
    port 06eeb694-8c93-4368-8cc3-1c364e6990dd
```

```
        addresses: ["fa:16:3e:39:22:60 192.168.100.235"]
    port aec90185-4e42-486a-b987-1e0cac1792b3
        type: router
        router-port: lrp-aec90185-4e42-486a-b987-1e0cac1792b3
router bf8c2a81-893d-414e-871c-87362db82c37 (neutron-b5131040-396c-432c-b75f-...) (aka OVN-RT)
    port lrp-2abc2fd9-52dc-43a6-994f-ef1ab6d6a7ed
        mac: "fa:16:3e:4f:e8:15"
        networks: ["192.168.0.70/24"]
        gateway chassis: [89024dd2-db7f-467f-8437-f7b77528c7ca]
    port lrp-aec90185-4e42-486a-b987-1e0cac1792b3
        mac: "fa:16:3e:5f:56:5c"
        networks: ["192.168.100.1/24"]
    nat adfac558-8f0b-4674-ab7e-831fcc68ba0c
        external ip: "192.168.0.70"
        logical ip: "192.168.100.0/24"
        type: "snat"
    nat b1defa07-fa8a-4ac5-8509-556bd758e8f8
        external ip: "192.168.0.79"
        logical ip: "192.168.100.235"
        type: "dnat_and_snat"
```

存在两台交换机和一台路由器，两台交换机分别代表供应商网络和租户网络。路由器里存在两个 NAT。

2）在计算节点上操作

```
[root@compute-node ~]# ovs-vsctl list-br
br-ens224
br-int

[root@compute-node ~]# ovs-vsctl show
46ebd8ee-b742-4669-922d-181e9c944676
    Bridge br-ens224
        Port br-ens224
            Interface br-ens224
                type: internal
        Port patch-provnet-27f0ea03-aec0-4cbc-833d-1d2626400f3a-to-br-int
            Interface patch-provnet-27f0ea03-aec0-4cbc-833d-1d2626400f3a-to-br-int
                type: patch
                options: {peer=patch-br-int-to-provnet-27f0ea03-aec0-4cbc-833d-1d2626400f3a}
        Port ens224
            Interface ens224
    Bridge br-int
        fail_mode: secure
        datapath_type: system
```

```
        Port tap06eeb694-8c
            Interface tap06eeb694-8c
        Port br-int
            Interface br-int
                type: internal
        Port patch-br-int-to-provnet-27f0ea03-aec0-4cbc-833d-1d2626400f3a
            Interface patch-br-int-to-provnet-27f0ea03-aec0-4cbc-833d-1d2626400f3a
                type: patch
                options: {peer=patch-provnet-27f0ea03-aec0-4cbc-833d-1d2626400f3a-to-br-int}
    ovs_version: "2.15.4"
```

7.5.12 管理页面：Horizon

此服务在控制节点上操作。

至此，我们的 IaaS 云就搭建起来了，但只能使用命令来管理云，本章我们来安装图形化的云管理网站。

1. 安装和配置

1）安装 Horizon

```
[root@control-node ~]# dnf -y install openstack-dashboard
```

2）配置

（1）修改主配置文件：

```
[root@control-node ~]# vim /etc/openstack-dashboard/local_settings
......
ALLOWED_HOSTS = ['*',]                                       #允许所有计算机访问管理页面
......
CACHES = {                                                   #如何访问内存高速缓存服务
    'default': {
        'BACKEND': 'django.core.cache.backends.memcached.MemcachedCache',
        'LOCATION': 'control-node:11211',
    }
}
......
SESSION_ENGINE = 'django.contrib.sessions.backends.cache'    #使用内存高速缓存
......
OPENSTACK_HOST = "control-node"                              #指明控制节点的主机名
......
OPENSTACK_KEYSTONE_URL = "http://control-node:5000/v3"
......
```

```
TIME_ZONE = "Asia/Shanghai"                                     #设置时区：亚洲的上海
……
#在末尾增加下面的行
OPENSTACK_KEYSTONE_MULTIDOMAIN_SUPPORT = True                   #支持多域
OPENSTACK_KEYSTONE_DEFAULT_DOMAIN = "Default"                   #默认域
WEBROOT = '/dashboard/'
LOGIN_URL = '/dashboard/auth/login/'
LOGOUT_URL = '/dashboard/auth/logout/'
LOGIN_REDIRECT_URL = '/dashboard/'
```

注意：操作时强烈建议先搜索参数名，再修改参数的值，比如在 vim 中搜索参数 OPENSTACK_HOST，找到后把它的值修改为“control-node”。如果搜不到或者搜到了但被注释，就额外增加一行。

配置中的加粗字体内容要根据实际情况修改，其中，control-node 是控制节点的机器名称（可以使用 hostname 命令查看机器名）。此文必须符合 Python 语言的语法规则。

（2）修改 Web 服务的配置文件：

```
[root@control-node ~]# vim /etc/httpd/conf.d/openstack-dashboard.conf
#文首增加下面一行
WSGIApplicationGroup %{GLOBAL}
#第 6 行改为
WSGIScriptAlias /dashboard /usr/share/openstack-dashboard/openstack_dashboard/wsgi.py
#第 9 行改为
<Directory /usr/share/openstack-dashboard/openstack_dashboard>
```

（3）重启 Web 服务：

```
[root@control-node ~]# systemctl restart httpd.service memcached.service
```

（4）放行 http 和 https 服务：

```
[root@control-node ~(admin)]# firewall-cmd --add-service={http,https} \
  --permanent
success
[root@control-node ~(admin)]# firewall-cmd --reload
success
[root@control-node ~(admin)]# firewall-cmd --info-zone=public
public (active)
  target: default
  icmp-block-inversion: no
  interfaces: ens160 ens224
  sources:
  services: cockpit dhcpv6-client http https memcache mysql ntp ssh
  ports: 5672/tcp 5000/tcp 9292/tcp 8778/tcp 6080/tcp 6081/tcp 6082/tcp 8774/tcp
9696/tcp
```

```
protocols:
forward: no
masquerade: no
forward-ports:
source-ports:
icmp-blocks:
rich rules:
```

2. 登录管理页面

使用浏览器打开网址 http://10.10.10.11/dashboard，登录页面如图 7-61 所示，10.10.10.11 是控制节点的 IP 地址，不过为了减少后续的一些错误，尽量在运行浏览器的机器上对 control-node 进行 DNS 解析，比如可以把下面一行加到 Windows 的 C:\Windows\System32\drivers\etc\hosts 文件中（假设使用 Windows 上的浏览器）：

```
10.10.10.11    control-node
```

图 7-61 登录页面

如果报错了，请查看日志文件/var/log/httpd/error_log，并检查 memcached 服务的状态（使用“systemctl status memcached”命令）。

登录默认域 Default 可以使用用户 admin 和密码 ADMIN_PASS 或 myuser 用户和密码 MYUSER_PASS。

登录后看到“概况”页面，如图 7-62 所示。

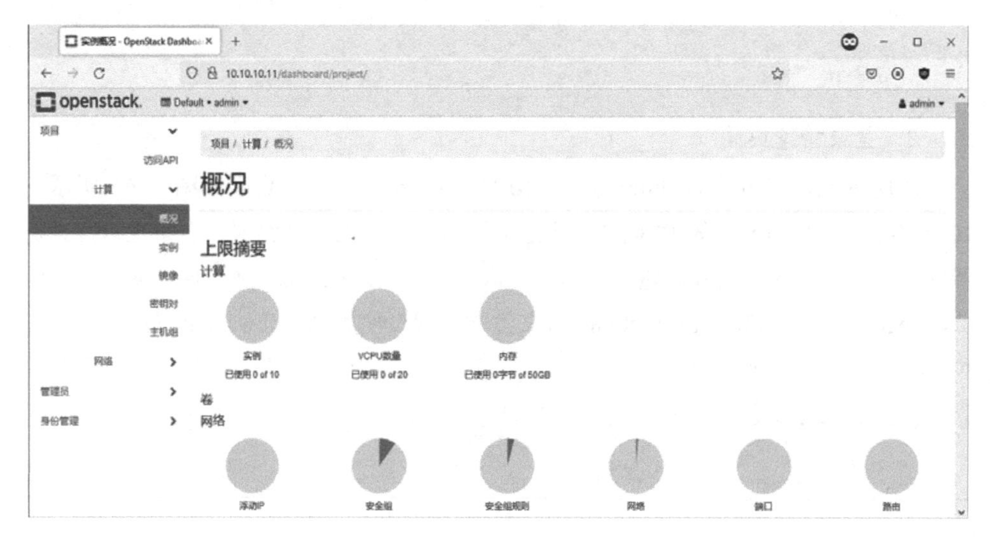

图 7-62 “概况”页面

使用 myuser 用户登录，可以在“实例”页面看到之前创建的虚拟机，如图 7-63 所示。

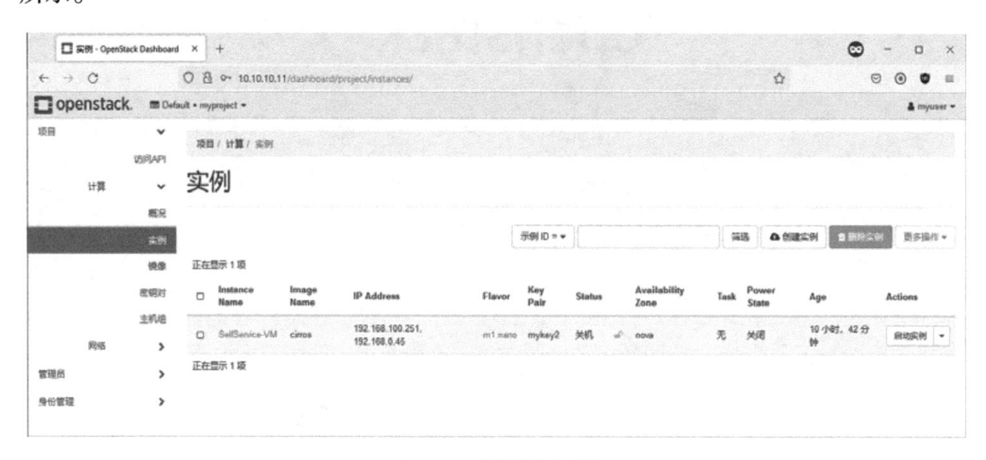

图 7-63 “实例”页面

单击虚拟机的名称“SelfService-VM”，选择“控制台”选项，就看到了虚拟机的屏幕，如图 7-64 所示。

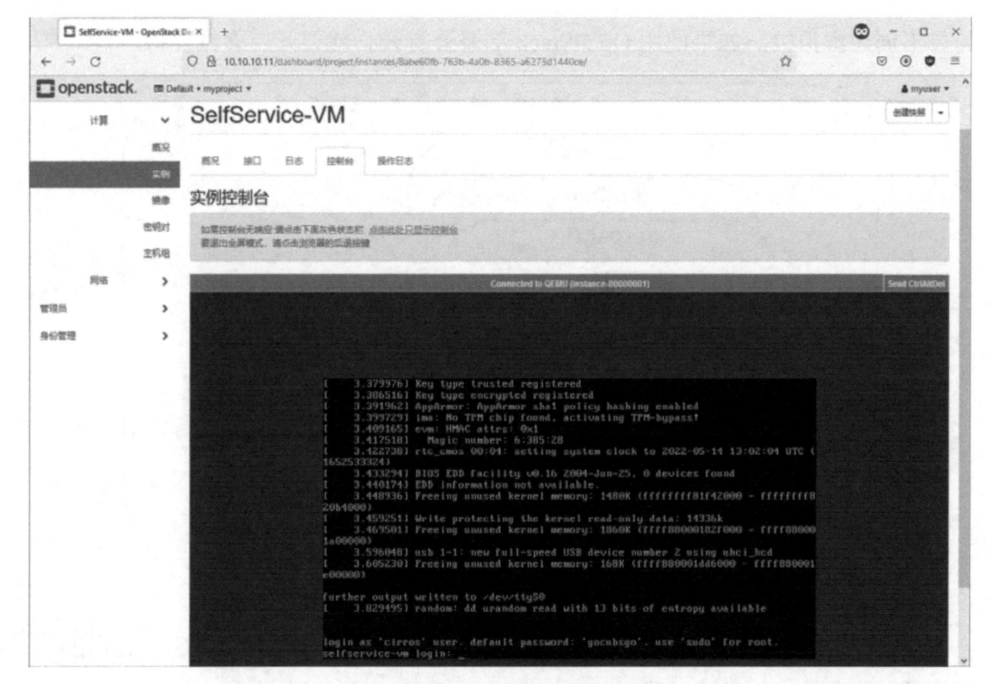

图 7-64 虚拟机的屏幕

在 Horizon 页面上，可以管理 IaaS 云端的大部分任务。

7.5.13 OpenStack 管理

我们已经使用 OpenStack 成功部署了一个三节点的私有 IaaS 云端，现在只有一个 Default 域，且 Horizon 默认不支持多域，一个域对应一家使用云服务的企业，而域中的一个项目对应一个部门。域用来做名字隔离，项目用来做资源隔离。OpenStack 云端、域、项目的关系如图 7-65 所示。

私有云中存在域管理员和项目管理员，而公有云中还存在云管理员，云管理员一般由云提供商内部的人员担任，域管理员由租户（使用云服务的企业）内部人员担任，而项目管理员一般由租户内部的相应部门中的人员担任。例如深圳微算技术有限公司使用了重庆慧献云服务提供商的云服务，重庆慧献云管理员为深圳微算创建一个域 weisuan，并授权微算公司员工小王担任 weisuan 域管理员。然后小王在 weisuan 域中分别给开发部、市场部、生产部各创建一个项目，分别取名为 project_dev、project_sales、project_manu，并委托部门中的某个员工充当项目管理员。各个部门的项目管理员再给本部门的员工创建虚拟机，例如市场部的项目管理员小李给本部门的员工创建虚拟机。如果使用 OpenStack 部署公有云，就要开启多域支持。

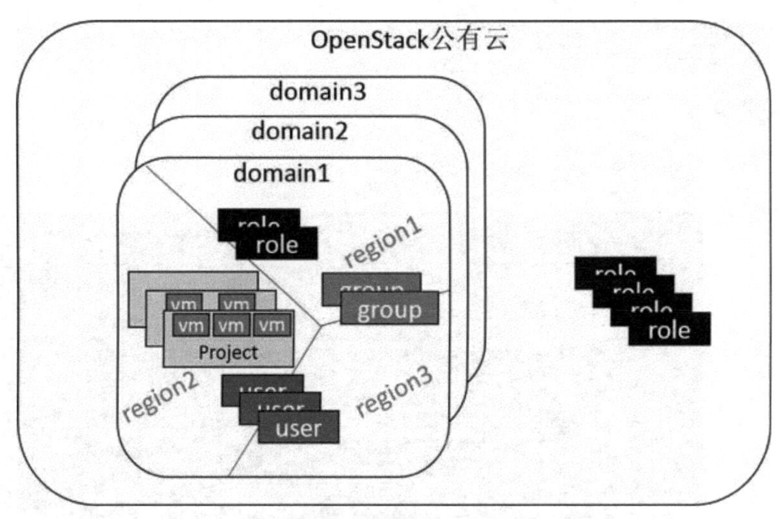

图 7-65 OpenStack 云端、域、项目的关系

OpenStack 管理涉及四类人员，云管理员、域管理员、项目管理员、普通用户，他们的工作如表 7-1 所示。

表 7-1 OpenStack 四类人员的工作

人　员	工　作		
	基础配置	日常工作	问题处理
云管理员	域级默认配置 物理设备管理 提供商网络配置 资源池化 镜像文件管理 制订规章制度	域管理 性能监控 合规性检查 域级资源配额 全局角色管理	全局级问题处理
域管理员	项目级默认配置 资源申购与释放 域内规章制订 与云管理员和项目管理接口	项目管理 用户管理 组管理 项目级资源配额 域内角色管理 费用检测与结算	域范围内的问题处理
项目管理员	配置资源模板 资源申购与释放	权限管理 虚拟机管理	项目范围内的问题处理

续表

人　员	工　作		
	基础配置	日常工作	问题处理
普通用户	偏好设置 申请虚拟机 申请虚拟网络	启/停虚拟机 使用虚拟机	虚拟机内部的问题处理 自助网络问题处理

在我们的实验环境中，Default 域管理员为 admin，密码是 ADMIN_PASS，打开网址 http://10.6.60.45/horizon，使用 admin 登录之后的页面如图 7-66 所示。

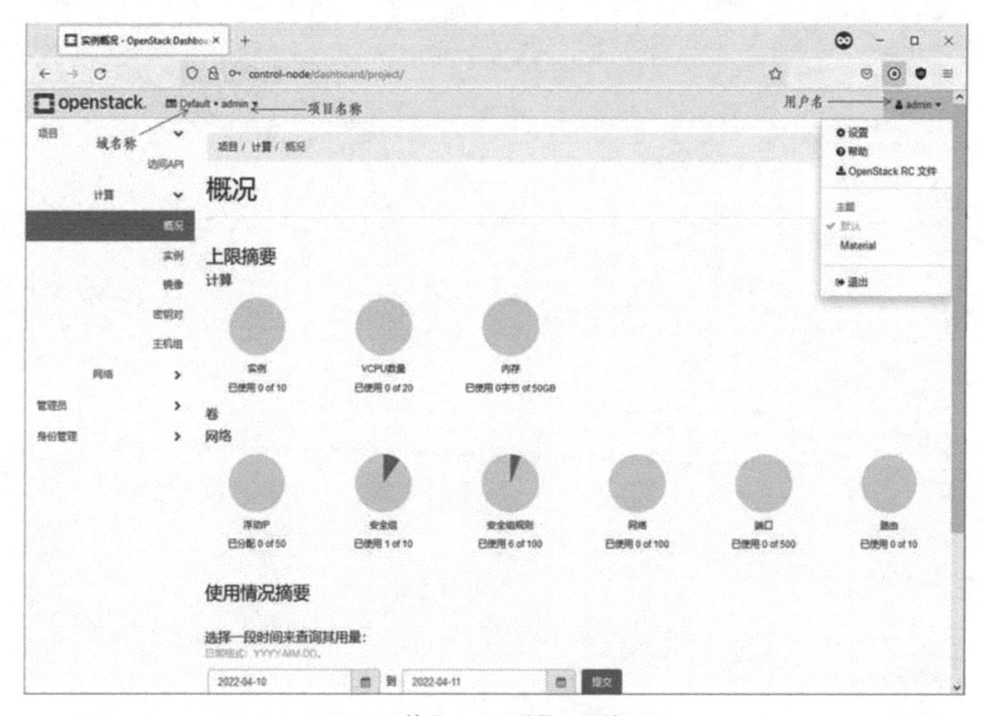

图 7-66 使用 admin 登录之后的页面

选择左侧的“身份管理”→“用户”选项，再单击“创建用户”按钮，给 myProject 项目创建一个管理员，如图 7-67 所示。

然后退出 admin，再使用 pro_admin 登录，因为 pro_admin 是项目管理员，所以无权进行域级操作（比如创建、删除项目）。下面来创建一台 OpenStack 虚拟机，选择“项目”→“计算”→“实例”选项，再单击“创建实例”按钮。虚拟机取名为 test_vm，源为 cirros，实例类型为 m1.nano，选择两个网络 provider-net1 和 selfservice-net2，其他参数保留，最后单击“创建实例”按钮，创建的实例如图 7-68 所示。

单击“test_vm”链接，再选择“控制台”选项卡即可通过 Web 界面登录虚拟机，如图 7-69 所示。

图 7-67 给 myProject 项目创建管理员

图 7-68 创建的实例

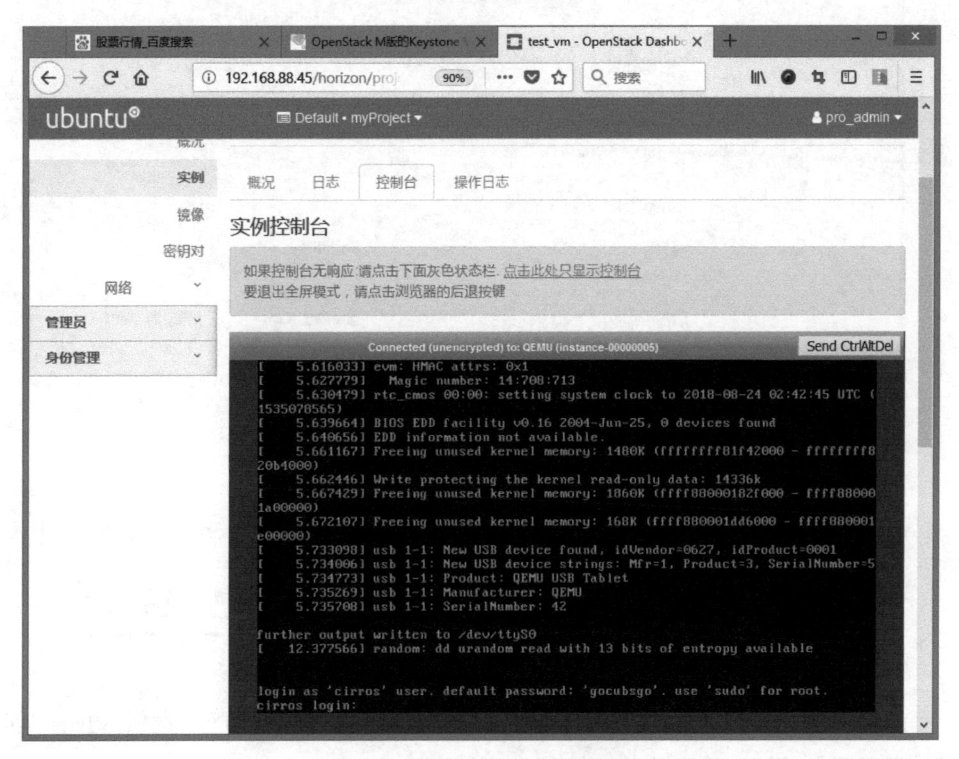

图 7-69 通过 Web 界面登录虚拟机

下面我们再来创建一台虚拟机并安装 Windows 7 操作系统。首先在本地计算机的硬盘上备好 Windows 7 的安装镜像文件（比如我的 ISO 镜像文件是 G:\isos\cn_windows_7_ultimate_with_sp1_x64_dvd_u_677408.iso），然后使用 admin 登录 Horizon 创建 Windows 7 安装镜像（选择“管理员”→“计算”→“镜像”选项），单击“创建镜像”按钮，输入的参数如图 7-70 所示。

图 7-70 创建 Windows 7 安装镜像输入的参数

接下来创建实例类型，选择“管理员”→“计算”→“实例类型”选项，单击“创建实例类型”按钮，输入的参数如图 7-71 所示。

创建实例类型

实例类型信息 * 实例类型使用权

名称 *

windows

ID

auto

VCPU数量 *

1

内存 (MB) *

1500

根磁盘(GB) *

16

临时磁盘(GB)

0

Swap磁盘(MB)

0

RX/TX 因子

1

实例类型定义了RAM和磁盘的大小、CPU数，以及其他资源，用户在部署实例的时候可选用。

取消 创建实例类型

图 7-71 创建实例类型输入的参数

使用 pro_admin 用户登录 Horizon，查看当前空闲资源的情况（选择“管理员”→“虚拟机管理器”→“计算主机”选项），如图 7-72 所示。

发现有一个空闲 VCPU、4GB 多空闲内存、27GB 空闲硬盘，足可以创建一台 Windows 7 虚拟机了，因为在图 7-71 中创建的 Windows 虚拟机类型的资源要求是 1vCPU、1.5GB 内存、16GB 硬盘。如果空闲资源不能满足即将创建的虚拟机的资源要求，就会报错“No valid host was found”，表示找不到满足条件的计算节点。

在计算节点上禁用 SELinux 安全机制，就不会给 Windows 操作系统注入 SELinux，因为 Windows 系统不支持它。

创建一台安装 Windows 7 的虚拟机。选择“项目”→“计算”→“实例”选项，再单击“创建实例”按钮，虚拟机的参数如图 7-73 所示。

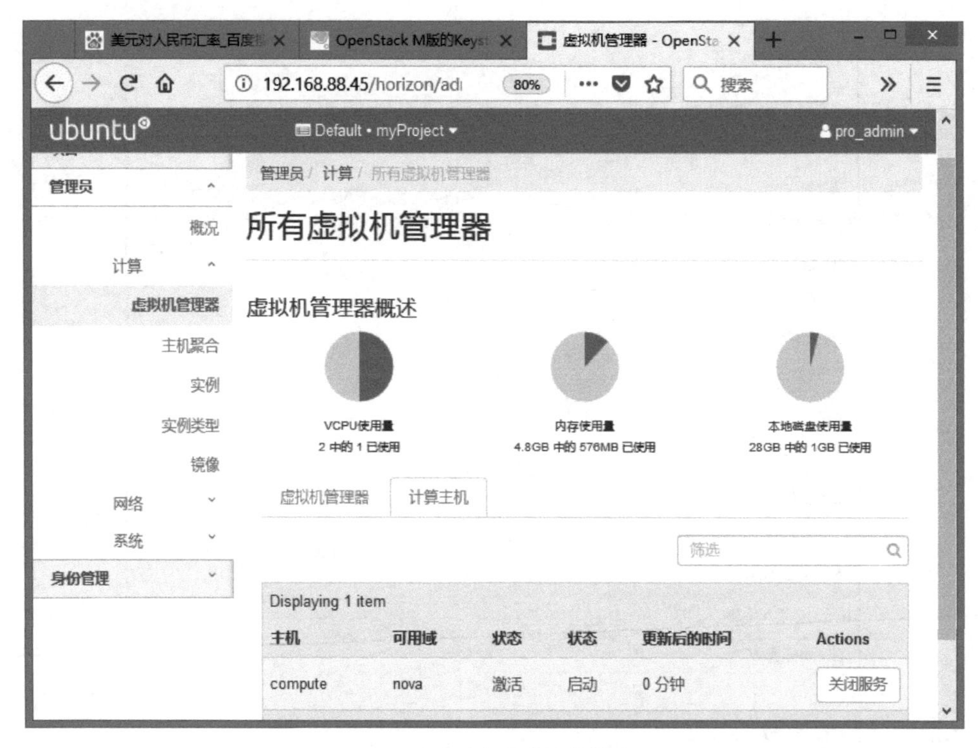

图 7-72 查看空闲资源的情况

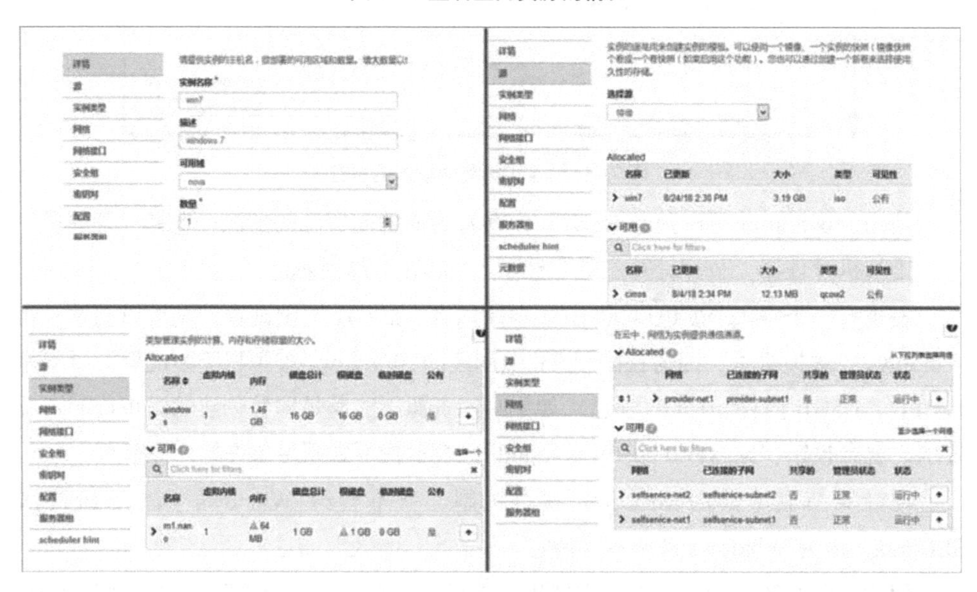
图 7-73 虚拟机的参数

单击刚刚创建的虚拟机，并打开控制台，在这里安装 Windows 7，如图 7-74 所示。

图 7-74 安装 Windows 7

此后安装 Windows 7 就与平常一样操作，这里不赘述了。安装完成后，可以使用远程桌面功能从其他计算机登录虚拟机。

7.5.14 排错

1．导入 keystone 初始化数据失败

向数据库中导入初始化数据的命令如下：

```
[root@control-node ~]# su -s /bin/sh -c "keystone-manage db_sync" keystone
```

这条命令的意思是切换到操作系统用户 keystone，然后执行“keystone-manage db_sync”命令，把初始化数据导入到数据库中。如果导入初始化数据失败，可以这样排错：首先按照下面的方式检查数据库 keystone 中是否存在表，如果存在，说明导入成功，因为之前我们手工创建了一个空库 keystone。

```
[root@control-node ~]# mysql -uroot -pMYSQL_PASS
MariaDB [(none)]> use keystone;
Database changed
```

```
MariaDB [keystone]> show tables;
+------------------------------------+
| Tables_in_keystone                 |
+------------------------------------+
| access_rule                        |
| access_token                       |
| application_credential             |
| application_credential_access_rule |
| application_credential_role        |
| assignment                         |
| config_register                    |
                ……
| service_provider                   |
| system_assignment                  |
| token                              |
| trust                              |
| trust_role                         |
| user                               |
| user_group_membership              |
| user_option                        |
| whitelisted_config                 |
+------------------------------------+
49 rows in set (0.000 sec)

MariaDB [keystone]>exit
```

一共有 49 张表，为了节约篇幅，作者删除了部分输出信息。如果没有表，则表明导入初始化数据失败，这时可参考下面的方法进一步排错。

重点检查配置项 connection 的各个参数是否与数据库的真实情况相符（数据库名称、用户名和密码等），能否 ping 通 control-node，主机名 control-node 是否正确解析成本机的 IP 地址（查看/etc/hosts 文件是否登记一行"10.10.10.11 control-node"），运行下面的命令检查数据库服务是否监听本机网卡 IP 和 3306 端口：

```
[root@control-node ~]# ss -tnlp | grep 3306
LISTEN 0      128    10.10.10.11:3306     0.0.0.0:*
users:(("mysqld",pid=1284,fd=70))
```

试试下面的命令能否登录数据库：

```
[root@control-node ~]# mysql -ukeystone -pKEYSTONE_DBPASS keystone
Reading table information for completion of table and column names
You can turn off this feature to get a quicker startup with -A

Welcome to the MariaDB monitor.  Commands end with ; or \g.
Your MariaDB connection id is 246
```

```
Server version: 10.3.28-MariaDB MariaDB Server

Copyright (c) 2000, 2018, Oracle, MariaDB Corporation Ab and others.

Type 'help;' or '\h' for help. Type '\c' to clear the current input statement.

MariaDB [keystone]>
```

查看日志文件/var/log/keystone/keystone.log中更详细的错误信息。

2. 创建虚拟机遇到的问题

（1）描述：创建虚拟机失败。

使用“openstack server show vm”命令显示错误信息“Exceeded maximum number of retries. Exhausted all hosts available for retrying build failures for instance 629bcf3d...”，意思是没有发现可用的计算节点，因为虚拟机必须跑在计算节点上。

处理：查看计算机点上的/var/log/nova/nova-compute.log日志文件，发现有错误信息“nova.exception.PortBindingFailed: Binding failed for port **1fb066aa-e994-40a8-89cf-4509fc3c9b23**, please check neutron logs for more information”，表明无法创建并把网络接口绑定到虚拟机，在控制节点上执行“openstack port show **1fb066aa-e994-40a8-89cf-4509fc3c9b23**”命令返回空，表明网络接口不存在（创建失败），进一步运行下面的命令查看所有网络代理的状态：

```
[root@control-node ~(admin)]# openstack network agent list
+------+--------------------+-------------+------+-------+------+--------------------------+
| ID   | Agent Type         | Host        | AZ   | Alive | State| Binary                   |
+------+--------------------+-------------+------+-------+------+--------------------------+
| ..87 | Open vSwitch agent | compute-node | None | XXX   | UP   | neutron-openvswitch-agent |
| ..ce | DHCP agent         | network-node | nova | :-)   | UP   | neutron-dhcp-agent       |
| ..c4 | Open vSwitch agent | network-node | None | :-)   | UP   | neutron-openvswitch-agent |
| ..12 | Metadata agent     | network-node | None | :-)   | UP   | neutron-metadata-agent   |
| ..47 | Metadata agent     | control-node | None | :-)   | UP   | neutron-metadata-agent   |
| ..5b | L3 agent           | network-node | nova | :-)   | UP   | neutron-l3-agent         |
+-----+--------------------+-------------+------+-------+------+--------------------------+
```

发现计算节点上的OpenvSwitch异常，在计算节点上执行“systemctl status neutron-openvswitch-agent.service”命令发现服务没有启动，使用下面的命令启动它，问题得到解决。

```
[root@compute-node nova]# systemctl start neutron-openvswitch-agent.service
```

（2）描述：启动虚拟机之后，宿主机里无法进行DNS解析。

处理：修改文件/etc/systemd/resolved.conf，把DNS前的#去掉，改为：

DNS=10.1.1.10 202.96.128.166，然后重启 systemd-resolved.service。

3．部署 Glance 时的问题

描述：在部署 Glance 时，执行创建镜像的那条命令“openstack image create ...”时报错，查看 keystone.log 文件里面的报错信息“Could not find project: service.: ProjectNotFound: Could not find project: service”。

处理：使用“openstack project list”命令发现存在 service，再使用“openstack project show service”命令发现 service 属于 example 域，而它应该属于 Default 域。解决办法是在 Default 域中创建 service，example 中的 service 删除或不删除关系不大。

博文视点
IT出版旗舰品牌
创 新 图 书 服 务 体 制
打 造 精 品 图 书 品 牌
博学
·
慎思
·
明辨
·
笃行
独具慧眼的选题策划精英
兢兢业业的责任编辑团队
全方位立体化的营销模式
计算机畅销图书的成功运作经验

关注“博文视点Broadview”
为千万+互联网人读者提供专业读物